运城学院学科建设经费
国家青年自然科学基金项目（51808485）
山西省高等学校科技创新项目（2019L0853）
山西省应用基础研究项目（201901D211459）
山西省省筹资金资助回国留学人员科研项目（2021-150）
运城学院院级项目（YQ-2017017，QZX-2018007）
赞助

# 水蒸气对VOCs吸附的影响规律与机制

贾李娟　著

中国环境出版集团·北京

**图书在版编目（CIP）数据**

水蒸气对VOCs吸附的影响规律与机制/贾李娟著. —北京：中国环境出版集团，2022.4
ISBN 978-7-5111-5005-9

Ⅰ. ①水… Ⅱ. ①贾… Ⅲ. ①挥发性有机物—污染防治—研究 Ⅳ. ①X513

中国版本图书馆CIP数据核字（2021）第270229号

**出 版 人** 武德凯
**责任编辑** 范云平
**责任校对** 任 丽
**封面设计** 彭 杉

---

**出版发行** 中国环境出版集团
（100062 北京市东城区广渠门内大街16号）
网 址：http://www.cesp.com.cn
电子邮箱：bjgl@cesp.com.cn
联系电话：010-67112765（编辑管理部）
发行热线：010-67125803，010-67113405（传真）
**印 刷** 北京中科印刷有限公司
**经 销** 各地新华书店
**版 次** 2022年4月第1版
**印 次** 2022年4月第1次印刷
**开 本** 787×960 1/16
**印 张** 12.5
**字 数** 200千字
**定 价** 78.00元

---

# 书中涉及的缩写词

| 缩写词 | 英文全名 | 中文说明 |
| --- | --- | --- |
| VOCs | volatile organic compounds | 挥发性有机化合物 |
| HPA | hypercrosslinked polymeric adsorbent | 超高交联吸附树脂 |
| GAC | granular activated carbon | 活性炭 |
| TGA | thermal gravimetric analyzer | 热重分析仪 |
| LDF | linear driving force | 线性推动力 |
| MTZ | mass transfer zone | 传质区 |
| CIMF | cluster-formation-induced micropore-filling | 水簇微孔填充理论 |
| PAWV | pre-adsorbed water vapor | 预吸附水蒸气 |
| MEK | methyl ethyl ketone | 甲乙酮 |
| RH | relative humidity | 相对湿度 |
| HBB | hydrogen-bond basicity | 氢键碱度 |

# 前　言

挥发性有机化合物（VOCs）是与二氧化硫（$SO_2$）、氮氧化物（$NO_x$）、可吸入颗粒物等一样的一大类空气污染物，包含烷烃、醇类、酮类、芳香烃、酯类、酚类、醛类、胺类等。VOCs 直接排放不仅造成资源的极大浪费，还会严重影响周边环境空气质量，危害人们的身体健康。从“十一五”末的 2010 年到“十四五”初的 2021 年，国家政府和相关部门密集、持续发布了有关 VOCs 控制减排及治理的各项政策法规，对 VOCs 治理提出了更高的要求。在“十四五”开局之年——2021 年，VOCs 取代 $SO_2$ 成为“十四五”城市空气质量考核新指标，开展 VOCs 的高效治理研究势在必行。

吸附法是当前国内外 VOCs 控制的主流技术，其中吸附材料是实现 VOCs 高效吸附分离的关键。在实际的 VOCs 气体中，水蒸气是普遍存在的，是影响 VOCs 吸附性能的重要因素。本书以超高交联吸附树脂（HPA）为吸附剂，系统研究其对水蒸气的吸附平衡和穿透特性，以及水蒸气对其吸附不同物化性质 VOCs 的影响，并与活性炭（GAC）比较，探究吸附剂表面化学性质、湿度和 VOCs 物化性质对 VOCs-$H_2O$ 双组分系统中的 VOCs 吸附的影响。

在本书出版之际，首先，诚挚感谢我的博士导师龙超教授，他在专业知识上的教诲和敬业精神熏陶着我，为这本书的完成奠定了基础。感谢山西大学李广科教授的鼓励与建议，为此书的顺利完成提供了动力。感谢美国马萨诸塞大学邢宝山教授，他的科研精神让我受益匪浅。最后，衷心感谢运城学院应用化学系和科技处的老师们对我的帮助和鼓励。

在本书的撰写过程中，作者参考了国内外许多同行的文献，虽力求完美，但限于水平，书中缺点、疏漏在所难免，恳请广大读者批评指正。

贾李娟

2022 年 2 月

# 目　录

第 1 章　引　言 / 1

1.1　研究背景与意义 / 1

1.2　文献综述 / 3

1.2.1　水蒸气吸附特性 / 3

1.2.2　水蒸气对 VOCs 吸附平衡的影响 / 14

1.2.3　水蒸气对 VOCs 柱吸附的影响 / 17

1.3　科学问题 / 19

1.4　研究目的和研究内容 / 19

1.4.1　研究目的 / 19

1.4.2　研究思路 / 20

1.4.3　研究内容 / 20

第 2 章　吸附剂的表征及水蒸气的吸附特性与机理 / 22

2.1　引言 / 22

2.2　实验部分 / 23

2.2.1　实验材料与仪器 / 23

2.2.2　实验方法 / 25

2.3　结果与讨论 / 32

2.3.1　吸附剂孔结构和表面化学特性 / 32

2.3.2　水蒸气吸附平衡特性 / 38

2.3.3 水蒸气吸附动力学 / 41
2.3.4 水蒸气柱吸附特性 / 46
2.4 本章小结 / 52

第3章 预吸附水对VOCs吸附平衡的影响与机理 / 53
3.1 引言 / 53
3.2 实验部分 / 54
3.2.1 实验材料与仪器 / 54
3.2.2 实验方法 / 56
3.3 结果与讨论 / 58
3.3.1 VOCs在干燥吸附剂上的吸附平衡特性 / 58
3.3.2 预吸附水对VOCs吸附的影响 / 66
3.4 本章小结 / 81

第4章 预吸附水对VOCs柱吸附的影响与机理 / 83
4.1 引言 / 83
4.2 实验部分 / 84
4.2.1 实验材料与仪器 / 84
4.2.2 实验装置 / 85
4.2.3 实验内容 / 86
4.2.4 分析方法 / 87
4.3 实验结果与讨论 / 87
4.3.1 吸附穿透曲线 / 87
4.3.2 HPA与GAC比较 / 92
4.3.3 VOCs浓度的影响 / 95
4.3.4 VOCs物化性质对穿透吸附的影响 / 99
4.3.5 预吸附水对VOCs吸附平衡与柱吸附影响的比较 / 101
4.4 本章小结 / 103

第 5 章 水蒸气与 VOCs 共吸附时对 VOCs 柱吸附的影响与机理 / 105
5.1 引言 / 105
5.2 实验部分 / 106
5.2.1 实验材料与仪器 / 106
5.2.2 实验装置 / 107
5.2.3 实验内容 / 108
5.2.4 分析方法 / 109
5.3 实验结果与讨论 / 109
5.3.1 水蒸气与 VOCs 共吸附时 VOCs 柱吸附的特性 / 109
5.3.2 预吸附和共吸附水蒸气对 VOCs 柱吸附影响比较 / 124
5.4 本章小结 / 129

第 6 章 结论与展望 / 131
6.1 结论 / 131
6.2 展望 / 133

参考文献 / 134

附 录 / 153
附录 A 预吸附水对 VOCs 柱吸附的影响 / 153
附录 B 水蒸气与 VOCs 共吸附时对 VOCs 柱吸附的影响 / 169

# 第 1 章

# 引　言

## 1.1　研究背景与意义

随着社会和经济的发展，大气污染已经成为全世界最为关注的问题之一。VOCs 为标准大气压下，熔点低于室温、沸点在 50～260℃的有机化合物的总称[1]，包含烷烃、醇类、酮类、芳香烃、酯类、酚类、醛类、胺类等[2]，大部分有恶臭气味和致癌作用，对人体健康和环境造成诸多危害[3,4]。而且，多数的 VOCs 还具有易燃易爆特性，会对生产企业带来严重的安全隐患。除了自身产生的危害，VOCs 还会产生二次污染[5]，在紫外线的照射下与大气中游离的原子 O、$O_3$、•OH 和 $HO_2$ 等发生反应，产生具有强氧化性的光化学烟雾[5,6]，给人类的健康带来更大的危害；一些 VOCs 如卤烃类，可以破坏臭氧层，给地球的生存带来严重的威胁[7]。因此，开展 VOCs 污染控制技术研究非常有实际意义。

减少挥发性有机化合物的排放，首先须从源头控制[8]，选择不易挥发或不挥发的有机溶剂来替代易挥发的有机溶剂，或者改变生产工艺过程，减少 VOCs 的排放；但是，一些无法通过工艺改进、改变溶剂等方法削减的 VOCs，一般采用末端处理的方法。国内外目前 VOCs 的末端控制技术主要有燃烧法[9]、吸附法[10]、等离子体法[11]、吸收法[12]、生物膜法[13]和光催化氧化法[14]。其中，吸附法及其与其他工艺的联用技术广泛应用于实际废气治理[15,16]，常用的 VOCs 吸附剂有 GAC[17]、GAC 纤维[18]、分子筛[19]和 HPA[20-25]等。其中，GAC 具有高度发达的微孔结构[26]，是广谱性吸附剂，对多数 VOCs 有较好的吸附能力，得到最广泛应用。但是，GAC 机械强度差、脱附效果差、使用寿命短。相比之下，HPA 具有较高的微孔孔容和比表面积，机械强度良好，易于调控孔结构和表面化学，且易再生，对 VOCs 具有良好的吸附性能。有关课题组长期致力于 HPA 对 VOCs 的吸附特性研究[20,22,27-29]，并成功应用于实际工程中。

在 VOCs 气体吸附分离体系中，水蒸气是普遍存在的：一方面，大气环境总是具有一定湿度，工业生产过程总要与水相接触，导致所产生的 VOCs 气体中总是或多或少含有一定量的水蒸气；另一方面，采用水蒸气再生的变温吸附技术是 VOCs 控制的主要工艺，再生后吸附剂孔道内总会残留一定量的水分，进而可能影响 VOCs 的吸附，表现在吸附量、柱吸附穿透时间、穿透曲线斜率等方面[30,31]。尽管国内外针对 GAC 等吸附材料已开展了大量水蒸气吸附平衡及湿度-VOCs 双组分竞争吸附的研究，但是，关于 HPA 的表面特性、孔结构对吸附水蒸气的平衡和动力学影响规律和机制，以及水蒸气-VOCs 竞争吸附特性和机理的研究还少有报道。HPA 具有与 GAC 不同的表面化学、孔结构，针对 GAC 等吸附剂所取得的研究成果尚不能为湿气体环境中 HPA 吸附 VOCs 工艺开发及优化调控提供准确、系统的理论指导。

因此，本书基于上述背景，系统研究了 HPA 对水蒸气的平衡和穿透特性，以及水蒸气对吸附不同物化性质 VOCs 的影响，并与 GAC 比较，考察分析了吸附剂表面化学性质、湿度和 VOCs 物化性质对 VOCs-$H_2O$ 双组分系统中的 VOCs 吸附的影响。

# 1.2 文献综述

## 1.2.1 水蒸气吸附特性

### 1.2.1.1 水蒸气吸附平衡特性

（1）水蒸气吸附等温线及模型方程

水蒸气的吸附平衡研究较多（见表1-1），主要针对不同孔结构的材料。在微孔材料上吸附等温线一般为type Ⅳ或type Ⅴ[32-36]，而吸附剂含中孔时，吸附等温线可能为type Ⅲ[37]，如图1-1所示，这与水蒸气的吸附机理相关。

表1-1 研究水吸附的吸附剂总结

| 吸附剂 | 参考文献 | 吸附剂 | 参考文献 |
|---|---|---|---|
| GAC | [34-39] | 碳分子筛 | [38，43，44] |
| 碳纳米管 | [40] | HPA | [27] |
| 沸石 | [38，41] | 金属有机框架 | [45] |
| 硅胶 | [42] | | |

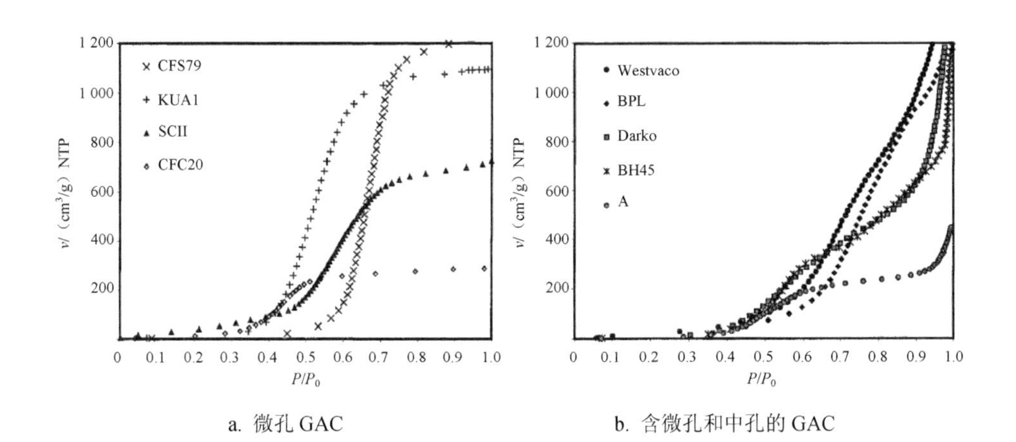


a. 微孔GAC　　b. 含微孔和中孔的GAC

图1-1 水蒸气吸附等温线

Talu[46]和 Do[47]等提出，在低压时，位于中孔内部以及微孔入口处的官能团可以通过氢键吸附水蒸气；随着分压的增大，水分子之间通过氢键形成水簇，得到足够的色散能后进行微孔填充，吸附量受到微孔孔容的限制，达到一个平台[48]。这种机理在很多研究中都得到认可[37,38,40,49-52]。另外，Monge 等[53]发现，当吸附剂有中孔时，相对压力 $P/P_0$＞0.8 后，吸附量有明显的增加，吸附等温线则为 type Ⅴ与 type Ⅲ的结合（见图 1-1）。这是因为水蒸气在中孔中发生毛细管凝聚[54]。因此，除了微孔填充，毛细管凝聚也可能是水蒸气吸附的一种机理。

目前，Do-Do 模型以及其改进模型 CIMF 等已经广泛应用于描述水蒸气在微孔材料中的吸附过程[51,55,56]；当吸附剂包含中孔时，水蒸气可能通过毛细管凝聚吸附，Horikawa 等[57]将 Do-Do 模型改进，用以描述水蒸气在含微孔和中孔材料上的吸附机理。

1）Do-Do 方程

此模型把水蒸气吸附看作功能团化学吸附和微孔填充吸附，水簇分子在功能团上逐渐聚集到五聚体大小（近似宽度 0.6 nm），且具有足够的分散能迁移填充到微孔中。D.D. Do 等[47]认为，水分子可以与中孔内以及微孔入口处的官能团通过氢键结合，6 个水分子在官能团上形成水簇，获得足够的色散能后进入微孔，进行填充。

$$y = S_0 \frac{\mathrm{K_f} \sum_{n=1} n x^n}{1 + \mathrm{K_f} \sum_{n=1} x^n} + C_{\mu s} \frac{\mathrm{K_\mu} \sum_{n=6} x^n}{\mathrm{K_\mu} \sum_{n=6} x^n + \sum_{n=6} x^{n-5}} \quad (1\text{-}1)$$

式中，$x$ —— 相对分压 $P/P_0$；

$y$ —— 特定 $x$ 时的吸附量，mg/g；

$S_0$ —— 吸附剂表面官能团的浓度，mg/g；

$C_{\mu s}$ —— 微孔中水吸附饱和浓度，mg/g；

$\mathrm{K_f}$、$\mathrm{K_\mu}$ —— 功能团的化学吸附和微孔填充的物理吸附速率常数；

$n$ —— 官能团上吸附的水分子平均分子数目。

2）CIMF 方程

CIMF 模型[40,58]是在 Do-Do 方程的基础上进行修正之后得到的，将 Do-Do 方程中微孔吸附的水簇大小 6 改为参数 $m$，使得方程进一步优化。

$$y = S_0 \frac{\mathrm{K_f} \sum_{n=1} n x^n}{1 + \mathrm{K_f} \sum_{n=1} x^n} + C_{\mu s} \frac{\mathrm{K}_{\mu} x^m}{1 + \mathrm{K}_{\mu} x^m} \tag{1-2}$$

式中，$m$—— 填充到微孔中的水簇平均直径；

其他参数与 Do-Do 模型中意义相同。

3）Do-Do 改进模型

该模型是在 Do-Do 模型的基础上改进得到的，用来描述水蒸气在微孔-中孔材料中的吸附过程[57]。

$$\begin{aligned} y = {} & S_0 \frac{\mathrm{K_f} \sum_{n=1}^{m} n x^n}{1 + \mathrm{K_f} \sum_{n=1}^{m} x^n} + C_{\mu s} \frac{\mathrm{K}_{\mu} \sum_{n=\alpha_1+1}^{m} x^n}{\mathrm{K}_{\mu} \sum_{n=\alpha_1+1}^{m} x^n + \sum_{n=\alpha_1+1}^{m} x^{n-\alpha_1}} \\ & + C_{ms} \frac{\mathrm{K_m} \sum_{n=\alpha_2+1}^{m} x^n}{\mathrm{K_m} \sum_{n=\alpha_2+1}^{m} x^n + \sum_{n=\alpha_2+1}^{m} x^{n-\alpha_2}} \end{aligned} \tag{1-3}$$

式中，参数 $S_0$、$C_{\mu s}$、$\mathrm{K_f}$、$\mathrm{K}_{\mu}$及 $x$、$y$、$n$、$m$ 与式（1-1）和式（1-2）相同；

$C_{ms}$—— 水蒸气在中孔中的吸附饱和量，mg/g；

$\alpha_1$、$\alpha_2$—— 微孔和中孔中水簇包含的水分子数（$\alpha_1 < \alpha_2$）；

$\mathrm{K_m}$—— 水蒸气在中孔中的吸附平衡常数。

（2）水蒸气吸附滞后现象

脱附是吸附的逆过程，它是吸附质从吸附剂表面活性位点通过解吸和扩散等作用进入流体主体相的过程，吸附与脱附过程中吸附相水蒸气的结构不同[60]，从而导致滞后环产生，如图 1-2 所示。

水蒸气吸附-脱附滞后环的形成机理主要有两种：毛细管凝聚理论和微孔填充理论。前者是传统理论上滞后环的产生机理[61]，而微孔填充理论是针对水蒸气吸附提出的。Dubinin 等[62]利用亲水基团来解释水蒸气的吸附，并对毛细管凝聚理论提出了疑问，他们认为吸附过程中水分子是通过形成水簇进行孔填充的，但是水蒸气脱附是通过单个水分子进行的。

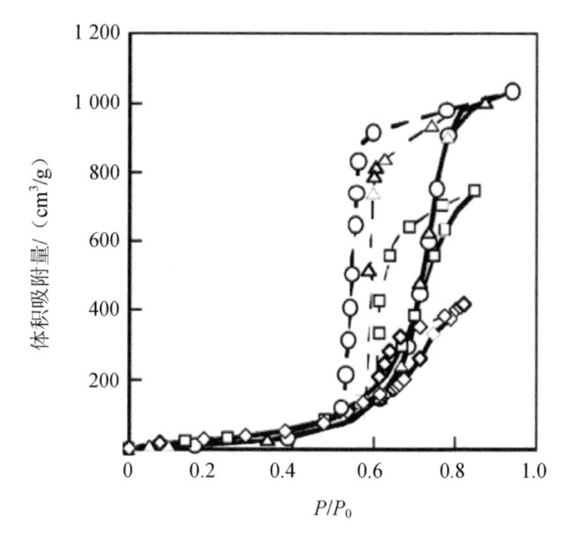


**图 1-2 水蒸气在 GAC 纤维上 293 K（O）、323 K（△）、328 K（□）和 333 K（◇）时的吸附、脱附等温线**

注：实线为吸附等温线，虚线为脱附等温线。

（3）影响水蒸气吸附的因素

1）吸附剂表面含氧官能团

水蒸气首先与表面含氧官能团形成氢键，然后作为第二位点通过氢键吸附更多的水蒸气[37,65,66]，第二位点的浓度与吸附剂表面含氧功能基团的浓度有关，含氧官能团有利于水分子之间形成水簇，进而提高平衡吸附量[30,67]。Cosnier 等[68]对 GAC 改性，使其疏水性增强，发现水蒸气在任何分压下的吸附量都有所降低。含氧官能团含量增大，水蒸气在低分压下的吸附量会明显增大，有利于水分子在官能团和微孔中形成较多但尺寸较小的水簇，吸附等温线拐点前移，因此，提高官能团含量不仅可以提高低分压下官能团上的吸附量，还有利于微孔孔容中吸附量的提高[40]。

另外，官能团的种类也可能会影响水蒸气的吸附。Fletcher 等[69]认为羧基与水分子的亲和力最大，更有利于水蒸气的吸附[70,71]；Tu 等[66]也发现 COOH—比 OH—更有助于水蒸气的吸附；Nishino[72]等研究了水蒸气吸附与羧基的关系，发现低分压下水蒸气吸附量与羧基浓度的平方成正比。Xiao 等[73]发现官能团种类会在不同相对分压范围内发挥作用，如—COOH 和 S═O 在 RH＜40%时会发挥主要作用，而其他官能团会在中高湿度（40%＜RH＜70%）时影响吸附。陈良杰等[74]发现，羟基和水更容易结合。但是，Jorge[75]和 Barton[76]等通过分子模拟法发现水蒸气的吸附与官能团种类无关，只与含氧官能团的含量有关。分子模拟研究发现水蒸气吸附等温线与初始吸附位点的浓度和分布相关[77]。如果吸附位点距离较大，水分子先吸附于初始位点，然后形成水簇，分压增大，水簇在孔中形成架桥；如果吸附位点距离较小，水分子在表面持续吸附，直到高分压时微孔填充。

虽然官能团更有利于水蒸气的吸附，但是水蒸气也可以在疏水吸附剂上吸附[64,78-80]。在疏水的纳米孔中，理论上水蒸气吸附会受到限制[81]，但是在实验和分子动力学模拟中都发现水蒸气会吸附在疏水纳米孔中[37]，因为水分子之间可以形成水簇，水簇与孔壁有很强的色散引力作用[82,83]，从而进行孔填充。因此，水簇的形成是水蒸气吸附的一个重要机理[84-86]。

另外，表面官能团还会影响滞后环[62]。Velasco 等[59]发现吸附剂表面官能团不影响滞后环的形状和大小，但是会影响滞后环出现时对应的相对压力，官能团含量增大，滞后环出现时对应的相对压力减小。

2）孔结构

孔径分布及孔容会影响水蒸气的吸附机理及其吸附容量[87-91]。Foster[37]和 González[54]等认为水蒸气可以通过毛细管凝聚在中孔吸附，而 Qian[92]和 Kaneko[93]等认为毛细管凝聚不属于水蒸气吸附机理，水蒸气在中孔只是通过孔填充吸附一定量。Hanzawa 等[94]通过比较水蒸气吸附量与孔容来判断是否进行中孔吸附，水蒸气吸附量更接近微孔孔容，提出水蒸气主要在微孔中吸附。Horikawa 等[95]比较了三种微孔中孔材料对水蒸气的吸附特性，发现当微孔、中孔分布连续时，水蒸气在高分压时吸附等温线可以达到平台，而孔径分布不连续时，吸附等温线达到平台后继续上涨。

另外，孔径的大小也会影响水蒸气的吸附，在较小的孔中，由于位阻效应，会限制水簇的增大[96]，进而影响高分压下水蒸气吸附量[97,98]。Liyama 等[99]发现水分子在孔径小于 0.8 nm 孔中的吸附形式与孔径大于 0.8 nm 孔中的吸附形式完全不同。

通常，吸附脱附滞后环是中孔存在的标志，吸附质在中孔发生毛细管凝聚而导致滞后环的出现，孔结构对水蒸气滞后环的形状及大小都存在影响[59,60,100]。Zimny 等[101]提出水蒸气在 GAC 上的滞后环是因为中孔上毛细管凝聚，中孔的尺寸对毛细管凝聚出现的相对压力有重要的影响[88]。但是，也有大量的研究发现水蒸气在微孔中可以出现滞后环，水分子形成的水簇在 2 nm 孔中具有足够的稳定能，抑制水分子脱附，从而导致滞后环的出现[102]。Pierce 等[100]发现孔径越小，滞后环越小。Ohba[60]、Kaneko[93]和 Freeman 等[103]都发现吸附剂平均孔径小于 0.7 nm 时，滞后环不存在，而微孔孔径大于 0.7 nm 时，会出现明显的滞后环。他们提出，在 $d<0.7$ nm 时，水簇是由 5 个水分子组成，正好与孔径相符。吸附与脱附是在相同的水簇上进行的，所以不存在滞后环。当水簇进入 $d>0.7$ nm 的孔中时，吸附与脱附时水的结构不同，从而引起滞后环[103]。另外，Ohba[60]还发现在 0.7～1.1 nm 区间时，滞后环随着平均孔径的增大而增大，而大于 1.3 nm 后，滞后环随着平均孔径的增大而减小，因为孔径影响水簇的大小，进而影响其脱附过程。

同时，有学者认为水蒸气的滞后现象与孔无关，而是与水蒸气的吸附机理相关。他们认为，水蒸气在微孔 GAC 上的吸附脱附滞后环不是因为毛细管凝聚而产生的[104]，而且水蒸气的吸附脱附滞后环不仅出现在多孔 GAC 上，也出现在无孔 GAC 上，这是因为水簇形成过程中由水分子和官能团之间的静电力产生的凝聚力增大，导致脱附滞后。

3）温度

温度不仅会影响吸附量，还可能影响滞后环的形成。Morishige 等[107]发现，只含中孔的 GAC，滞后环不随温度升高而变化，含微孔和中孔的 GAC，滞后环随温度升高而减小，但是 Oh[88]和 Horikawa[95]等发现中孔材料上水蒸气吸附脱附滞后环受温度影响比较明显，而在超微孔中滞后环不受温度影响。Rudisill 等[35]发现滞后环的大小和位置与温度的关系很大，温度升高，滞后环减小，而且向高分压迁移，因为水簇在温度升高时变得不稳定[78]。

#### 1.2.1.2 水蒸气吸附动力学特性

水蒸气扩散系数是很重要的参数，目前为止，只有少量的研究是关于水蒸气吸附动力学的。水蒸气吸附扩散过程包含吸附质狭缝孔中的扩散，也包含分子扩散、努森扩散和表面扩散等[108,109]。研究者根据速率控制步骤的不同提出了不同的吸附动力学公式或模型，其中较为著名的有 LDF（linear driving force）模型[110-112]、Fickian 模型[113,114]、CBRD（combined barrier resistance/diffusion）模型、颗粒内扩散模型。LDF 模型也称为线性推动力模型，模型形式简单，易于分析，可以准确计算出表观速率的大小，被广泛用于描述水蒸气、氮气（$N_2$）、氧气（$O_2$）和二氧化碳（$CO_2$）在异质吸附剂如 GAC、分子筛上的吸附动力学[116,117]。

LDF 模型的表达式是

$$\frac{\mathrm{d}M_t}{\mathrm{d}t}=k(M_e-M_t) \tag{1-4}$$

式中，$t$ —— 吸附时间，s；

$M_t$ —— 时间为 $t$ 时的吸附量，mg/g；

$M_e$ —— 平衡吸附量，mg/g；

$k$ —— 传质扩散系数，$s^{-1}$。

式（1-4）积分结果见式（1-5）：

$$\frac{M_t}{M_e}=1-e^{-kt} \tag{1-5}$$

LDF 传质系数可以由 ln（1− $M_t/M_e$）−$t$ 曲线得到。

Foley 等[118]早期研究过不同相对压力下水蒸气在 GAC 上的吸附动力学，结果显示水蒸气动力学符合线性推动力模型（LDF），而且不同分压下对应的动力学速率相差很大。Cossarutto 等[119]用 LDF 模型计算水蒸气的动力学扩散速率，发现在低分压下水分子通过官能团吸附时扩散速率最大，而分压在 0.55～0.7 时扩散速率出现最小值，之后扩散速率有缓慢增大直到平衡的趋势。Kim 等[120]研究发现，最快的吸附扩散速率出现在低分压下，此时，水蒸气与官能团形成氢键吸附；随着分压增大，水分子形成水簇，官能团上吸附的水分子会对水簇填充微孔造成阻力，扩散速率减小。

为了研究水蒸气动力学扩散机制，Harding 等[121]比较了水蒸气在两种 GAC 上的吸附动力学（见图 1-3），两种 GAC 上都是在低分压区时，水分子通过表面官能团吸附时扩散速率最快，但是对于吸附等温线为 typeⅤ的 C1GAC，$P/P_0$=0.5 时动力扩散速率最小，而吸附等温线为 typeⅢ的 BAX950 的动力学吸附速率随着相对分压的增大而减小，吸附量增加速率越快，吸附速率越小。吸附过程中出现毛细管凝聚时，高压下扩散速率会增大，但是微孔填充时扩散速率会减小[119,121-123]，从而导致水蒸气吸附等温线类型不同时，其扩散速率随相对压力的增大出现不同的规律。

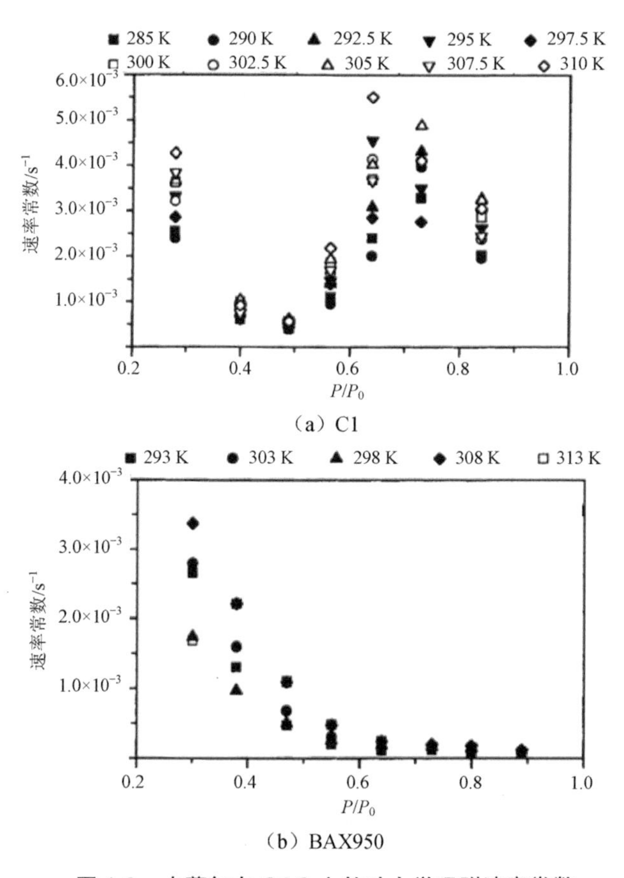


图 1-3　水蒸气在 GAC 上的动力学吸附速率常数

水蒸气的扩散过程也受官能团含量和孔径分布的影响。官能团含量越高，低分压下扩散速率越高[37,69,121,124]；水蒸气在正六边形孔结构的传质系数比正方形结构要高，前者更有利于吸附质的传质与迁移[125]。另外，温度也是水蒸气动力学扩散过程中的一个重要因素。从图 1-3 可以看出，在相同的分压下，水蒸气吸附速率常数随着温度升高而增大，而 Švábová 等[126]发现温度升高基本不影响水蒸气的扩散速率（见图 1-4）。

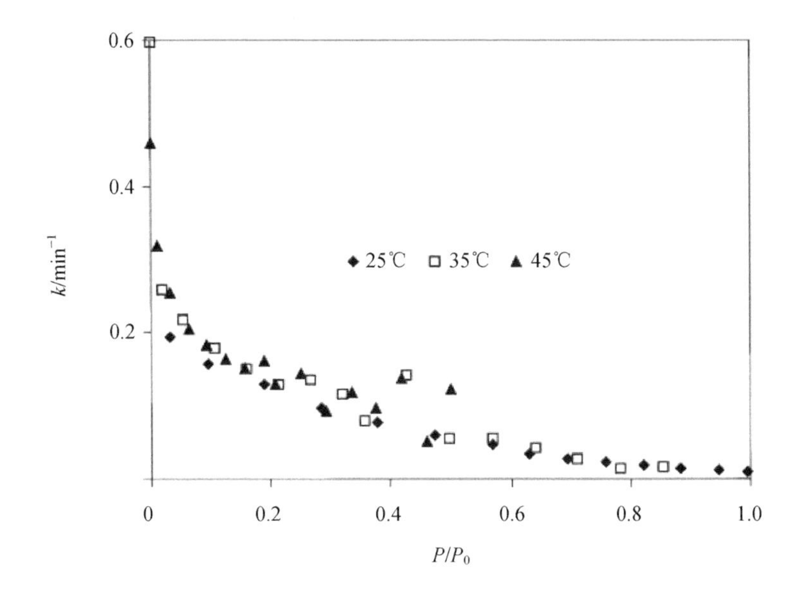


**图 1-4 用 LDF 模型计算 25℃、35℃和 45℃水蒸气在腐殖煤上的吸附扩散速率**

### 1.2.1.3 水蒸气柱吸附特性

柱吸附是表征吸附行为的重要方式。在固定吸附床中装入粒径均一的吸附剂，浓度为 $C_0$ 的吸附质通过吸附床时，在吸附床入口处首先形成吸附前沿（传质前沿）曲线，如图 1-5 所示，随着吸附质的不断通入，吸附前沿向前推动，最终到达固定床的出口端。

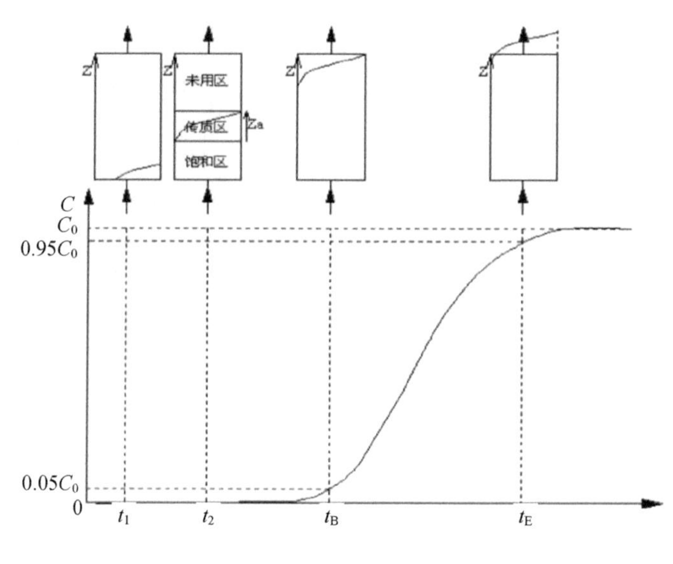


图 1-5 吸附穿透示意图

目前，柱吸附研究主要针对 VOCs，水蒸气柱吸附研究较少。Kim 等[127]研究了相对湿度和气体流速对水蒸气在沸石上柱吸附的影响，发现随着相对湿度和气体流速的增大，穿透时间减小，而且传质区长度缩短；Ribeiro 等[44]研究水蒸气在分子筛上柱吸附特性时发现，当相对湿度较高时，水蒸气穿透曲线出现两个阶段，见图 1-6（a）和（b），两个阶段分别对应吸附等温线的两个阶段：非优惠区和优惠区。水蒸气的吸附等温线在低分压下为非优惠区，而在高分压下为优惠区；（a）阶段对应吸附等温线的非优惠区，在这个区域，浓度曲线传质较慢，扩散较慢。（b）阶段对应吸附等温线高分压下的优惠吸附，传质比较快，浓度前沿被压缩。

同样地，Shim 等[128]也发现了相同的现象，即相对湿度较高时，水蒸气穿透曲线出现两个阶段，但是他们认为这一现象与毛细管凝聚相关，在（a）阶段之后，轴向扩散系数降低，出口浓度曲线变陡峭，传质区域变窄。这一结论，在其他研究中也得到认可，Ribeiro 等[129]提出水蒸气在吸附柱中的轴向佩克莱数（Pe）会影响其穿透吸附特性，Pe 越大，高湿度下水蒸气的穿透曲线更容易出现两阶段的现象，见图 1-7。因为 Pe 是描述传质返混的准数，Pe 越大，轴向扩散系数越低，导致穿透曲线假平台之后传质区域突然变窄。

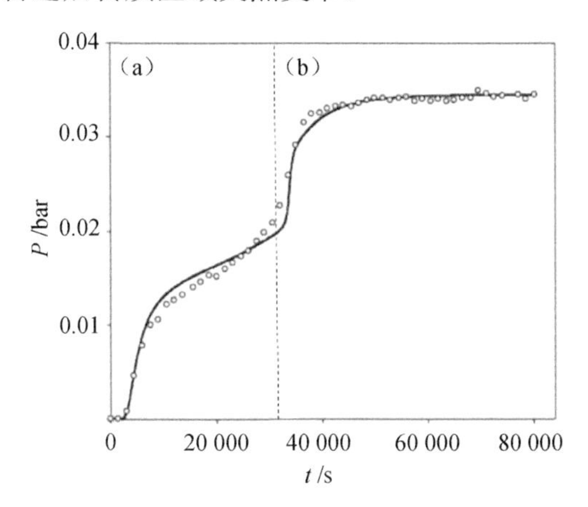


图 1-6 28℃时 0.034 bar 分压下水蒸气的穿透曲线

注：1 bar=0.1 MPa。

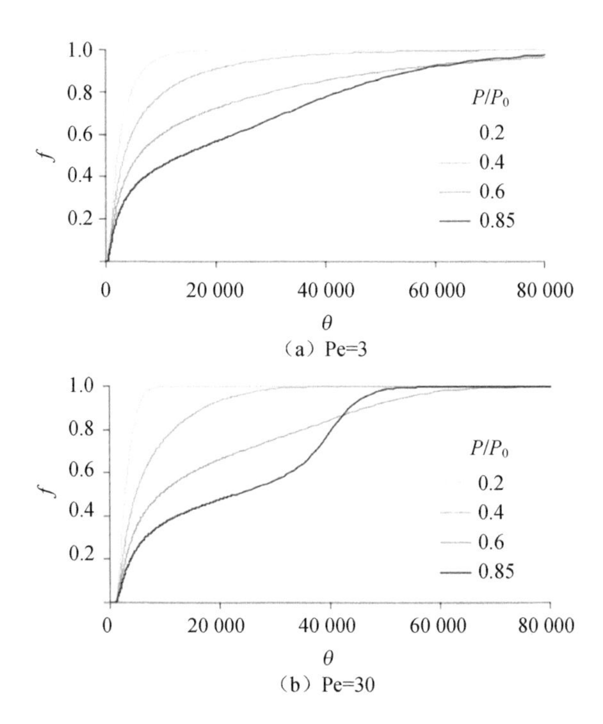


图 1-7 不同进口湿度时水蒸气的穿透曲线

## 1.2.2 水蒸气对 VOCs 吸附平衡的影响

### 1.2.2.1 湿度大小的影响

湿度对 VOCs 吸附存在不同的影响。Zhou 等[130]研究了 273～298 K 时水蒸气对 GAC 吸附甲烷的影响，结果发现，在高湿度下，甲烷的吸附受到负影响；在低湿度下，甲烷吸附量出现微小的增加。而 Sager[131]和 Marbán[58]等发现，低湿度时，正丁烷在 GAC 上的吸附不受湿度的影响，湿度增大时，二者竞争孔容，正丁烷的吸附受到显著的负影响。Dreisbach 等[132]研究了水蒸气和乙醇的共吸附，发现在低相对分压下，水蒸气会阻碍乙醇的吸附，而在高相对分压下，乙醇会置换水蒸气从而不受高湿度的影响。

除湿度大小外，预吸附水蒸气和共吸附水蒸气对 VOCs 吸附的影响可能不同。Moise[133]发现分子筛中预吸附的水蒸气可以提高对二甲苯的平衡吸附量；Linders 等[134]研究了 GAC 上预吸附水对六氟丙烯、甲醇和乙醇的吸附平衡特性的影响，结果表明，预吸附水存在时，在所有分压范围内六氟丙烯的吸附量都会降低，在低分压下甲醇和乙醇的吸附量会提高，因为预吸附的水蒸气可以作为吸附位点供甲醇和乙醇吸附，但是在高分压下二者会因竞争孔容而使 VOCs 吸附量降低。

湿度对不同条件下 VOCs 有不同规律的影响，这与吸附剂的性质和 VOCs 自身的物化性质也有关。

### 1.2.2.2 吸附剂性质的影响

从 1.2.1.1 可以知道，吸附剂表面官能团和孔结构都会影响水蒸气的吸附，进而会改变湿度对 VOCs 吸附的影响。吸附剂表面含羧基或羟基时，水蒸气与其亲和力较大，不易被 VOCs 置换。陈良杰等[74]发现水蒸气对 VOCs 吸附的影响与吸附剂表面官能团含量密切相关，羟基容易与水结合，使 VOCs 吸附量降低，即吸附剂上羟基的存在会增大湿度对 VOCs 吸附的负作用。

#### 1.2.2.3　VOCs 性质的影响

VOCs 的物化性质会影响水蒸气-VOCs 双组分体系的吸附，而吸附作用力是影响吸附的关键因素。Peng 等[135]通过线性溶剂能量方程分析了不同相对湿度时 VOCs 在有机黏土上的吸附作用力，研究发现 VOCs 吸附作用力由色散力和氢键作用主导，而且相对湿度不影响这一结果。Shih 等[136]选择有机蒙脱石为吸附剂，结果表明，在所有相对湿度下，色散力都是 VOCs 吸附的主导作用力，随着相对湿度的增加，氢键作用力的贡献逐渐增加。Li 等[137]以碳纳米管为吸附剂，发现 VOCs 的吸附主要由 π-/n-电子对和氢键碱度作用主导，而水蒸气存在时，由色散力、偶极作用和氢键碱度作用主导。由于从作用力角度分析 VOCs 性质影响的研究较少，比较不同物化性质 VOCs 吸附的研究较多，而 VOCs 分子大小、沸点、摩尔极化率、摩尔折射率、偶极矩等可一定程度地反映吸附作用力大小，因此，我们主要从 VOCs 物化性质的角度来分析水蒸气对 VOCs 吸附平衡的影响。其中 VOCs 的分子大小、极性、水溶性、饱和蒸气压力等都会影响其吸附[74,138-141]，在同一吸附剂上吸附时，湿度对不同物化性质的 VOCs 吸附的影响不同。

（1）VOCs 的极性

陈良杰等[74]的研究表明，水分子占据 GAC 的官能团位点，使其对极性 VOCs 的吸附亲和力较小，受水蒸气的影响较大。高华生等[142]发现水蒸气对苯、三氯甲烷和丙酮吸附的影响会随着 VOCs 极性的增强而增大，因为水分子通过与表面的氢键作用和水簇的微孔填充与 VOCs 竞争吸附[143]。

对于非极性 VOCs，在低分压时，水分子与 VOCs 分别吸附于吸附剂表面的不同位点[88]，高分压时，二者竞争吸附剂孔容[144-146]，这种竞争作用与吸附剂和 VOCs 之间的相互作用有关。Sager 等[131]选择正丁烷和甲苯作为吸附质，正丁烷不溶于水，而且在吸附剂上的吸附量较低；甲苯微溶于水。研究表明：水蒸气通过与正丁烷竞争孔容而降低正丁烷的吸附量，但是甲苯与水蒸气会竞争吸附位点，湿度增大，甲苯与水蒸气的吸附量都会降低。

但是 Ruiz 等[147]研究发现极性水分子的强偶极矩作用会置换出吸附位点上的非极性有机物，从而降低其吸附量；对于极性的甲乙酮（MEK），与水分子和吸附剂上吸附位点的作用力相近，只有在低浓度时受水蒸气的负影响比较大。Han 等[148]发现在任何温度下水蒸气都比乙醇吸附量高，吸附亲和力强，对乙醇的吸附存在负影响。Dreisbach 等[132]研究了水蒸气和乙醇的共吸附，单一物质吸附时，水与乙醇的吸附等温线分别是 typeⅤ与 typeⅠ，当二者共吸附时，乙醇的吸附等温线转变为 typeⅤ。在低压下，尽管只吸附了微量的水，但是水还是会阻塞 GAC 纤维的微孔，从而阻碍乙醇的吸附；而在较高的相对压力下，水分子会被乙醇取代[145,146]。Águeda 等[125]研究了水蒸气对二氯甲烷吸附的影响，发现在低湿度时，水蒸气与二氯甲烷分别吸附于亲水位点和疏水位点，当湿度增大时，水分子形成水簇，易置换出已吸附的二氯甲烷。

（2）VOCs 的水溶性

Qi 等[149]发现，VOCs 水溶性越强，与水填充孔的效率越高。水蒸气吸附后，可以作为吸附位点吸附水溶性分子，填充更多的孔，而非水溶性分子吸附被阻碍[35,37,149-151]。Busmundrud[152]和 Huang 等[153]发现水溶性 VOCs 的吸附受水蒸气的负影响小于非水溶性的 VOCs，但是 Biron 等[154]认为 VOCs 受水蒸气的影响与其水溶性无关，而是与 VOCs 和吸附剂的亲和力有关。

（3）VOCs 的分子量

Qi 等[149]发现，VOCs 水溶性相近时，分子量越高，受水蒸气负影响越小，因为分子量越高，与吸附剂的亲和力越强，可以置换水蒸气。

（4）VOCs 的浓度

在相同湿度下，不同浓度 VOCs 的吸附受水蒸气的影响也不同。Linders 等[134]发现，在低浓度下，甲醇和乙醇的吸附量会因为与水蒸气形成氢键而提高吸附量，在高浓度时，VOCs 因与水蒸气竞争孔容而吸附量降低。Agnihotri 等[155]发现水蒸气的存在会使正己烷在碳纳米管上的吸附等温线由 typeⅡ转换为 typeⅢ，Thibaud 等[156]发现水蒸气存在时会将苯和氯苯在土壤上的吸附等温线由 typeⅡ转换为 typeⅢ。

## 1.2.3 水蒸气对 VOCs 柱吸附的影响

### 1.2.3.1 水蒸气的影响

水蒸气不仅会影响 VOCs 的平衡吸附量，还会影响其吸附动力学[140]、传质系数[127]以及吸附选择性[157]等。在 VOCs 的柱吸附实验中，穿透吸附量和传质区宽度是两个重要的参数。Li 等[143]发现，湿度增大，甲醛在 GAC 上的穿透时间缩短。Abiko 等[158,159]发现，在一定湿度范围内，穿透时间随湿度的变化呈负线性关系。Marbán 等[58]研究发现干燥微孔-中孔吸附剂穿透时间是吸附剂预吸附水后穿透时间的 5～6 倍。

水蒸气对 VOCs 的穿透曲线斜率，即对 VOCs 传质的影响，会因水蒸气的存在方式不同而不同。Xian[160]，Wang[161]和 Tao[162]等发现水蒸气与 VOCs 共存时会导致 VOCs（二氯乙烷、乙酸乙酯、苯）的穿透曲线斜率增大，即 VOCs 的传质加快。Cosnier 等[36]研究了水蒸气以不同方式存在于 VOCs 吸附过程中时对 VOCs 产生的不同影响，结果表明，水蒸气预吸附时，易被 VOCs 置换，但是在置换水分子的过程中会阻碍 VOCs 的吸附，进而导致 VOCs 传质区域变宽；水蒸气与 VOCs 共吸附时，二者会竞争吸附位点，直接影响 VOCs 吸附量和吸附动力学，但 VOCs 吸附量的降低程度主要与 VOCs/$H_2O$ 分别和吸附剂的作用力相关，$H_2O$ 与吸附剂亲和力越强，对 VOCs 负影响越大。

另外，水蒸气与 VOCs 共存时，因为与吸附剂有不同的亲和力而出现置换现象。Thibaud 等[156]发现水蒸气不会使 VOCs（苯和氯苯）的穿透曲线斜率明显增大，但是在高湿度时，VOCs 会出现置换峰，即 VOCs 被水蒸气置换。而 Heinen 等[144]发现水蒸气与甲苯在 GAC 上共吸附时，甲苯会置换水蒸气，使水蒸气出现置换峰。

### 1.2.3.2 吸附剂性质的影响

在吸附过程中，吸附剂的孔径与 VOCs 分子大小存在一个几何匹配问题。吸附剂具有适当的孔径与分布（既要保证扩散，又要保证较高的比表面积），才能对吸附质进行有效吸附[163]。孔径分布对穿透吸附容量和吸附速率影响很大[163,164]。另外，Águeda 等[125]研究发现孔的形状对吸附动力学也有影响，正六边形的孔比正方形的孔更容易使 VOCs 分子进入。

Marbán 等[58]研究了在中孔和微孔吸附剂上分别预吸附水对 VOCs 柱吸附的影响，结果表明：在中孔吸附剂中，高相对湿度下，吸附剂预吸附凝聚水会堵塞传质孔，在这种情况下，只有溶于水的分子才能进入微孔；对于微孔吸附剂，预吸附水形成水簇后填充微孔，而非凝聚状态，传质孔基本都被堵塞，因此，溶于水的分子可以进入微孔，而非极性 VOCs 需要通过水簇边缘进入微孔，同时置换水分子，从而导致 VOCs 的传质速率减慢。

另外，穿透吸附量也是柱吸附中的重要参数。Long 等[29]比较了水蒸气对卤代烃在表面疏水性较高的 LC-1 和疏水性较低的 NDA-201 上柱吸附的影响，发现卤代烃在 LC-1 上吸附受水蒸气的影响较小。

#### 1.2.3.3 VOCs 性质的影响

VOCs 的物化性质不仅会影响 VOCs 平衡吸附量，也会影响其柱吸附，主要表现在穿透时间和穿透曲线斜率（传质区长度）上。本书 1.2.2.3 中讲到，VOCs 的极性、水溶性、分子量、浓度等都会影响 VOCs 的平衡吸附量，而对于柱吸附，关于 VOCs 物化性质的影响研究较少，这方面的研究主要关注了 VOCs 的水溶性和分子大小。

（1）VOCs 的水溶性

水蒸气吸附后，可以作为吸附位点吸附水溶性分子，这有利于 VOCs 分子扩散而填充更多的孔；而非水溶性分子吸附会被阻碍[35,37,149-151]，Marbán 等[58]发现可以用正丁烷置换微孔中的水分子，降低正丁烷的吸附速率，从而延长其传质区。

（2）VOCs 的分子大小

分子大小对水蒸气-VOCs 的共吸附也发挥着重要作用[125]，吸附质分子的大小会影响其粒内扩散，影响有效孔容和传质速度。László 等[146]发现，水分子比甲苯分子小，其填充吸附剂裂缝的效率比甲苯要高，扩散快，传质区窄。Thommes 等[165]发现，在有机物-水蒸气/GAC 体系中，因为水的分子较小，在 GAC 空隙中扩散较快，GAC 先吸附水蒸气，然后有机蒸汽在已经吸附了水的 GAC 上再吸附，导致 VOCs 的传质减慢，传质区长度增加。

## 1.3　科学问题

①虽然关于水蒸气吸附平衡特性的研究较多，但是吸附动力学与柱吸附的研究较少，尚不能指导研究水蒸气对 VOCs 吸附的影响规律；

②关于预吸附水蒸气和共吸附水蒸气对 VOCs 吸附的影响的研究较少，尚未阐明水蒸气的影响规律与机理；

③目前文献仅研究一种或一类 VOCs 吸附受水蒸气的影响，VOCs 物化性质对水蒸气-VOCs 双组分系统影响机制不明确；

④文献主要侧重于研究水蒸气对 VOCs 吸附平衡的影响，缺乏从动力学角度全面分析水蒸气对 VOCs 柱吸附的影响，而柱吸附更能反映实际应用。

## 1.4　研究目的和研究内容

### 1.4.1　研究目的

研究 HPA 对水蒸气的吸附平衡、动力学和穿透吸附特性，阐明水蒸气-VOCs 在 HPA 上的竞争吸附机理，建立 VOCs 吸附量与湿度、吸附剂表面基团含量及 VOCs 的物化特性之间的影响机制，为湿气体环境中 VOCs 吸附的 HPA 的合成优化及应用提供重要理论指导。

## 1.4.2 研究思路

本文的总体研究思路及技术路线图如图 1-8 所示。

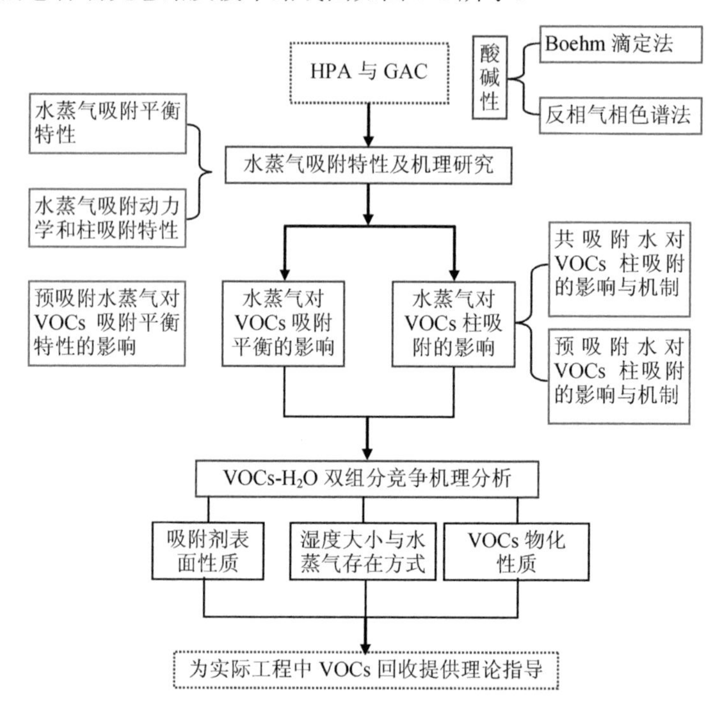


图 1-8 总体研究思路

## 1.4.3 研究内容

（1）HPA 和 GAC 的表征及对水蒸气的吸附特性

对吸附剂比表面积、孔径分布和表面的含氧官能团进行表征；测出不同温度下 HPA 和 GAC 对水蒸气的吸附一脱附等温线，研究表面含氧官能团、孔分布和温度对水蒸气吸附脱附的影响；测定不同温度下水蒸气在两种吸附剂上的吸附动力学曲线和穿透曲线，开展吸附剂表面化学性质、相对湿度和温度对水蒸气吸附动力学和柱吸附特性的影响研究。

（2）水蒸气对 VOCs 吸附平衡的影响及机理

测定不同湿含量条件下 HPA 和 GAC 对 VOCs 的吸附等温线，研究湿度与吸附剂表面含氧官能团含量和 VOCs 性质对 VOCs 平衡吸附量的影响，开展湿度对 VOCs 平衡吸附量的影响机制研究。

（3）预吸附水蒸气对 VOCs 柱吸附的影响及机理

测定不同浓度的 VOCs 在 HPA 和 GAC 上的穿透曲线，分析不同物化性质的 VOCs 在两种吸附剂上的柱吸附性能；测定 VOCs 在预吸附水蒸汽的吸附剂上的吸附穿透曲线，计算穿透吸附量，开展湿度对 VOCs 吸附性能的影响机理研究。

（4）共吸附水蒸气对 VOCs 柱吸附的影响及机理

测定水蒸气-VOCs 共吸附时 VOCs 和水蒸气的穿透曲线，计算 VOCs 吸附穿透时间，开展湿度对 VOCs 柱吸附性能的影响机理研究。

# 第 2 章

# 吸附剂的表征及水蒸气的吸附特性与机理

## 2.1 引言

实际废气中水蒸气总是不可避免地存在，针对 GAC 等吸附材料，大量研究已表明水蒸气与 VOCs 间存在竞争吸附，水蒸气的存在可能降低 VOCs 的平衡和穿透吸附能力及吸附扩散速率[37,58,90,131]，这主要缘于吸附材料表面含氧官能团可通过氢键与水发生强作用[37]，与 VOCs 产生竞争吸附或占据吸附位点[166]。因此，研究水蒸气的吸附特性至关重要。

关于水蒸气在 GAC 上的吸附平衡已经有较多的研究[32-37,49-52]，普遍接受的吸附机理是水蒸气首先通过与吸附剂表面官能团形成氢键而吸附，然后通过水分子间氢键形成水簇后填充微孔[71,95,121]。但是，对于水蒸气的吸附动力学和柱吸附的相关研究较少[40,118,120,121]。Harding 等[121]比较了水蒸气在两种 GAC 上的吸附动力学，提出水蒸气吸附动力学与吸附等温线相关，吸附等温线为 type Ⅴ的 GAC，扩散速率随分压增大先减小后增大，吸附等温线为 type Ⅲ的 GAC，扩散速率随分压增大而减小；Kim 等[120]研究了水蒸气在 5 种 GAC 上的动力学，发现扩散速率随相对压力的变化并没有规律，甚至是随机变化的。而对于水蒸气的柱吸附，在高湿度下还可能出现假平台，导致穿透曲线存在两个阶段[44,128]，即传质速率减小后又迅速增加，传质区延长后又压缩，此现象目前尚未有明确的机理解释。

关于 HPA 的表面特性、孔结构对水蒸气吸附的影响规律和机制的研究还少有报道，而 HPA 具有与 GAC 不同的表面化学性质和孔结构，针对 GAC 吸附剂所取得的研究成果尚不能为 HPA 吸附水蒸气提供准确、系统的指导。因此，亟须研究水蒸气在 HPA 上的吸附。

基于以上背景，本章以 HPA 为吸附剂，采用常规方法和反相气相色谱法（IGC）表征吸附剂的表面性质和孔结构，测定在 298～328 K 时其对水蒸气的吸附平衡、动力学和柱吸附特性，并与 GAC 比较，全面分析吸附剂表面含氧官能团和孔结构对水蒸气吸附的影响，为研究水蒸气对 VOCs 吸附的影响奠定基础。

## 2.2　实验部分

### 2.2.1　实验材料与仪器

#### 2.2.1.1　主要实验试剂

表 2-1　实验试剂

| 名称 | 纯度 | 产地 |
| --- | --- | --- |
| 甲烷 | 分析纯 99.9% | 南京天泽气体有限责任公司 |
| 盐酸 | 分析纯 | 南京化学试剂股份有限公司 |
| 氢氧化钠 | 分析纯 | 南京化学试剂股份有限公司 |
| 二乙烯苯 | 分析纯 80% | 北京百灵威科技有限公司 |
| 氯甲基苯乙烯 | 分析纯 95% | 常州市武进临川化工有限公司 |
| 碳酸钠 | 分析纯 | 南京化学试剂股份有限公司 |
| 碳酸氢钠 | 分析纯 | 南京化学试剂股份有限公司 |
| 乙醇钠 | 分析纯 | 南京化学试剂股份有限公司 |

| 名称 | 纯度 | 产地 |
| --- | --- | --- |
| 乙醇 | 分析纯 | 南京化学试剂股份有限公司 |
| 正戊烷 | 分析纯 | 南京化学试剂股份有限公司 |
| 正己烷 | 分析纯 | 南京化学试剂股份有限公司 |
| 苯 | 分析纯 | 南京化学试剂股份有限公司 |
| 1,2-二氯乙烷 | 分析纯 | 南京化学试剂股份有限公司 |
| 二氯甲烷 | 分析纯 | 南京化学试剂股份有限公司 |
| 丙酮 | 分析纯 | 南京化学试剂股份有限公司 |

#### 2.2.1.2 主要仪器设备

表 2-2 实验仪器和设备

| 名称 | 型号 | 厂家 |
| --- | --- | --- |
| 热重分析仪 | SETSYS TG-DSC 1750 | 法国 Setaram 公司 |
| 质量流量计 | 100 SCCM | 北京七星华创流量计有限公司 |
| 精密电子分析天平 | AL 204 | 梅特勒-托利多仪器有限公司 |
| 静态顶空瓶 | 100 mL | 上海安普科学仪器有限公司 |
| 微量注射泵 | BT 100-2 | 保定兰格恒流泵有限公司 |
| 恒温水槽 | DKB-501A | 上海精宏实验设备有限公司 |
| 温度控制器 | CKW-1 | 南京朝阳仪器有限公司 |
| 超纯水机 | Millipore | 北京科誉兴业科技发展有限公司 |
| 气相色谱仪 | GC 2014 | 日本岛津公司 |
| 控温摇床 | HZP-250 | 上海精宏实验设备有限公司 |
| 气密针 | SGE 250 mL | 济南赛畅科学仪器有限公司 |
| 真空泵 | Chemker 410 | 台湾洛科仪器股份有限公司 |
| 比表面积及孔径分布仪 | ASAP 2010 | 美国 Micromeritics 公司 |

## 2.2.2　实验方法

### 2.2.2.1　吸附剂的制备方法

GAC 是美国 Mead Westvaco 公司的产品，HPA 是以氯甲基化低交联苯乙烯-二乙烯苯（VBC-DVB）为原料，以二氯乙烷为溶胀剂，通过傅氏后交联反应合成，合成步骤见图 2-1。具体过程如下：在三口烧瓶中加入 20 g 实验室已合成的经氯甲基化的苯乙烯-二乙烯苯聚合物，加入 100 mL 1,2-二氯乙烷，在常温下搅拌溶胀 2 h，升温至 60℃后搅拌溶胀 2 h，然后降至常温。加入 4 g 三氯化铁，在 80℃条件下反应 12 h 后结束。待冷却至室温后，滤出树脂，用乙醇洗树脂至上清液无色后，滤出树脂装入索氏抽提器，用乙醇抽提 8 h，放入烘箱干燥（60℃）8 h，得到 HPA。HPA 和 GAC 在使用前，须在 383 K 下烘干约 8 h，储存于干燥器中备用。

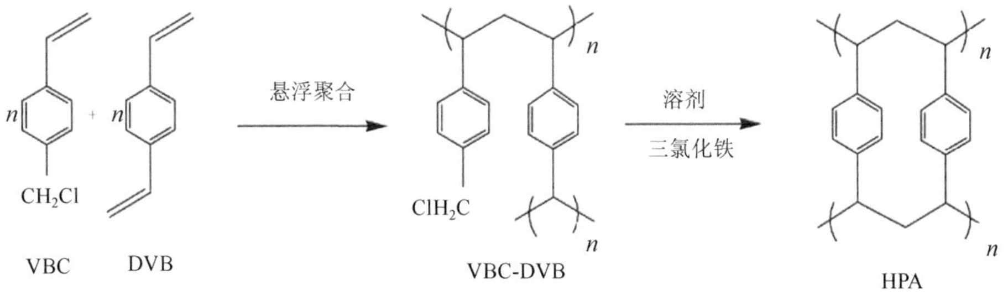

$CH_2Cl$　VBC　DVB　悬浮聚合　$ClH_2C$　VBC-DVB　溶剂　三氯化铁　HPA

图 2-1　HPA 的合成步骤

### 2.2.2.2　吸附剂的表征方法

（1）比表面积和孔结构分析

采用 ASAP 2010（Micromeritics，USA）吸附仪测定 77 K 下氮气吸附-脱附等温线，采用 BET 公式计算比表面积，用 DR 方法计算微孔体积，用 BJH 方法计算中孔体积和中孔比表面积，孔分布采用密度函数理论（DFT）模型计算[167,168]。

（2）吸附剂表面化学性质表征

①Boehm 滴定[169]。

分别配制 0.05 mol/L 的氢氧化钠（NaOH）、碳酸氢钠（$NaHCO_3$）、碳酸钠（$Na_2CO_3$）、乙醇钠（$NaOC_2H_5$）和盐酸（HCl）溶液。准确称取 0.1 g GAC 和树脂各五份，置于碘量瓶中；分别加入 25 mL 0.05 mol/L 的 NaOH、$NaHCO_3$、$Na_2CO_3$、$NaOC_2H_5$、HCl，室温下在摇床中反应 4 d。分别从碘量瓶中取出上清液 10 mL，各加入 15 mL 的 HCl 溶液，摇动、充分反应；因为 $Na_2CO_3$、$NaHCO_3$ 与 HCl 反应会产生 $CO_2$，进而会提高溶液的酸性，所以含 $Na_2CO_3$、$NaHCO_3$ 的上清液加入盐酸后需加热 30 min 以除去其中的 $CO_2$。以酚酞为指示剂，用 NaOH 溶液滴定剩余的 HCl 溶液。由滴定值计算各种碱的消耗量：

$$b = 2.5\left(V \times C_{\mathrm{NaOH}} + 10 \times C_0 - 15 \times C_{\mathrm{HCl}}\right)/m \tag{2-1}$$

式中，$b$ —— 碱消耗量，mmol/g；

2.5 —— 所用碱液 25 mL 与所取上清液 10 mL 的比值；

$V$ —— 用来滴定过量酸所用的 NaOH 标准溶液的体积，mL；

$C_{\mathrm{NaOH}}$ —— 用来滴定过量酸所用 NaOH 标准溶液的浓度，mol/L；

10 —— 所用碱液瓶中所取上清液的体积，mL；

$C_0$ —— 所用碱液的浓度，mol/L；

15 —— 所加过量 HCl 的体积，mL；

$C_{\mathrm{HCl}}$ —— 所用 HCl 的浓度，mol/L；

$m$ —— 样品的质量，g。

一般认为 $NaOC_2H_5$ 中和羧基、内酯基、酚羟基和羰基，NaOH 中和羧基、内酯基和酚羟基，$Na_2CO_3$ 中和羧基和内酯基，$NaHCO_3$ 中和羧基。

②反相气相色谱表征。

Boehm 滴定法属于常规方法，表征过程复杂、耗时，而反相气相色谱表征法可以直接、灵敏地计算吸附剂的非极性表面自由能、酸碱作用等表面化学性质[170,171]。

将 HPA 或 GAC（60 目）填充在色谱柱内作为固定相，以高纯氮气为流动相；

在无限稀释条件下，注入已知性质的 VOCs 探针分子，经汽化后，被载气流带入色谱柱中，在气相和固相中分配，在柱内保留一定时间，最后被检测器记录，通过测定保留时间反映出两相的分配情况，由此可以得到 HPA 和 GAC 表面性质的相关信息。采用 0.5 μL 气密针取顶空气体进样，进样量<0.2 μL。死时间的测定用甲烷作为探针。

色谱柱的清洗：先将 $\phi$ 3×0.5 m 的不锈钢填充柱浸泡在 10%的热的 NaOH 溶液中 60 min，用水洗至中性，再用 1∶20 的稀盐酸浸泡 60 min，洗至中性，再用丙酮冲洗，在 383 K 的温度下干燥 2 h，备用。

色谱柱的填充：将填充柱一头塞入一定量的硅烷化玻璃棉，包上纱布，与真空泵相连，在另一头向柱内慢慢加入 HPA 或 GAC，并轻轻敲打以保证填充密实。填满后在填充柱另一端塞入一段玻璃棉。样品柱在使用前需进行老化，将氮气通入色谱柱，柱温为 473 K，氮气载气流速 20 mL/min，老化时间 12 h。老化过程中为避免检测器受污染，色谱柱出口不与检测器相连。

气相色谱条件：FID 检测器，载气为高纯氮气。

载气流速：40 mL/min。

汽化室温度：493 K。

检测器温度：553 K。

柱温：403～463 K。

在反相气相色谱法中，探针分子在柱内固相中的保留特性与材料表面的性质相关。探针分子的保留行为通过其在色谱柱内的保留体积来反映，将探针物质注入色谱柱后，记录出峰时间、流速、柱前压、室温、柱温，计算探针分子保留体积 $V_g$：

$$V_g = \frac{j}{m} \times \left( F \times \frac{T_c}{T_0} \times t_R \right) - V_M \tag{2-2}$$

式中，$F$——载气柱后流速，mL/min；

$m$——固体质量，g；

$T_c$—— 柱温，K；

$T_0$—— 室温，K；

$t_R$—— 保留时间，min；

$V_M$—— 死体积，mL；

$j$——James-Martin 气体压缩校正因子。

$j$ 的计算公式如下：

$$j=\frac{3}{2}\left[\frac{\left(p_i/p_0\right)^2-1}{\left(p_i/p_0\right)^3-1}\right] \tag{2-3}$$

式中，$p_{\mathrm{i}}$—— 色谱柱进口的压力，MPa；

$p_0$—— 色谱柱出口的压力，MPa。

在无限稀释状态下，探针分子间的作用力可忽略，此时探针分子在固体表面的摩尔吸附自由能 $\Delta G$ 可由保留体积计算：

$$\Delta G=-RT_c\cdot\ln V_g+C \tag{2-4}$$

式中，$R$—— 理想气体常数；

$C$—— 与固体性质及所选参考状态有关的常数。

$C$ 的计算公式如下：

$$C=RT_c\cdot\ln\left(\frac{\pi S}{\mathrm{p_{s,g}}}\right) \tag{2-5}$$

式中，$\mathrm{p_{s,\,g}}$—— 探针在标准气体状态下的蒸气压，取 $\mathrm{p_{s,\,g}}$=101 kN·m$^{-2}$；

π —— De Boer 标准状态下的扩散表面压，De Boer 建议取 π=0.338 mN·m$^{-2}$；

$S$—— 比表面积，m$^2$/g。

通常，表面自由能$\gamma_s$主要是色散分量和极性分量的加和［式（2-6)]，其他各项作用可忽略不计。表面自由能色散分量的大小可表示吸附剂与 VOCs 之间的范德瓦耳斯力的强弱。

$$\gamma_s=\gamma_s^d+\gamma_s^{sp} \tag{2-6}$$

式中，$\gamma_s^d$——色散分量的表面能；

$\gamma_s^{sp}$——极性分量的表面能。

根据 Dorris 和 Gray[172]的理论，由实验测定的$\Delta G_{CH_2}$可计算出材料色散分量的表面能$\gamma_s^d$：

$$\gamma_s^d = \frac{\left(-\Delta G_{CH_2}\right)^2}{4N^2\alpha_{CH_2}^2\gamma_{CH_2}} \tag{2-7}$$

式中，$N$—— 阿伏加德罗常数；

$\alpha_{CH_2}$—— 被吸附的单个亚甲基与材料表面的接触面积，通常取 0.06 nm$^2$；

$\gamma_{CH_2}$—— 单个亚甲基的表面能，$\gamma_{CH_2}$可根据温度计算，关系为 $\gamma_{CH_2}$=36.8−0.058 t。

用非极性正构烷烃作为探针分子可以得到材料的表面色散能，而极性 VOCs 作为探针分子时，可根据吸附焓$\Delta H^{sp}$与探针分子酸性常数 AN$^*$、碱性常数 DN 的关系［式（2-8）］得到物质的表面酸碱性。路易斯酸碱理论认为，具有给电子性的物质为碱，具有受电子性的物质为酸[173]。

$$\Delta H^{sp} = AN^* \cdot K_D + DN \cdot K_A \tag{2-8}$$

式中，$K_D$、$K_A$—— 材料表面酸碱性的半定量参数，以 $\Delta H^{sp}$/AN$^*$对 DN/AN$^*$作图，即可分别得到斜率 $K_A$ 和截距 $K_D$。

$\Delta H^{sp}$ 可以通过吸附自由能计算。

探针分子在吸附剂表面的极性部分吸附焓与吸附自由能的关系如下：

$$\Delta G^{sp} = \Delta H^{sp} - T\Delta S^{sp} \tag{2-9}$$

式中，$T$——吸附温度，K；

$\Delta S^{sp}$——熵变。

将$\Delta G^{sp}$对 1/$T$ 作图，两者具有良好的线性关系，随着柱温的升高$\Delta G^{sp}$下降，根据斜率计算探针分子在固体表面的极性部分焓变$\Delta H^{sp}$。而极性探针与吸附剂酸碱相互作用的自由能变化$\Delta G^{sp}$可通过计算得到：

$$\Delta G^{sp} = -RT\ln(V_g / V_g^{ref}) \tag{2-10}$$

式中，$V_g$—— 极性探针分子的保留体积，cm$^3$；

$V_g^{ref}$ —— 与该极性探针分子具有相同色散成分的非极性探针（以正构烷烃做参考物）的保留体积，$cm^3$。

#### 2.2.2.3 吸附平衡和动力学实验

本实验中所用装置如图 2-2 所示，由配气系统和称重系统组成。配气系统的流程如下，钢瓶中的高纯氮气气流经过干燥器之后分为两路，由质量流量计（MFC）控制流量：一路为鼓泡的气路，氮气通过装有超纯水的鼓泡瓶鼓泡，得到饱和的水蒸气；另外一路气体直接到达缓冲瓶。通过调节两路氮气的气体流量比得到不同湿度的水蒸气。两路气体在装有玻璃珠的缓冲瓶中得到充分的混合。

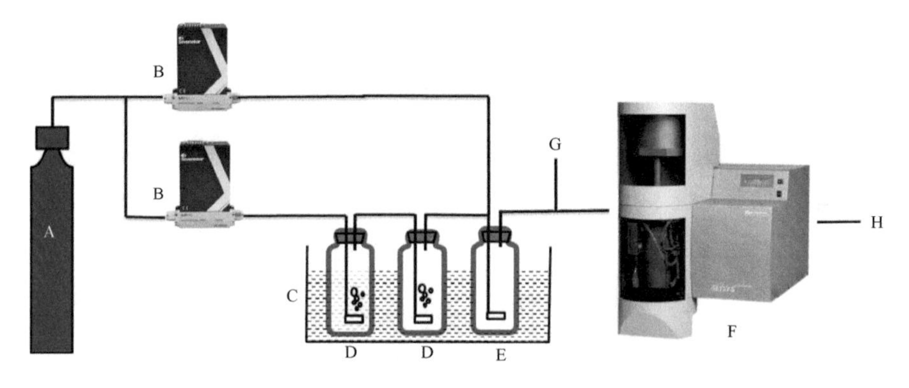


A. 高纯氮气；B. 质量流量计；C. 恒温水槽；D. 鼓泡瓶；E. 缓冲瓶；F. 热重分析仪；G. 旁路；H. 尾气

**图 2-2 水蒸气吸附平衡和动力学实验装置**

称重通过热重分析仪进行，热重分析仪主要由以下几部分构成：天平系统、炉体及温度控制系统、冷却水系统、载气和保护气路、外接管路和工作站。天平系统采用零位法将微小的质量变化通过磁场和电场信号放大，因此，只需测量并记录电流的变化便可得到精确的质量变化曲线，精度可达到 0.01 μg。温度控制系统采用 PIDU 热电偶控制温度，误差不超过±1℃。载气使用惰性气体氦气，保护气采用氩气，可以保护天平不被实验中产生的其他气体污染和破坏。本实验采用独立的 TG 系统操作，吸附剂放入天平部分的石英坩埚。打开热重分析仪，预热 20 min 后，设定恒温程序；用电子分析天平称量 40±1 mg 的吸附剂（30 目）装进石英坩埚内，将装有吸附剂的石英坩埚放进炉体；设定升温程序，达到吸附温度（298～328 K）时，通入相对湿度已恒定的水蒸气进行吸附。

吸附平衡实验：配制相对分压分别为 0.1、0.2、0.3、0.4、0.5、0.6、0.7、0.8、0.95 的水蒸气，记录下最终的平衡吸附量，得到吸附等温线。

吸附动力学实验：由工作站实时记录相对分压为 0.2、0.5、0.8 时坩埚内吸附剂的质量随时间变化而变化的曲线，即 $t$-$M_t$ 曲线，得到吸附动力学曲线。

在进行水蒸气吸附平衡和动力学实验之前，做空白对照实验：外接气路通过相同流量的氮气，石英坩埚内装入与动力学实验中质量相同的吸附剂，设定相同的温度控制程序进行吸附，记录吸附曲线的变化。在最终的数据处理中需要从吸附质量中扣除这部分空白的质量变化值来保证实验的准确性。

#### 2.2.2.4　吸附穿透实验

装置由配气、吸附、检测 3 个部分组成（见图 2-3）。实验过程中配气方法与吸附平衡和动力学相同，得到一定湿度和流量的水蒸气后，其通过缓冲装置进入

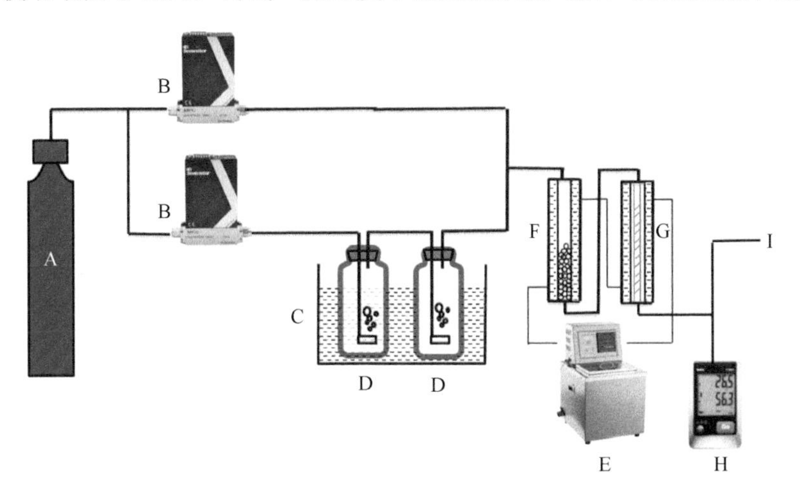


A. 高纯氮气；B. 质量流量计；C. 恒温水槽；D. 鼓泡瓶；E. 恒温循环水槽；F. 气体缓冲柱；G. 吸附柱；H. 湿度仪；I. 尾气

**图 2-3　水蒸气柱吸附实验装置**

装有吸附剂的吸附柱，每隔 1 min 由湿度仪实时检测吸附柱的出口湿度。整个配气系统都在恒温条件下进行，配气瓶及其吸附装置均使用恒温水槽进行水浴加热，整个装置的连接管道使用电加热带，以保持实验温度的恒定。

**实验条件**

相对湿度：20%、50%和 80%；

气体总流量：100 SCCM；

吸附温度：298～328 K；

吸附剂质量：HPA 4.5 g，GAC 3.7 g；

吸附柱：高 $H$=10 cm，直径 $D$=10 mm。

## 2.3 结果与讨论

### 2.3.1 吸附剂孔结构和表面化学特性

#### 2.3.1.1 吸附剂的孔结构

图 2-4 是 77 K 时 HPA 和 GAC 的氮气吸附-脱附等温线和孔径分布，吸附等温线均为典型的 type Ⅰ，即在相对压力较低时，吸附量随压力的增大而急剧增加，说明两种吸附剂都含有丰富的微孔；在相对压力较高处出现滞后环，说明有中孔存在。从孔径分布图可以看出，相同孔径下，HPA 的孔容要小于 GAC。将孔结构参数列于表 2-3 中，从中也可以清楚地看出，HPA 和 GAC 除了具有丰富的微孔还有一部分中孔存在。比较两种吸附剂可以看出，HPA 的微孔孔容、中孔孔容和比表面积都低于 GAC。

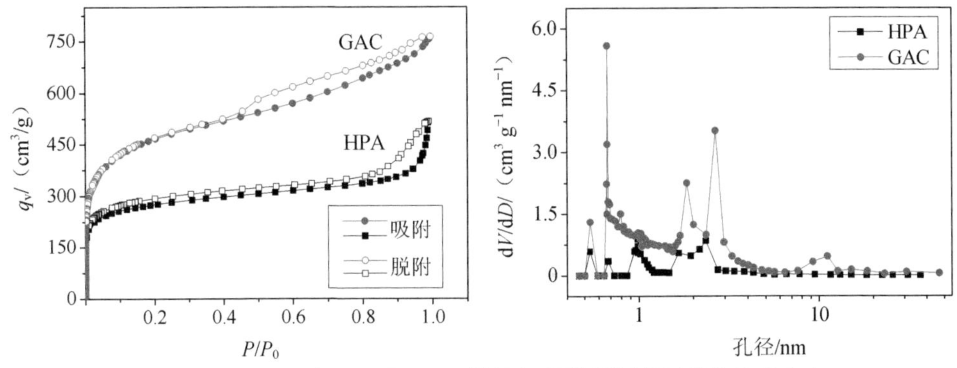


图 2-4　77 K 时 HPA 和 GAC 的氮气吸附-脱附等温线和孔径分布

表 2-3　HPA 和 GAC 的孔结构参数

| | HPA | GAC |
|---|---|---|
| $S_{BET}$/（$m^2$/g） | 944.35 | 2 089.3 |
| $V_{micro}$/（mL/g） | 0.43 | 0.84 |
| $V_{meso}$/（mL/g） | 0.364 | 0.777 |
| 平均孔径/nm | 2.73 | 2.70 |

注：$S_{BET}$ 为比表面积；$V_{micro}$ 为微孔孔容；$V_{meso}$ 为中孔孔容。

### 2.3.1.2　吸附剂表面化学特性

（1）Boehm 滴定

从表 2-4 中 HPA 和 GAC 的 Boehm 滴定数据我们可以看出，两种吸附剂中的酸性基团主要是羟基、羧基、羰基和内酯基，HPA 的总酸性基团含量低于 GAC，但是内酯基的含量高于 GAC。

表 2-4 HPA 和 GAC 的 Boehm 滴定结果　　单位：mmol/g

| 官能团 | HPA | GAC |
| --- | --- | --- |
| —OH | 0.207 2 | 0.984 0 |
| —C═O | 0.123 8 | 0.196 1 |
| —COOH | 0.031 7 | 0.517 4 |
| —COOR | 0.373 9 | 0.003 5 |
| 总量 | 0.736 6 | 1.701 0 |

（2）反相气相色谱法

①非极性表面能。

吸附剂表面是不均匀的，同时，吸附剂表面的原子也不同于其内部原子，受力是极不对称的，导致吸附剂表面具有剩余的表面自由能，在无限稀释的情况下，VOCs 分子吸附于固体表面，导致表面自由能下降。此方法中所采用的正构烷烃是非极性探针，与吸附剂表面的相互作用仅有色散力（London 力）。非极性探针分子在两种吸附剂上的吸附自由能与碳原子数 $n$ 的关系见图 2-5，从中可以看出四种正构烷烃（正戊烷、正己烷、正庚烷、正辛烷）在两种吸附剂上保留体积随碳原子个数而改变的规律，显然，在同一温度下，正构烷烃的碳原子个数越多，几种不同的正构烷烃在色谱柱上的保留体积越大，即吸附作用增强。

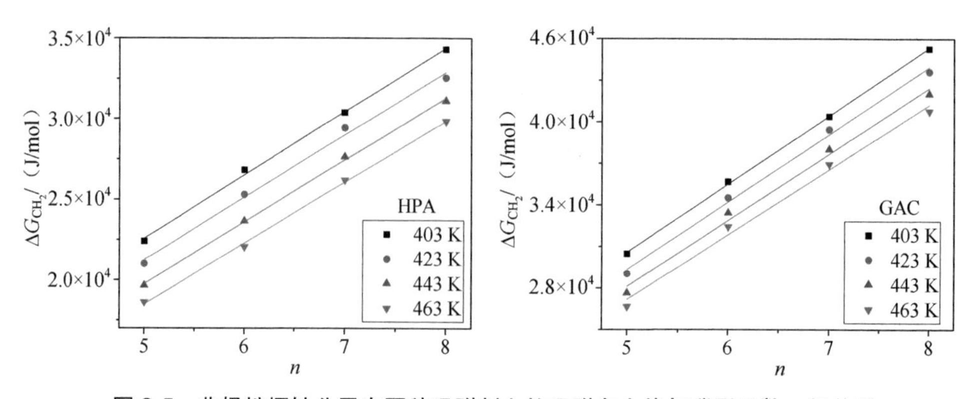


图 2-5 非极性探针分子在两种吸附剂上的吸附自由能与碳原子数 $n$ 的关系

从图 2-5 中直线的斜率我们可以得到不同正构烷烃探针分子在吸附剂表面的摩尔吸附自由能，即可获得每增加一个亚甲基对吸附自由能的贡献，结果列于表 2-5 中。从表中可以看出，HPA 上的吸附自由能增量（$-\Delta G_{CH_2}$）比 GAC 上的小；由于表面自由能中熵的贡献，色散力作用是随着温度的升高而降低的，对于两种吸附剂，$-\Delta G_{CH_2}$ 都是随着温度升高而减小。

**表 2-5　相邻探针分子在吸附剂表面的吸附自由能增量$-\Delta G_{CH_2}$**　　单位：kJ/mol

| *T*/K | HPA | GAC |
| --- | --- | --- |
| 403 | 3.93 | 4.92 |
| 423 | 3.88 | 4.87 |
| 443 | 3.84 | 4.77 |
| 463 | 3.79 | 4.69 |

根据式（2-7），计算两种吸附剂色散分量的表面能$\gamma_s^d$，结果见表 2-6，可以看出，在测定范围内，两种吸附剂上非极性表面能都随着温度升高而降低，HPA 比 GAC 的非极性表面能低。另外，HPA 和 GAC 的表面能色散组分（$-\gamma_s^d$）的数值均大于 100 mJ/m$^2$，物理吸附能力较强。

**表 2-6　两种吸附剂的非极性表面能$-\gamma_s^d$**　　单位：mJ/m$^2$

| *T*/K | HPA | GAC |
| --- | --- | --- |
| 403 | 106.89 | 163.37 |
| 423 | 105.11 | 162.29 |
| 443 | 102.89 | 161.59 |
| 463 | 101.38 | 158.73 |

②表面酸碱性。

图 2-6 是以 403 K 下 HPA 为例，探针分子在吸附剂表面的$\Delta G^{sp}$计算示意图，图中参照直线是由非极性物质计算的 London 力，极性探针位于直线的上部，说

明酸碱作用存在，即给电子或受电子作用存在。四个温度下极性探针分子在 HPA 和 GAC 上的$-\Delta G^{sp}$如表 2-7 所示，探针分子的$-\Delta G^{sp}$都随着温度的升高而减小，温度升高，作用力减弱。同种探针分子在相同温度下，HPA 上的$-\Delta G^{sp}$均小于 GAC 上的，因为 GAC 上的官能团含量较高，与极性探针分子的酸碱作用比较强。相同条件下，三种极性探针分子的$-\Delta G^{sp}$ 的大小顺序为甲醇＞丙酮＞乙酸乙酯。三种物质分别含有羟基、羰基、内酯基，其中羟基有给电子和受电子两种作用，羰基和内酯基只能受电子，给电子能力非常弱，而羰基受电子能力强于内酯基，所以与吸附剂表面酸碱作用的强弱为：甲醇＞丙酮＞乙酸乙酯。

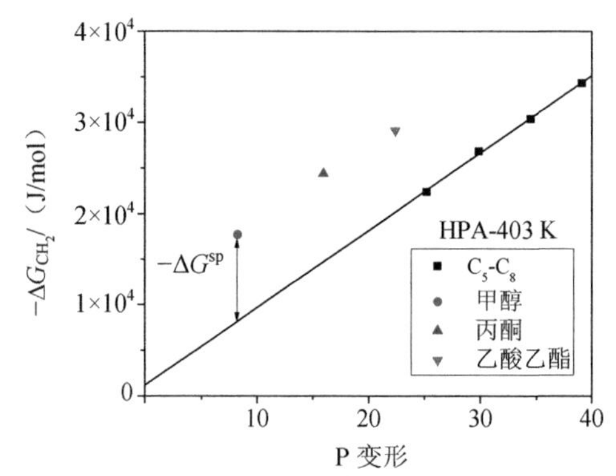


图 2-6 探针分子在吸附剂表面的极性部分自由能计算示意图

表 2-7 极性探针与两种吸附剂的酸碱相互作用的自由能变化$-\Delta G^{sp}$、焓变$-\Delta H^{sp}$

| 探针分子 | 吸附剂 | $-\Delta G^{sp}$/（kJ/mol） | | | | $-\Delta H^{sp}$/（kJ/mol） |
|---|---|---|---|---|---|---|
| | | 403 K | 423 K | 443 K | 463 K | |
| 丙酮 | HPA | 9.58 | 8.85 | 8.46 | 7.59 | 22.35 |
| | GAC | 11.41 | 11.02 | 10.69 | 8.96 | 26.66 |
| 甲醇 | HPA | 9.53 | 9.50 | 9.24 | 8.55 | 15.88 |
| | GAC | 11.43 | 10.87 | 10.31 | 9.58 | 23.75 |
| 乙酸乙酯 | HPA | 8.89 | 8.42 | 7.69 | 6.92 | 22.25 |
| | GAC | 11.09 | 9.98 | 8.60 | 7.06 | 38.56 |

根据式（2-8）以及表 2-8 中的酸碱性常数，得到 $K_A$ 和 $K_D$，结果见表 2-9。$K_A/K_D$ 的值反映了固体表面的酸碱性，由表 2-9 可知，HPA 表面偏酸性，GAC 表面偏碱性，即 HPA 受电子能力较强，而 GAC 给电子能力较强；（$K_A+K_D$）值的大小说明，GAC 的酸碱性比 HPA 强。

表 2-8　探针分子的酸性常数 AN*和碱性常数 DN　　单位：kJ/mol

| VOCs | AN* | DN |
| --- | --- | --- |
| 丙酮 | 10.5 | 71.4 |
| 甲醇 | 50.4 | 84.0 |
| 乙酸乙酯 | 6.3 | 71.6 |

表 2-9　HPA 和 GAC 的表面酸性参数 $K_A$ 和碱性参数 $K_D$

| 酸碱性参数 | HPA | GAC |
| --- | --- | --- |
| $K_A$ | 0.332 1 | 0.572 3 |
| $K_D$ | 0.203 5 | 0.761 2 |
| $K_A+K_D$ | 0.535 6 | 1.333 5 |
| $K_A/K_D$ | 1.631 9 | 0.751 8 |

Boehm 滴定结果（表 2-4）中除羟基之外，羧基、羰基和内酯基都是受电子基团，羟基为给电子基团，根据表 2-4 中的数字计算发现，HPA 和 GAC 受电子基团浓度与给电子基团浓度的比值分别为 2.555 和 0.729，与表 2-9 中 $K_A/K_D$ 对比发现，在 GAC 上两个比值比较接近，但是在 HPA 上差别较大，这是因为 HPA 骨架中含有大量的甲基或亚甲基，具有给电子能力，使 $K_D$ 偏大，导致 HPA 酸性相对减小。

## 2.3.2 水蒸气吸附平衡特性

### 2.3.2.1 水蒸气吸附等温线

图 2-7 所示为 298～318 K 条件下，水蒸气在 HPA 和 GAC 上的吸附等温线，吸附等温线为 type Ⅴ，这是水蒸气吸附常见的一类等温线。从图中可以看出，相同压力下水蒸气吸附量随着温度的升高而急剧降低；在相同条件下，HPA 的吸附量比 GAC 低。在初始阶段，水蒸气与吸附剂表面官能团形成氢键而吸附，随着压力的升高，水分子间通过氢键结合形成水簇，水簇随着分压升高而增大，达到临界尺寸后，得到足够的色散能进行微孔填充[48]。因此，水蒸气的吸附与含氧官能团含量和微孔孔容等都密切相关，由于 HPA 的含氧官能团含量和比表面积（见 2.3.1）都比 GAC 低，所以相同条件下 HPA 的吸附量较低。GAC 上吸附等温线拐点（吸附量突增）要比 HPA 提前，可能也是因为在低压力区表面官能团与水分子之间的氢键起主要作用，含氧官能团有利于水分子在官能团和微孔中形成较多的水簇，使吸附等温线拐点前移[69]。

在高压区，HPA 和 GAC 的吸附量逐渐趋于平缓，饱和吸附量分别接近 0.35 mL/g 和 1.03 mL/g，与微孔孔容（0.43 mL/g 和 0.84 mL/g）相近，GAC 上饱和吸附量高于微孔孔容，是因为水分子比氮气分子小，可以进入一些氮气分子不能进入的微孔中[94,175]。但是，由于 HPA 和 GAC 的微孔与中孔分布连续，水蒸气可以在中孔吸附[95]，而在高压区，随着压力的增加吸附量变化并不明显，所以水蒸气在中孔的吸附不是通过毛细管凝聚的机理进行的[92,93,176]。

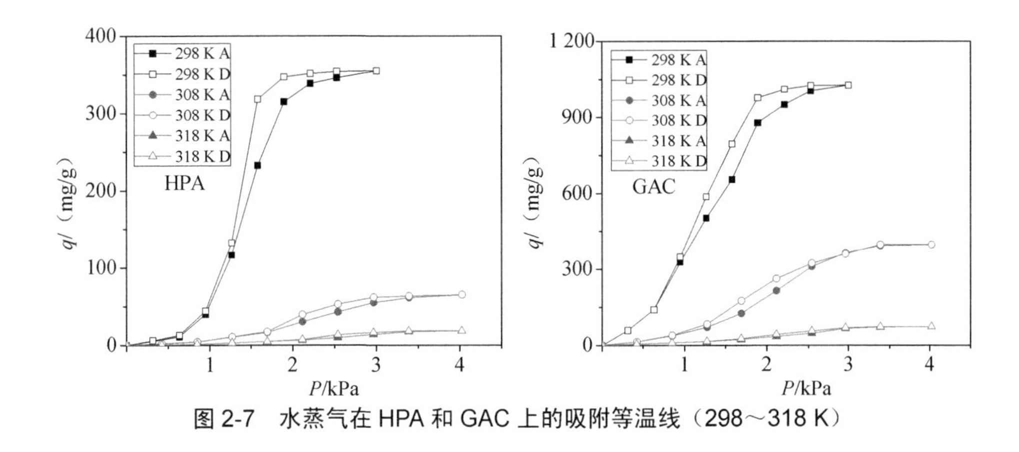


图 2-7　水蒸气在 HPA 和 GAC 上的吸附等温线（298～318 K）

#### 2.3.2.2　CIMF 拟合

采用 CIMF 模型［式（1-2）］对水蒸气吸附等温线进行拟合，所得结果如表 2-10 所示，拟合效果较好（$R^2$>0.98）。可以看出，代表微孔孔容吸附量的 $C_{\mu s}$ 和表面官能团吸附量的 $S_0$ 都随着温度升高显著减小，而在相同条件下，HPA 的 $S_0$ 和 $C_{\mu s}$ 值都比 GAC 小，与二者的含氧官能团含量和微孔孔容大小一致。另外，$K_u$ 和 $K_f$ 值都随着温度的升高而减小，说明水蒸气在微孔和官能团中吸附的可能性分别减小[47]。而 $m$ 和 $n$ 值也是随着温度的升高而减小，这是因为温度升高，水簇填充微孔所需的能量减小，不需要形成大的水簇就可以填充[78]。

表 2-10　水蒸气吸附等温线 CIMF 拟合结果

| 吸附剂 | $T$/K | $C_{\mu s}$ | $K_u$ | $m$ | $S_0$ | $K_f$ | $n$ | $R^2$ |
|---|---|---|---|---|---|---|---|---|
| HPA | 298 | 350.5 | 141.6 | 6.271 | 0.862 5 | 65.89 | 14.15 | 0.997 |
| | 308 | 78.64 | 18.69 | 3.639 | 0.641 5 | 39.47 | 5.370 | 0.992 |
| | 318 | 58.76 | 5.879 | 2.586 | 0.310 9 | 30.28 | 4.385 | 0.982 |
| GAC | 298 | 1 011 | 55.83 | 4.508 | 78.48 | 366.9 | 0.562 8 | 0.986 |
| | 308 | 437.8 | 48.79 | 4.183 | 63.97 | 123.3 | 0.426 9 | 0.992 |
| | 318 | 111.4 | 38.91 | 3.115 | 12.39 | 73.1 | 0.347 8 | 0.980 |

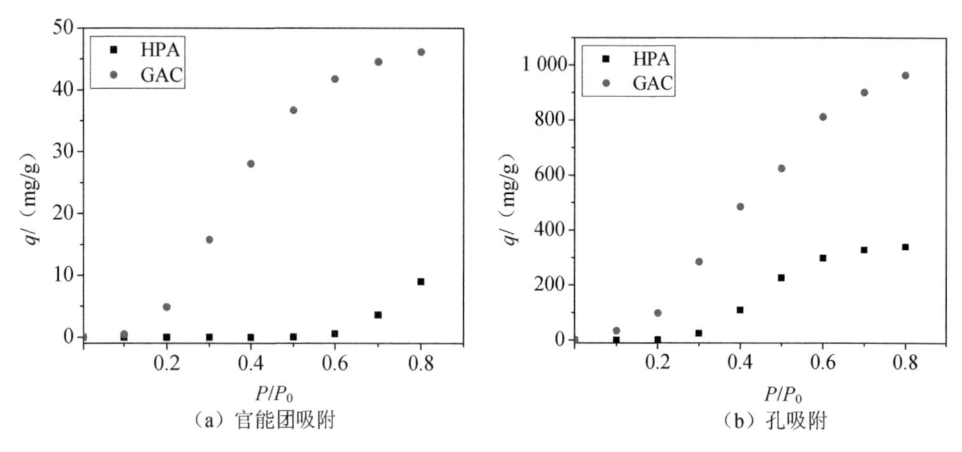

（a）官能团吸附　　（b）孔吸附

**图 2-8　298 K 时水蒸气的吸附等温线**

为了更好地分析吸附剂表面含氧官能团和孔容对水蒸气吸附的影响，我们根据 CIMF 拟合参数分别计算了不同压力下水蒸气在官能团和微孔中的吸附量，见图 2-8。可以看出，在 HPA 和 GAC 上，孔吸附量为主导，官能团吸附量非常小。而比较 HPA 和 GAC 分别在官能团和微孔中的吸附等温线可以发现，两种吸附剂上水蒸气在微孔中的吸附量相差值比在官能团上吸附量相差值小，说明高含量官能团可以显著促进水蒸气的吸附[69]。另外，根据 Boehm 滴定结果可知，GAC 的表面含氧官能团总含量约为 HPA 的 2 倍，但是比较水蒸气在两种吸附剂上官能团的吸附量［图 2-8（a）］可以看出，HPA 的吸附量远小于 GAC，仅为 GAC 的 0～19.6%，这主要是因为羧基对水蒸气的吸附发挥了重要的作用[66,69-72]，而 HPA 的羧基含量远低于 GAC 的羧基含量。但是 Boehm 滴定只能反映官能团对水蒸气吸附量的影响，却不能分析水蒸气与吸附剂的作用力。反相气相色谱法的表征结果（表 2-9）表明，GAC 的酸碱性远强于 HPA，即水蒸气与 GAC 的亲和力更高。

## 2.3.3 水蒸气吸附动力学

### 2.3.3.1 吸附动力学曲线

图 2-9 是水蒸气在 HPA 和 GAC 上的吸附动力学曲线，反映了两种吸附剂对水蒸气的吸附量 $M_t/M_e$ 随时间 $t$ 的变化，可以看出，同一温度下，分压增大，达到吸附平衡的时间增加；比较 HPA 和 GAC 上水蒸气吸附达到平衡的时间可以发现，相同条件下，水蒸气在 HPA 上达到平衡的时间更短。为了定量分析水蒸气的动力学扩散，我们采用 LDF 模型［式（1-4）］拟合 HPA 和 GAC 吸附水蒸气的动力学曲线，发现二者具有很好的吻合性（$R^2>0.98$），拟合参数见表 2-11。从表中可以看出，GAC 的扩散速率比 HPA 小；随着相对压力升高，吸附速率减小，随着温度升高，扩散速率增大，这些现象都可以从水蒸气的吸附机理来解释。

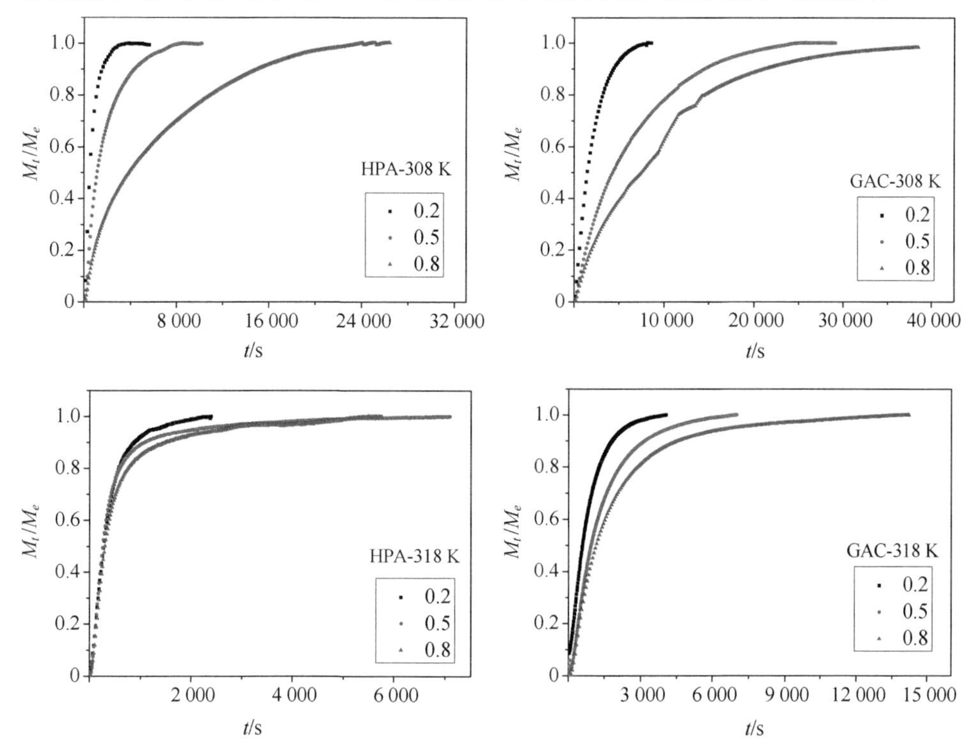

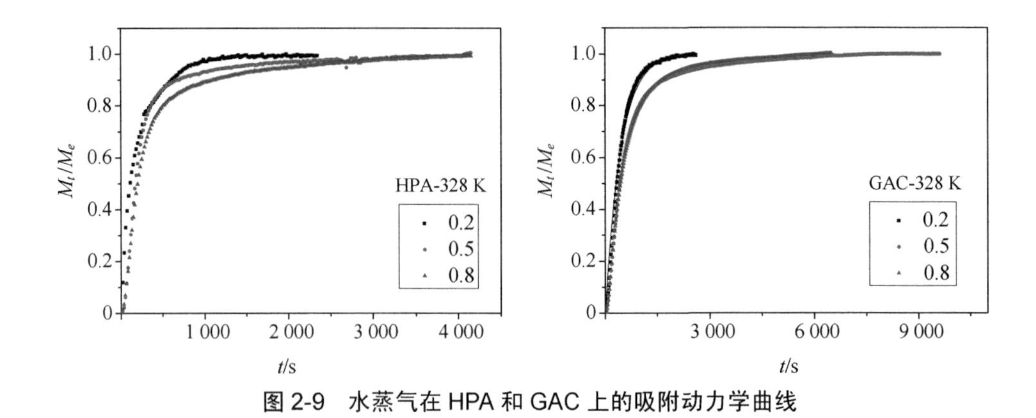


图 2-9 水蒸气在 HPA 和 GAC 上的吸附动力学曲线

表 2-11 LDF 模型对 HPA 和 GAC 吸附水蒸气的动力学拟合结果

| $T$/K | $P/P_0$ | $K\times10^5$/s$^{-1}$ | |
|---|---|---|---|
| | | HPA | GAC |
| 308 | 0.2 | 142 | 49.75 |
| | 0.5 | 56.8 | 15.90 |
| | 0.8 | 16.3 | 10.41 |
| 318 | 0.2 | 258 | 123 |
| | 0.5 | 247 | 72.94 |
| | 0.8 | 197 | 54.57 |
| 328 | 0.2 | 481 | 222 |
| | 0.5 | 377 | 152 |
| | 0.8 | 288 | 149 |

水分子在多孔材料中的扩散包含流体界面膜内扩散、Knudsen 扩散和表面扩散[177,178]。HPA 和 GAC 是微孔材料，表面扩散发挥着重要作用，含氧官能团作为初始吸附位点，与水分子通过氢键结合，随后，水分子之间形成水簇，说明水分子进入微孔的阻力与吸附剂表面酸碱性相关。所以，酸碱性越强，即含氧官能团与水分子形成氢键的能力越强，水分子进入微孔的阻力就越大。表 2-4 中 HPA 和 GAC 的含氧官能团含量分别为 0.736 6 mmol/g 和 1.701 0 mmol/g，表 2-9 中 HPA

的酸碱性小于 GAC，水分子进入微孔的阻力小于 GAC，所以水蒸气在 HPA 上的吸附速率大于 GAC[126]。

### 2.3.3.2　相对压力和温度对扩散速率的影响

从图 2-10 可以看出，相同温度下，随着分压的升高，水蒸气吸附速率常数降低，这种现象与其吸附机理相关。在低分压时，水分子吸附于官能团上，吸附速率最高[121]，随后随着分压的升高形成水簇进行微孔填充，有效孔容减小，水蒸气扩散的阻力增加[69,124]，吸附速率常数减小。

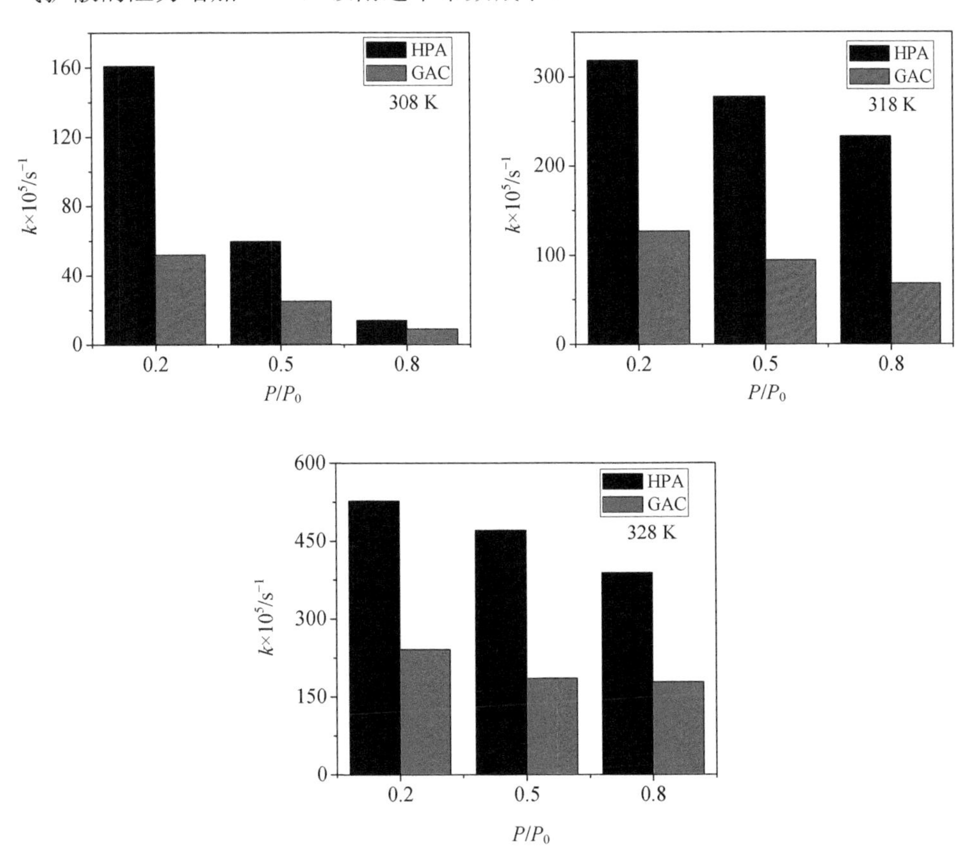


图 2-10　水蒸气在 HPA 和 GAC 上的吸附速率常数变化

图 2-11 反映了同一分压下吸附速率常数随温度变化的规律，吸附速率随着温度升高而升高。可能有两个原因造成这种现象：①表面吸附包含分子热运动，温度升高会提高表面扩散率[178]；②从水蒸气的吸附平衡数据可以看出，温度升高，水蒸气的吸附量明显下降，吸附量低，阻力小，所以高温度下低吸附量有利于水分子在吸附剂内表面的扩散。值得注意的是，吸附速率与温度存在较好的线性关系，而且不同分压下线性斜率近似，说明吸附速率受温度的影响与水蒸气相对压力无关。

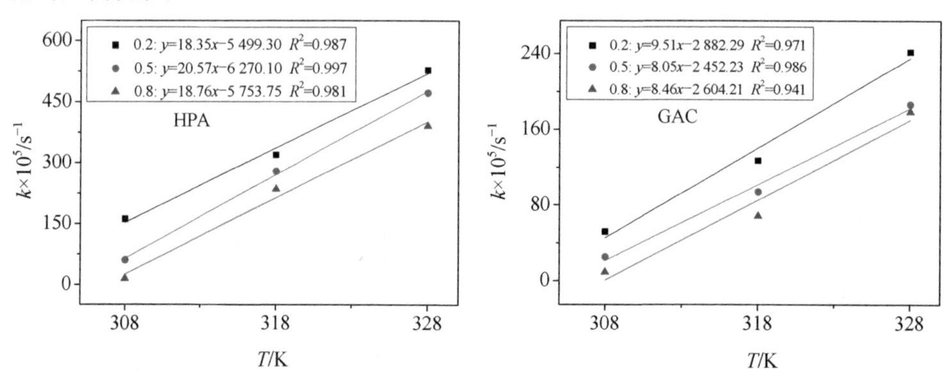


图 2-11 水蒸气在 HPA 和 GAC 上吸附速率常数与温度的关系

### 2.3.3.3 吸附活化能

动力学扩散与活化能相关，而活化能可以解释不同吸附阶段的吸附机理。为了更深入地分析水蒸气的扩散阻力，我们根据 Arrhenius 方程［式（2-11）］计算水蒸气吸附过程中的活化能：

$$k = \ln A \cdot \exp\left(-E_a/RT\right) \tag{2-11}$$

式中，$k$ —— 吸附速率常数；

$E_a$ —— 活化能；

$\ln A$ —— 指前因子；

$R$ —— 气体常数；

$T$ —— 吸附温度。

将式（2-11）取对数，可以得到式（2-12）。

$$\ln k = \ln A - E_a / RT \tag{2-12}$$

以 ln$k$ 对 1/$T$ 作图，即可从斜率和截距获得活化能 $E_a$ 和指前因子 ln$A$。表 2-12 列出了水蒸气在不同分压下在 HPA 和 GAC 上的活化能和指前因子，可以看出，活化能随着分压的升高而升高，因为随着分压的升高，水分子之间形成水簇，进而水簇通过架桥填充于孔中，同时条件越来越不利于吸附，因为水簇填充的阻力随着水簇的增大而越来越大，导致活化能增大[121,179]。

表 2-12　水蒸气吸附在 HPA 和 GAC 上的活化能和指前因子

| 吸附剂 | $P/P_0$ | $E_a$/（kJ/mol） | ln$A$/ln（$s^{-1}$） |
|---|---|---|---|
| HPA | 0.2 | 49.9 | 13.1 |
| | 0.5 | 87.2 | 26.8 |
| | 0.8 | 141.2 | 46.6 |
| GAC | 0.2 | 64.7 | 17.7 |
| | 0.5 | 84.5 | 24.8 |
| | 0.8 | 126.4 | 40.2 |

图 2-12 为活化能与指前因子的关系，图中展示了两种吸附剂在不同分压下的 Arrhenius 图形，可看出活化能 $E_a$ 与指前因子 ln$A$ 存在很好的线性关系，说明两个参数间存在补偿效应，这种现象在其他研究中也出现过[121,180]。HPA 和 GAC 的 Arrhenius 图形是重叠的，说明补偿效应的趋势是相同的。图 2-12 说明，水蒸气吸附速率常数随着活化能的升高而降低，即随着分压升高而降低，阻力增大，这与 2.3.3.2 的分析相一致。

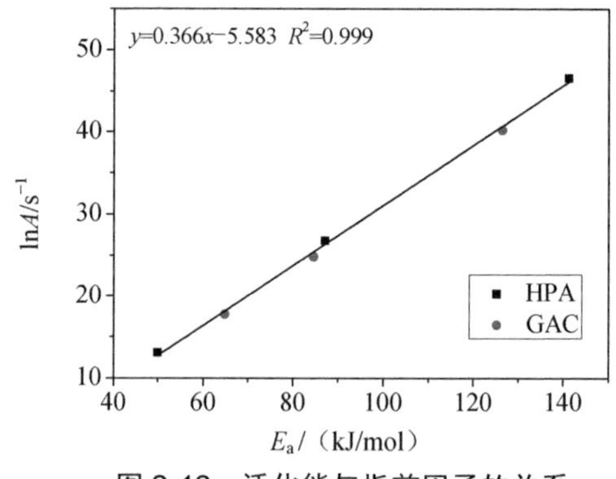


图 2-12 活化能与指前因子的关系

## 2.3.4 水蒸气柱吸附特性

### 2.3.4.1 水蒸气的穿透曲线

从图 2-13 中可以看出，相同条件下，水蒸气在 GAC 上的穿透时间比在 HPA 上长，与水蒸气吸附平衡规律相似，GAC 官能团含量及比表面积都比 HPA 高，所以 GAC 的平衡吸附量和穿透吸附量都比 HPA 高；温度升高，穿透时间缩短，达到平衡的时间也缩短，即传质区长度变窄；随着分压升高，传质区域变宽，但是不同分压下穿透时间变化较小。另外在 298 K 下，水蒸气 $P/P_0$=0.8 时在两种吸附剂上的穿透曲线都出现假吸附平衡现象，使穿透曲线存在两个阶段[44,128]，即传质速率减小后又迅速增加，传质区延长后又压缩。这些现象可能与其吸附机理相关。水蒸气在吸附过程中，首先与官能团形成氢键，然后水分子间通过氢键作用形成水簇，这个过程比较缓慢，传质区较长；当水簇达到临界尺寸，获得足够的势能时进行孔填充，此时，传质区变窄。因此，相对分压较高的水蒸气可能出现拐点。而其他条件下（低分压、高温度），水蒸气吸附量很少，水簇孔填充量少，传质出现拐点的现象未出现。

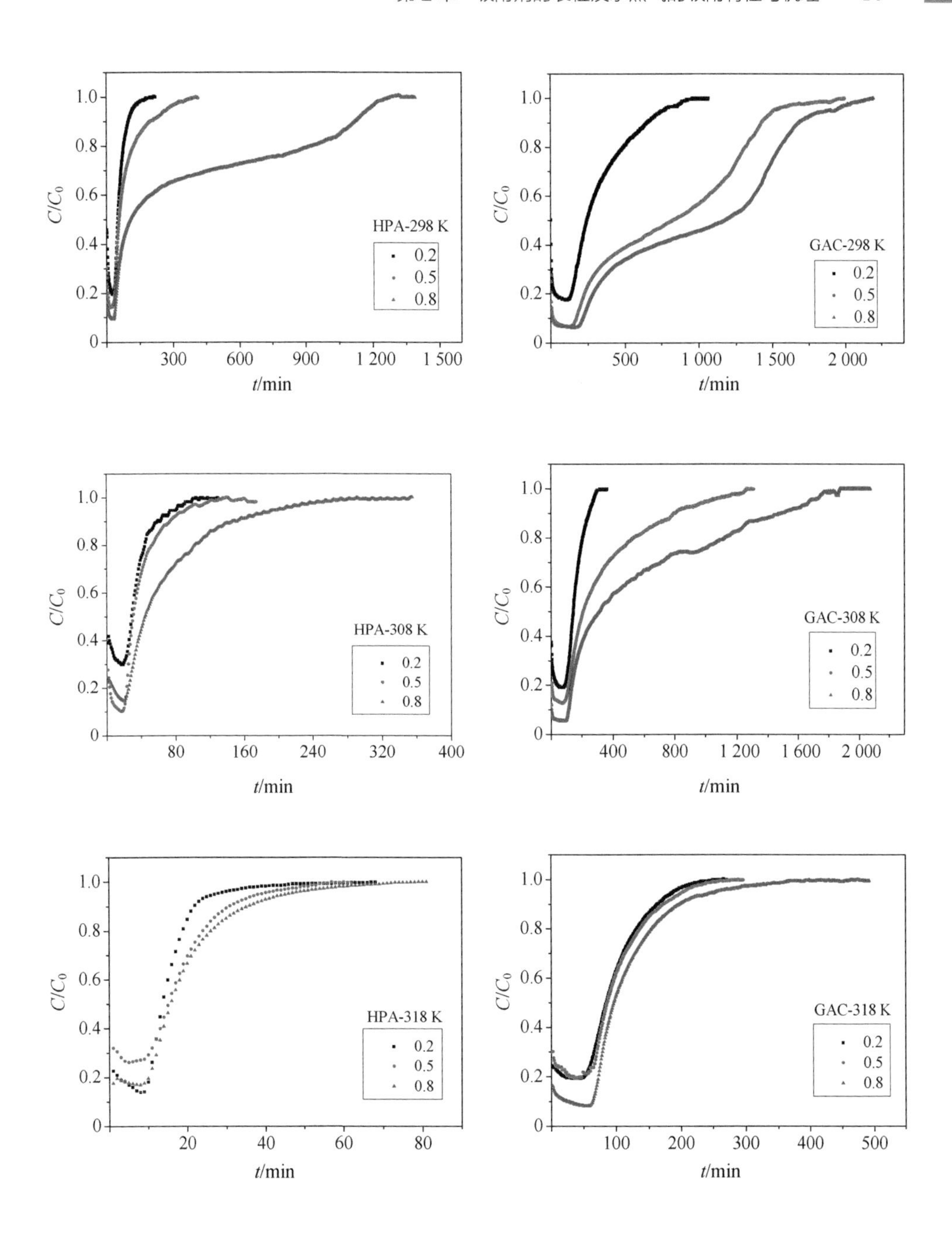
HPA-298 K
0.2
0.5
0.8
GAC-298 K
0.2
0.5
0.8
HPA-308 K
0.2
0.5
0.8
GAC-308 K
0.2
0.5
0.8
HPA-318 K
0.2
0.5
0.8
GAC-318 K
0.2
0.5
0.8
$C/C_0$
$t$/min

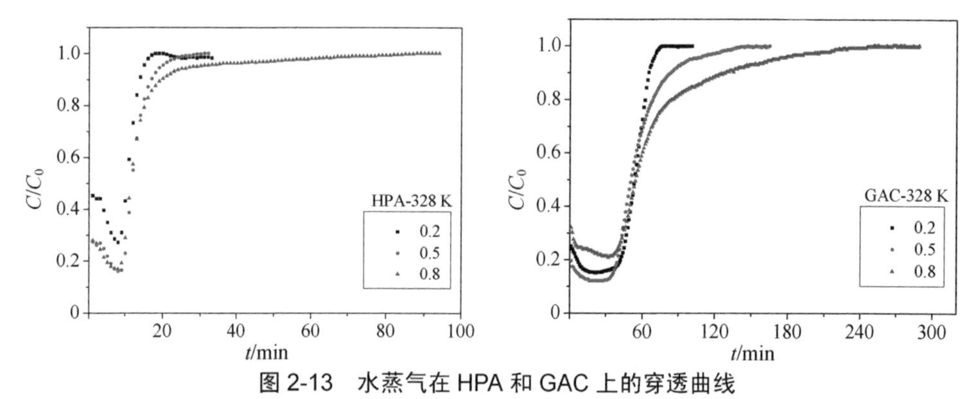


图 2-13　水蒸气在 HPA 和 GAC 上的穿透曲线

注：$C/C_0$ 为出口浓度与入口浓度的比值，即相对浓度。

#### 2.3.4.2　相对压力对水蒸气柱吸附的影响

图 2-14 比较了水蒸气在相同温度下不同相对压力对穿透时间 $t_{bre}$ 的影响，发现对于两种吸附剂，除了 298 K，水蒸气在其他三个温度下穿透时间不受相对压力的影响，在 298 K 时，相对压力对 HPA 上水蒸气的穿透时间影响也很小，但是对于 GAC，相对压力升高，穿透时间反而增加，$P/P_0$ 为 0.5 和 0.8 时，穿透吸附量比 $P/P_0$ 为 0.2 时分别增大 13.6%和 41.6%。这可能是因为水蒸气穿透时间很短，穿透时水蒸气主要通过与表面含氧官能团结合吸附，而从图 2-8（a）可以看出，水蒸气在 HPA 官能团上的吸附量基本相近，在 GAC 官能团上，不同分压下吸附量差值较大，高分压时的水蒸气吸附量远高于低分压时，导致穿透吸附量也高于低分压时。

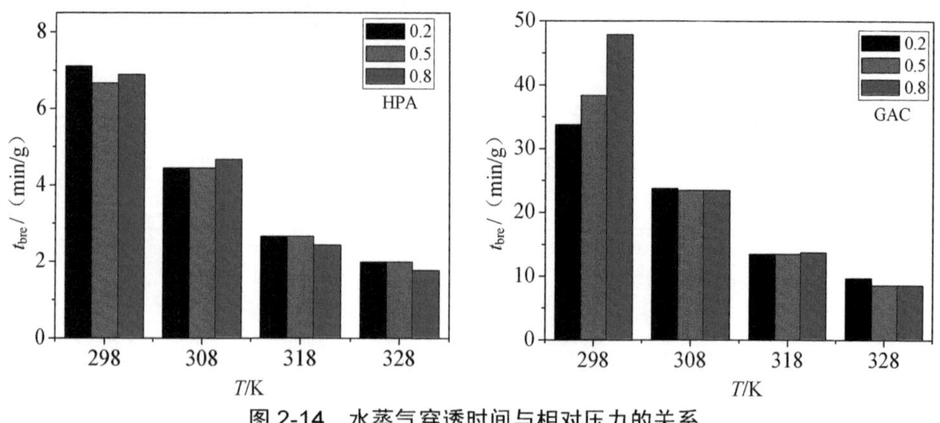


图 2-14　水蒸气穿透时间与相对压力的关系

另外，从图 2-13 可以看出，水蒸气的柱吸附传质区随相对分压增大而变化的规律与 VOCs 不同，这与二者的吸附机理有关，即与二者的吸附等温线类型相关。水蒸气的吸附等温线属于非优惠型（凹）[38]，而 VOCs 在微孔材料上的吸附等温线为优惠型。图 2-15 分别是优惠型吸附等温线和非优惠型吸附等温线的动态传质规律。对优惠吸附等温线，如图 2-15（a）所示，吸附质浓度增大，等温线的斜率减小，浓度波前沿中高浓度一端比低浓度一端移动得要快，随着时间的增加，浓度波前沿越来越窄，由于传质阻力的影响，前沿不再缩短，传质区大小一定，直到吸附饱和。随着吸附质浓度的升高，浓度波前沿中高浓度一端比低浓度一端移动得更快，浓度波缩短，传质区缩短，所以浓度升高，VOCs 的穿透曲线斜率更大。而在图 2-15（b）中可以看出，非优惠等温线则相反，浓度波前沿中高浓度一端比低浓度一端移动得慢，随着吸附的进行且传质阻力存在，传质区不断变宽，浓度波前沿不断延伸。当吸附质初始浓度升高时，浓度波前沿中高浓度一端移动得更慢，传质区更宽。因此，水蒸气的传质区随着相对分压的增大而延长。

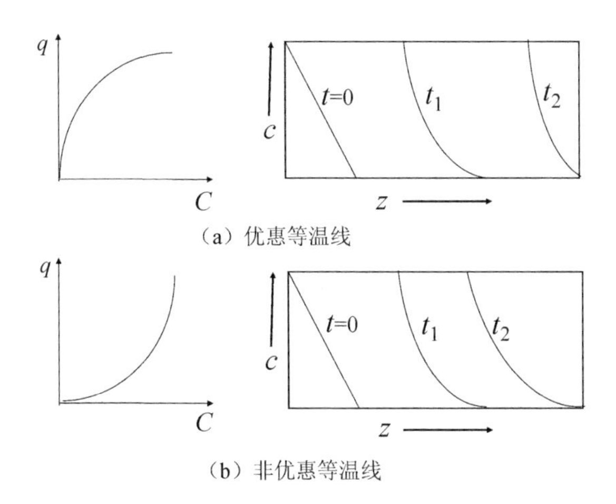


**图 2-15　吸附等温线对吸附柱中浓度波的影响**

### 2.3.4.3 温度对水蒸气柱吸附的影响

图 2-16 展示了水蒸气在 HPA 和 GAC 上的穿透时间随温度变化的趋势，可以看出，水蒸气在两个吸附剂上的穿透时间都随着温度升高而减少，温度越高，穿透时间减少得越缓慢。水蒸气在 GAC 上的穿透时间比在 HPA 上长，与水蒸气吸附平衡规律相似，GAC 官能团含量及比表面积都比 HPA 高，所以 GAC 的平衡吸附量和穿透吸附量都比 HPA 高。另外，水蒸气在 GAC 上的穿透时间随温度升高而减少的速率比 HPA 快，这一现象也可以从水蒸气吸附等温线解释，水蒸气平衡吸附量随着温度的升高有明显的降低，GAC 降低的幅度要比 HPA 高，因此 GAC 的穿透吸附量随温度升高而降低的幅度也比 HPA 高。

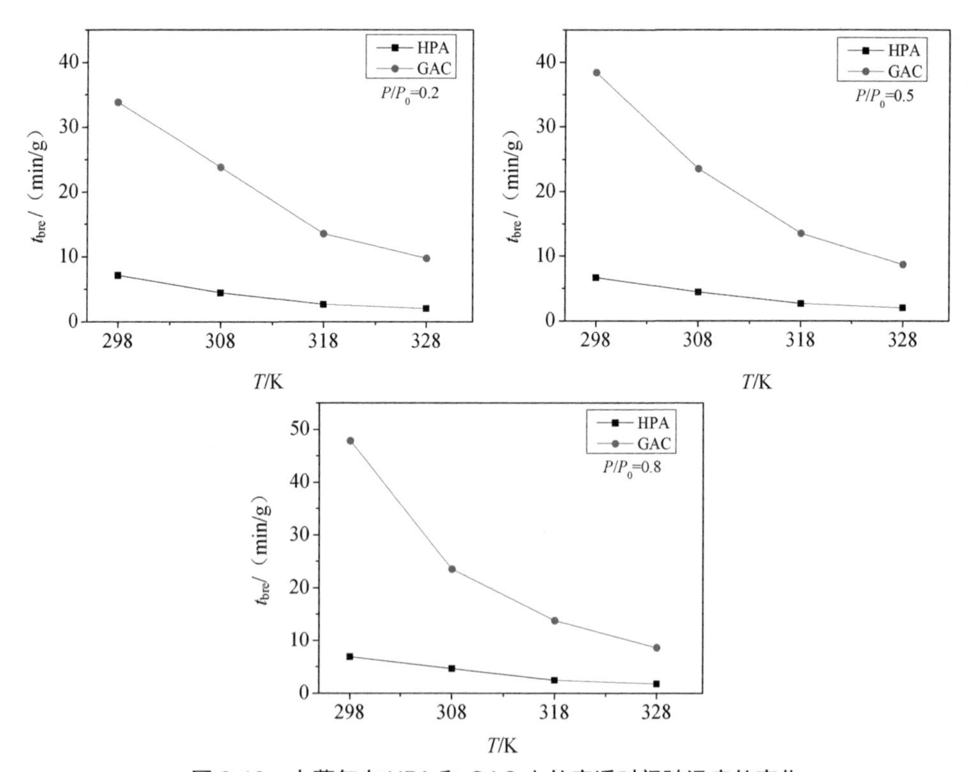


图 2-16 水蒸气在 HPA 和 GAC 上的穿透时间随温度的变化

图 2-17 比较了同一相对压力下，温度对水蒸气穿透曲线的影响，在相同条件下，水蒸气穿透时间随着温度降低而增加，传质区变宽，这种现象与吸附等温线相关。吸附量升高时，水蒸气填充微孔的阻力增大，所以水蒸气随着温度降低吸附量增大，穿透曲线斜率减小。

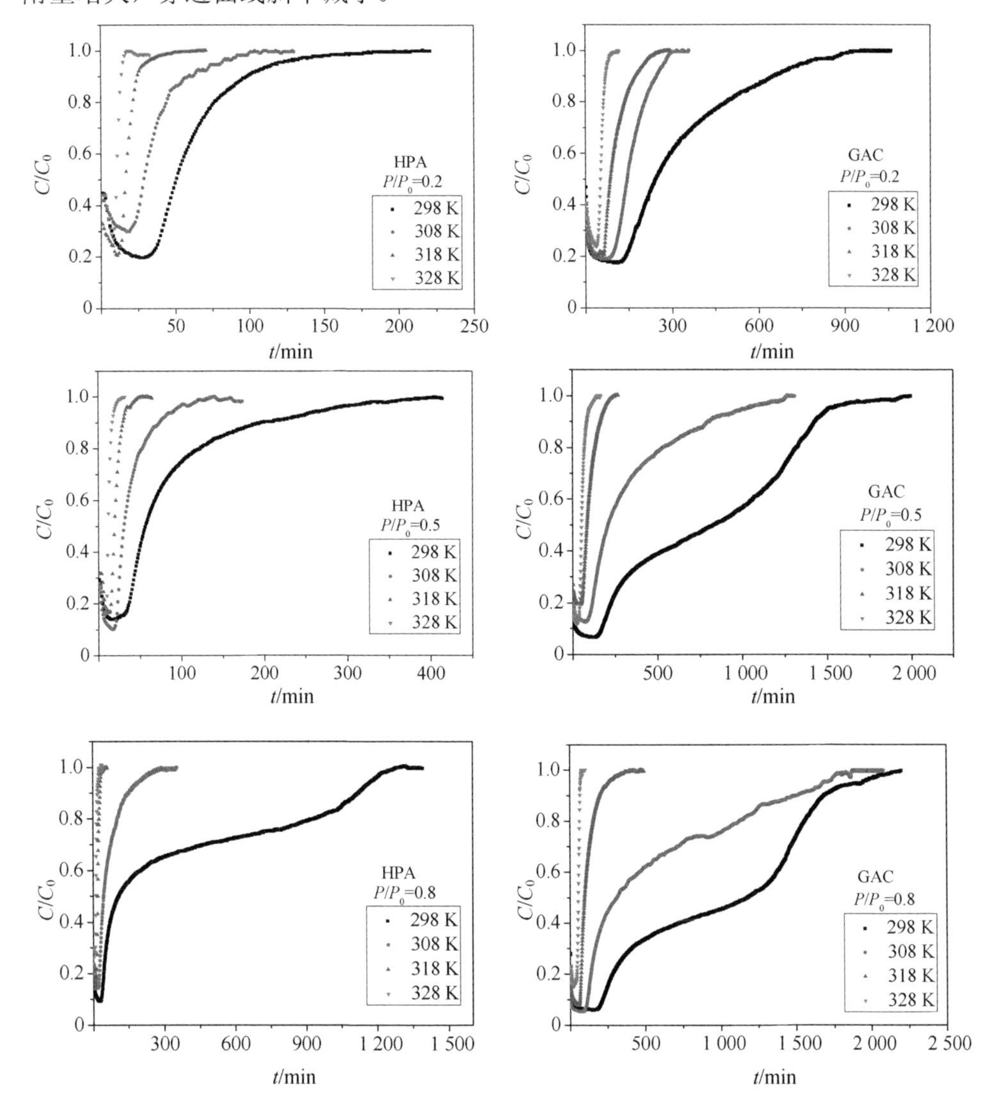


图 2-17　水蒸气在 HPA 和 GAC 上同一相对压力、不同温度下的穿透曲线

## 2.4 本章小结

①HPA 和 GAC 都包含微孔和中孔，HPA 的比表面积、微孔孔容、中孔孔容低于 GAC；Boehm 滴定法发现两种吸附剂表面的官能团主要包含羟基、羧基、羰基和内酯基，HPA 的总含氧官能团含量低于 GAC；反相气相色谱法在无限稀释的条件下分析了吸附剂表面的酸碱特性，HPA 的酸碱性比 GAC 弱。

②测定了水在 298～328 K 下在 HPA 和 GAC 上的吸附平衡等温线为 typeⅤ，CIMF 模型可以很好地拟合水蒸气的吸附等温线。HPA 对水蒸气的吸附量比 GAC 低，是因为其较低的表面含氧官能团浓度和微孔孔容。水蒸气在 HPA 和 GAC 上都存在滞后环，温度越高，滞后环越小。

③水蒸气在 HPA 和 GAC 上的动力学曲线（308 K、318 K 和 328 K）可以用 LDF 模型进行拟合，$R^2$>0.98。对于两种吸附剂，水蒸气的动力学扩散速率都是随着温度的升高而升高，随着相对压力的升高而减小；通过活化能计算发现，随着相对压力升高，活化能增加。水蒸气动力学扩散速率与温度的线性关系与相对压力无关。水蒸气在 HPA 上的扩散速率比在 GAC 上大，即水蒸气的扩散速率与表面官能团含量负相关，官能团含量越高，扩散速率越小。

④水蒸气在 GAC 上的穿透时间比在 HPA 上长，且随温度升高而降低的幅度比 HPA 显著。相对压力对水蒸气的穿透时间基本无影响，但是相对压力越大，传质区越宽；温度越高，穿透时间越短，传质越快。

# 第 3 章

# 预吸附水对 VOCs 吸附平衡的影响与机理

## 3.1 引言

采用水蒸气再生的变温吸附技术是 VOCs 控制的主要工艺，再生后吸附剂孔道内总会残留一定量的水分，进而可能影响 VOCs 的吸附，表现在平衡吸附和柱吸附等方面[30,31]。目前，有关预吸附水对 VOCs 吸附平衡的研究较少报道。Zhou 等[130]研究了 273～298 K 时预吸附水蒸气对甲烷在 GAC 上吸附平衡的影响，结果表明，水蒸气预吸附量高时，甲烷在 GAC 上的吸附受到负影响；水蒸气预吸附量较低时，甲烷吸附量出现微小的增加，因为甲烷水合物的形成使甲烷吸附量升高。Cosnier 等[36]发现水蒸气预吸附于 GAC 上时，二氯甲烷和三氯乙烯的吸附容量不变，因为 VOCs 可以置换水蒸气而使其平衡吸附量不受影响，作者认为是由于 VOCs 与吸附剂的亲和力大于水蒸气与 GAC 的亲和力。Linders 等[134]比较了预吸附水对六氟丙烯、甲醇和乙醇的吸附平衡特性的影响，结果表明，预吸附水会导致所有压力范围内六氟丙烯的吸附量降低，但是会提高低压下甲醇和乙醇的吸附量，这是因为预吸附的水可以作为吸附位点供甲醇和乙醇吸附，但是在高分压下 VOCs 与水蒸气会因竞争作用而使 VOCs 吸附量降低。

已有的研究表明，预吸附水对 VOCs 吸附平衡的影响与 VOCs 的物化性质相关，但是，物化性质的种类及其对 VOCs 吸附的影响研究尚不明确；另外，HPA 预吸附水蒸气对 VOCs 吸附平衡的影响尚未有研究报道。

本章选择多种不同物化性质的 VOCs，以 HPA 为吸附剂，测定不同预吸附水量条件下 VOCs 的吸附等温线，并与 GAC 比较，探究预吸附水对 VOCs 平衡吸附量的影响及与 VOCs 物化性质、吸附剂表面性质的关系。

## 3.2 实验部分

### 3.2.1 实验材料与仪器

#### 3.2.1.1 主要实验试剂与材料

表 3-1 实验试剂与材料

| 名称 | 纯度 | 生产厂家 |
| --- | --- | --- |
| 丙酮 | 分析纯 | 南京化学试剂股份有限公司 |
| 甲乙酮 | 分析纯 | 南京化学试剂股份有限公司 |
| 环戊酮 | 分析纯 | 南京化学试剂股份有限公司 |
| 甲醇 | 分析纯 | 南京化学试剂股份有限公司 |
| 乙醇 | 分析纯 | 南京化学试剂股份有限公司 |
| 正丁醇 | 分析纯 | 南京化学试剂股份有限公司 |
| 二氯甲烷 | 分析纯 | 南京化学试剂股份有限公司 |
| 1,2-二氯乙烷 | 分析纯 | 南京化学试剂股份有限公司 |
| 正戊烷 | 分析纯 | 南京化学试剂股份有限公司 |
| 正己烷 | 分析纯 | 南京化学试剂股份有限公司 |
| 苯 | 分析纯 | 南京化学试剂股份有限公司 |
| 甲苯 | 分析纯 | 南京化学试剂股份有限公司 |

表 3-2　VOCs 的物理化学性质

| VOCs | 分子量 | 沸点/℃ | 摩尔极化率/（$cm^3$/mol） | 摩尔体积/（$cm^3$/mol） | 摩尔折射率/% | 等张比容（90.2 K） | 饱和蒸气压/kPa（298 K） |
| --- | --- | --- | --- | --- | --- | --- | --- |
| 丙酮 | 58.1 | 56.2 | 3.8 | 75.1 | 15.9 | 156.5 | 30.8 |
| 甲乙酮 | 72.1 | 79.6 | 4.9 | 91.6 | 20.6 | 196.3 | 12.1 |
| 环戊酮 | 84.1 | 130.6 | 5.5 | 85.2 | 23.2 | 205.7 | 1.5 |
| 甲醇 | 32.0 | 64.7 | 1.9 | 42.5 | 8.2 | 88.6 | 16.7 |
| 乙醇 | 46.1 | 78.4 | 3.1 | 59.0 | 12.8 | 128.4 | 8.0 |
| 正丁醇 | 74.1 | 117.7 | 5.3 | 92.0 | 22.1 | 208.0 | 0.8 |
| 二氯甲烷 | 85.0 | 39.8 | 3.9 | 67.8 | 16.4 | 148.8 | 57.3 |
| 二氯乙烷 | 98.9 | 83.5 | 5.0 | 84.3 | 21.0 | 188.6 | 10.5 |
| 苯 | 78.1 | 80.1 | 6.3 | 89.4 | 26.3 | 207.2 | 12.7 |
| 甲苯 | 92.1 | 110.6 | 7.4 | 105.7 | 31.1 | 244.9 | 3.9 |
| 正戊烷 | 72.2 | 36.1 | 6.0 | 111.0 | 25.2 | 231.0 | 70.9 |
| 正己烷 | 86.2 | 68.9 | 7.1 | 127.5 | 29.8 | 270.8 | 20.2 |

本章及后面几章所使用的 HPA 和 GAC 与第 2 章相同。

#### 3.2.1.2　主要仪器设备

表 3-3　实验仪器和设备

| 名称 | 型号规格 | 厂家 |
| --- | --- | --- |
| 气相色谱仪 | GC2014 | 日本岛津公司 |
| 控温摇床 | HZP-250 | 上海精宏实验设备有限公司 |
| 气密针 | SGE | 济南赛畅科学仪器有限公司 |
| 质量流量计 | D07-19B | 北京七星华创流量计有限公司 |
| 流量显示仪 | D08-1D/ZM | 北京七星华创流量计有限公司 |
| 恒温水槽 | DK-S24 | 上海精宏实验仪器有限公司 |
| 温度控制器 | XMT-3001B | 南京朝阳仪器有限公司 |
| 静音无油空压机 | HV-3 | 济南浩伟实验仪器有限公司 |
| 氢气发生器 | SHC | 山东赛克赛斯氢能源有限公司 |
| 精密电子分析天平 | AL204 | 梅特勒-托利多仪器有限公司 |
| 静态顶空瓶 | 100 mL | 上海安普科学仪器有限公司 |

## 3.2.2 实验方法

### 3.2.2.1 VOCs 的吸附平衡实验

采用静态顶空法[181-185]测定 298 K 时干燥吸附剂和不同含湿量吸附剂吸附 VOCs 的等温线，实验装置如图 3-1 所示。首先，测定干燥吸附剂上 VOCs 的吸附等温线：将装有 0.1 g 吸附剂的玻璃柱（质量为 $M_0$）放入烘干的顶空瓶中（防止吸附剂与吸附质液体直接接触），吸附剂与玻璃柱的总质量为 $M_1$，将吸附剂、顶空瓶、盖子在烘箱中 110℃下烘干 2 h，压盖密封，放置室温后用进样针加入不同量的 VOCs 液体，压盖密封，在 298 K 恒温摇床中振荡 48 h，通过气相测定 VOCs 的吸附等温线。其次，测定含水蒸气的吸附剂上 VOCs 的吸附等温线：准备三组顶空瓶和小玻璃柱，在烘箱中烘干，去除水蒸气，每组 8 个样品；将装有 0.1 g 吸附剂的玻璃柱（质量为 $M_0$）放入烘干的顶空瓶中（防止吸附剂与吸附质液体直接接触），吸附剂与玻璃柱的总质量为 $M_1$，将吸附剂、顶空瓶、盖子在烘箱中 110℃下烘干 2 h，压盖密封，放置室温后用进样针加入不同量的超纯水（0～45 μL），在恒温床中振荡 72 h（预实验表明，60 h 可达到吸附平衡）；水蒸气吸附达到平衡后，称量玻璃柱质量 $M_2$，立即放入另一干燥顶空瓶，同时加入一定量的 VOCs，

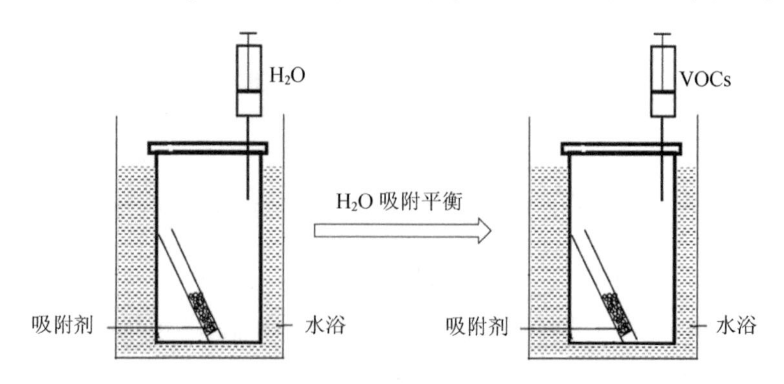


图 3-1 VOCs 在预吸附水蒸气吸附剂上的平衡吸附示意

压盖密封，在恒温床中振荡 48 h，VOCs 达到吸附平衡，通过气相测定平衡混合气中 VOCs 的浓度，计算一定湿度和 VOCs 浓度下的 VOCs 平衡吸附量，得到不同湿度下 VOCs 的吸附等温线。

#### 3.2.2.2　线性溶剂化能量关系（LSER）回归分析

采用 LSER（Linear Solvation Energy Relationship）方程[186-189]分析吸附剂对 VOCs 的吸附作用力：

$$\log_{10}(\mathrm{SP}) = \mathrm{c} + rR_2 + s\pi_2^H + a\sum\alpha_2^H + b\sum\beta_2^H + l\log_{10}L^{16} \tag{3-1}$$

式中，$\mathrm{Log}_{10}$（SP）反映的是吸附质对给定吸附剂表现出的特性，本书中亦用特征吸附能 $E$ 表示 SP。$r$、$s$、$a$、$b$ 和 $l$ 均为系数；c 是常数；$R_2$ 是吸附质过量摩尔折射，反映吸附质与吸附剂之间通过 π-/n-电子对作用；$\pi_2^H$ 表示偶极/极化率，反映诱导力和取向力；$\sum\alpha_2^H$ 表示吸附质的氢键酸性；$\sum\beta_2^H$ 表示吸附质的氢键碱性（或氢键碱度），反映氢键作用；$\log_{10}L^{16}$ 表示 Ostwald 分配系数，反映色散力作用。因此，LSER 中的每一项都是一种作用力的贡献，可以分析每种作用力在 VOCs 吸附过程中的贡献，本实验中各种吸附质的作用参数见表 3-4。

表 3-4　VOCs 分子的作用参数

| VOCs | $R_2$ | $\pi_2^H$ | $\sum\alpha_2^H$ | $\sum\beta_2^H$ | $\log_{10}L^{16}$ |
|---|---|---|---|---|---|
| 丙酮 | 0.18 | 0.70 | 0.04 | 0.49 | 1.70 |
| 甲乙酮 | 0.17 | 0.70 | 0 | 0.51 | 2.29 |
| 环戊酮 | 0.14 | 0.86 | 0 | 0.56 | 2.76 |
| 甲醇 | 0.28 | 0.44 | 0.43 | 0.47 | 0.97 |
| 乙醇 | 0.25 | 0.42 | 0.37 | 0.48 | 1.49 |
| 正丁醇 | 0.22 | 0.42 | 0.37 | 0.48 | 2.60 |
| 二氯甲烷 | 0.39 | 0.57 | 0.10 | 0.05 | 2.02 |
| 1,2-二氯乙烷 | 0.42 | 0.64 | 0.10 | 0.11 | 2.57 |

| VOCs | $R_2$ | $\pi_2^H$ | $\Sigma\alpha_2^H$ | $\Sigma\beta_2^H$ | $\log_{10}L^{16}$ |
|---|---|---|---|---|---|
| 苯 | 0.61 | 0.52 | 0 | 0.14 | 2.77 |
| 甲苯 | 0.60 | 0.52 | 0 | 0.14 | 3.33 |
| 正戊烷 | 0 | 0 | 0 | 0 | 2.16 |
| 正己烷 | 0 | 0 | 0 | 0 | 2.67 |

## 3.3 结果与讨论

### 3.3.1 VOCs 在干燥吸附剂上的吸附平衡特性

#### 3.3.1.1 吸附等温线

图 3-2 是 298 K 时 VOCs 在干燥 HPA 和 GAC 上的吸附等温线，可以看出所有 VOCs 的吸附等温线类型都为 type Ⅰ，在较低浓度区，VOCs 在两种吸附剂上的吸附量都有一个迅速上升，这与吸附剂富含微孔有关；在较高的浓度区域，吸附等温线仍有一个上升趋势，这可能是 HPA 和 GAC 含有一定中孔，发生了多层吸附导致的。另外，在相同条件下 HPA 的吸附量比 GAC 略低，这与吸附剂的孔结构相关。从 2.3.1 中氮气吸附-脱附法的表征结果可以知道，HPA 的比表面积和微孔孔容都比 GAC 小，所以 HPA 上的吸附量比 GAC 低。

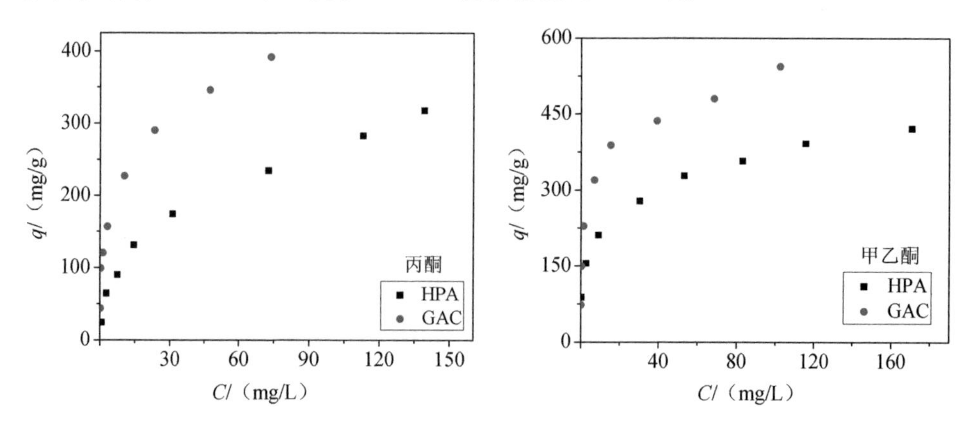

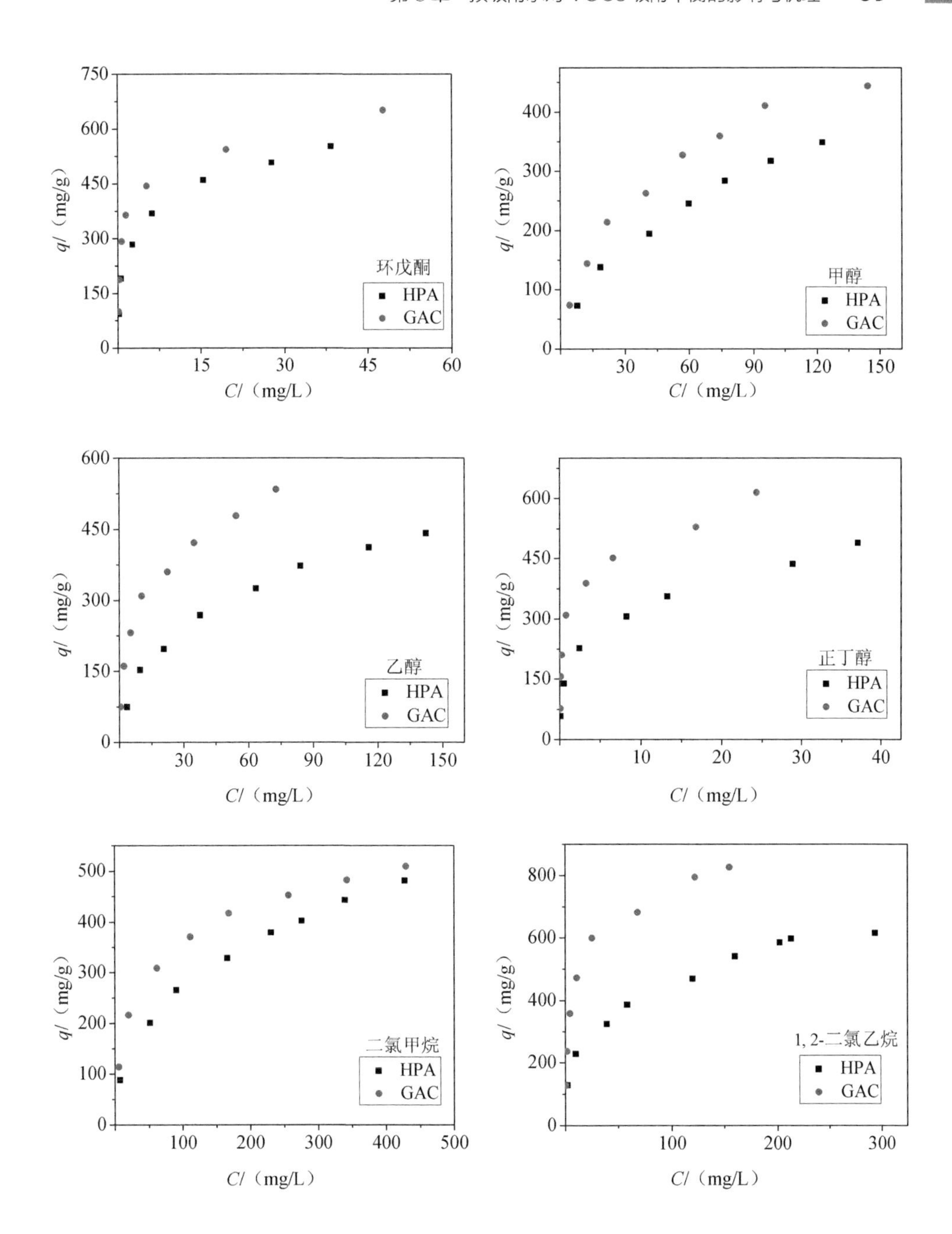

环戊酮
HPA
GAC
q/（mg/g）
C/（mg/L）
甲醇
HPA
GAC
q/（mg/g）
C/（mg/L）
乙醇
HPA
GAC
q/（mg/g）
C/（mg/L）
正丁醇
HPA
GAC
q/（mg/g）
C/（mg/L）
二氯甲烷
HPA
GAC
q/（mg/g）
C/（mg/L）
1, 2-二氯乙烷
HPA
GAC
q/（mg/g）
C/（mg/L）

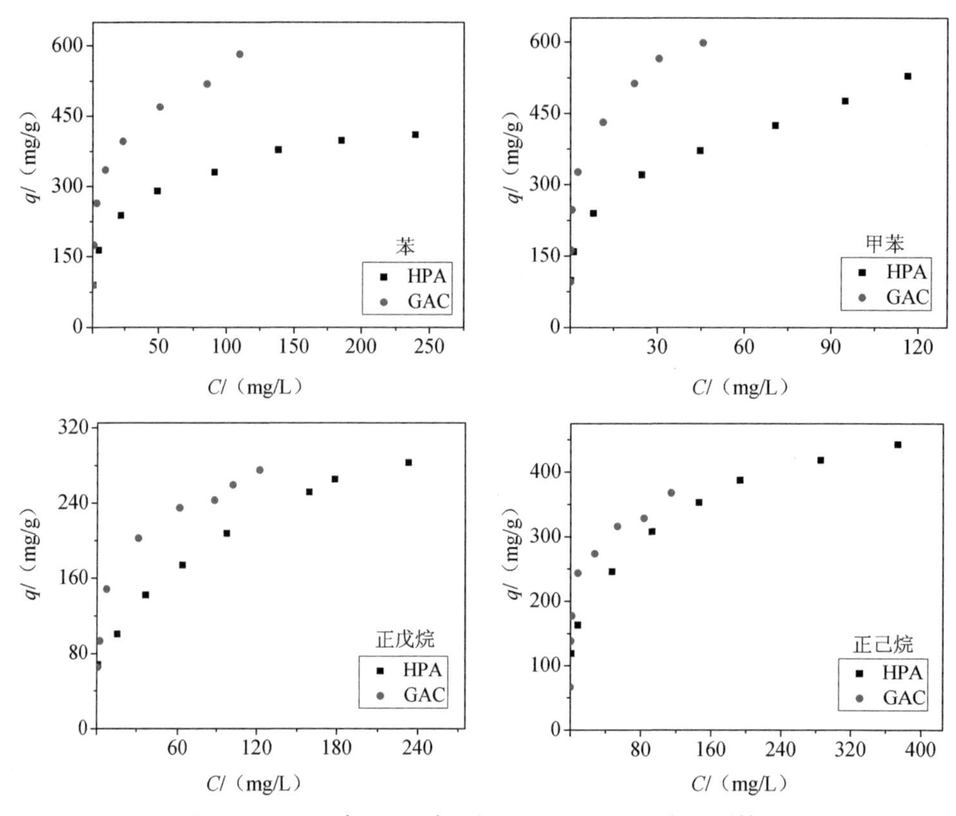


图 3-2 298 K 时 VOCs 在干燥 HPA 和 GAC 上的吸附等温线

### 3.3.1.2 D-R 拟合

基于 Polanyi 吸附势理论的 Dubinin-Radushkevich（DR）方程[194]，被广泛用于描述中、低压范围内吸附质在多孔吸附剂上的吸附，尤其对描述微孔吸附剂的吸附十分有效[195]。

DR 方程的形式为

$$q_v = q_0 \exp\{-(\varepsilon / E)^2\} \tag{3-2}$$

$$\varepsilon = RT \ln(p_s / p) \tag{3-3}$$

式中，$q_v$ —— 平衡吸附量，mL/g；

$q_0$ —— 极限吸附量，mL/g；

$\varepsilon$ —— 吸附势，J/mol；

$E$ —— 特征吸附能，J/mol。

将在 HPA 和 GAC 上的吸附等温线（图 3-2）换算成吸附体积量 $q_v$ 和吸附势 $\varepsilon$ 之间的关系曲线，为 VOCs 的吸附特性曲线，并用 DR 方程对实验数据进行拟合，拟合结果见表 3-5，可以看出，采用 DR 方程对 HPA 和 GAC 的实验数据进行拟合，相关系数 $R^2$>0.9，拟合效果较好。

表 3-5　VOCs 在干燥 HPA 和 GAC 上吸附等温线的 DR 拟合结果

| VOCs | HPA | | | GAC | | |
|---|---|---|---|---|---|---|
| | $E$/（kJ/mol） | $q_0$/（mL/g） | $R^2$ | $E$/（kJ/mol） | $q_0$/（mL/g） | $R^2$ |
| 丙酮 | 9.71 | 0.45 | 0.981 | 11.31 | 0.56 | 0.971 |
| 甲乙酮 | 10.95 | 0.49 | 0.941 | 13.04 | 0.65 | 0.982 |
| 环戊酮 | 12.26 | 0.58 | 0.940 | 14.73 | 0.63 | 0.986 |
| 甲醇 | 5.45 | 0.43 | 0.966 | 7.08 | 0.59 | 0.977 |
| 乙醇 | 7.39 | 0.54 | 0.926 | 8.91 | 0.65 | 0.962 |
| 正丁醇 | 9.43 | 0.47 | 0.977 | 11.32 | 0.61 | 0.940 |
| 二氯甲烷 | 8.25 | 0.50 | 0.955 | 8.97 | 0.57 | 0.998 |
| 二氯乙烷 | 8.48 | 0.54 | 0.926 | 11.69 | 0.64 | 0.991 |
| 苯 | 9.28 | 0.46 | 0.951 | 12.06 | 0.62 | 0.969 |
| 甲苯 | 11.47 | 0.52 | 0.901 | 14.78 | 0.67 | 0.963 |
| 正戊烷 | 9.97 | 0.57 | 0.982 | 15.51 | 0.66 | 0.990 |
| 正己烷 | 11.42 | 0.62 | 0.923 | 17.40 | 0.68 | 0.980 |

#### 3.3.1.3　VOCs 物化性质对特征吸附能的影响

由于 HPA 的微孔孔容比 GAC 小，所以饱和吸附量 $q_0$ 值的关系为 HPA<GAC。DR 拟合参数特征吸附能 $E$ 反映的是 VOCs 与吸附剂的亲和力，受吸附剂本身性质及 VOCs 物化性质的影响，从表 3-5 中 $E$ 值发现，对于所研究的 VOCs，$E$ 值存在的大小关系是：GAC>HPA，这是因为 HPA 的非极性表面能和酸碱性都比 GAC 小，色散力和酸碱作用都较弱，所以特征吸附能较小。

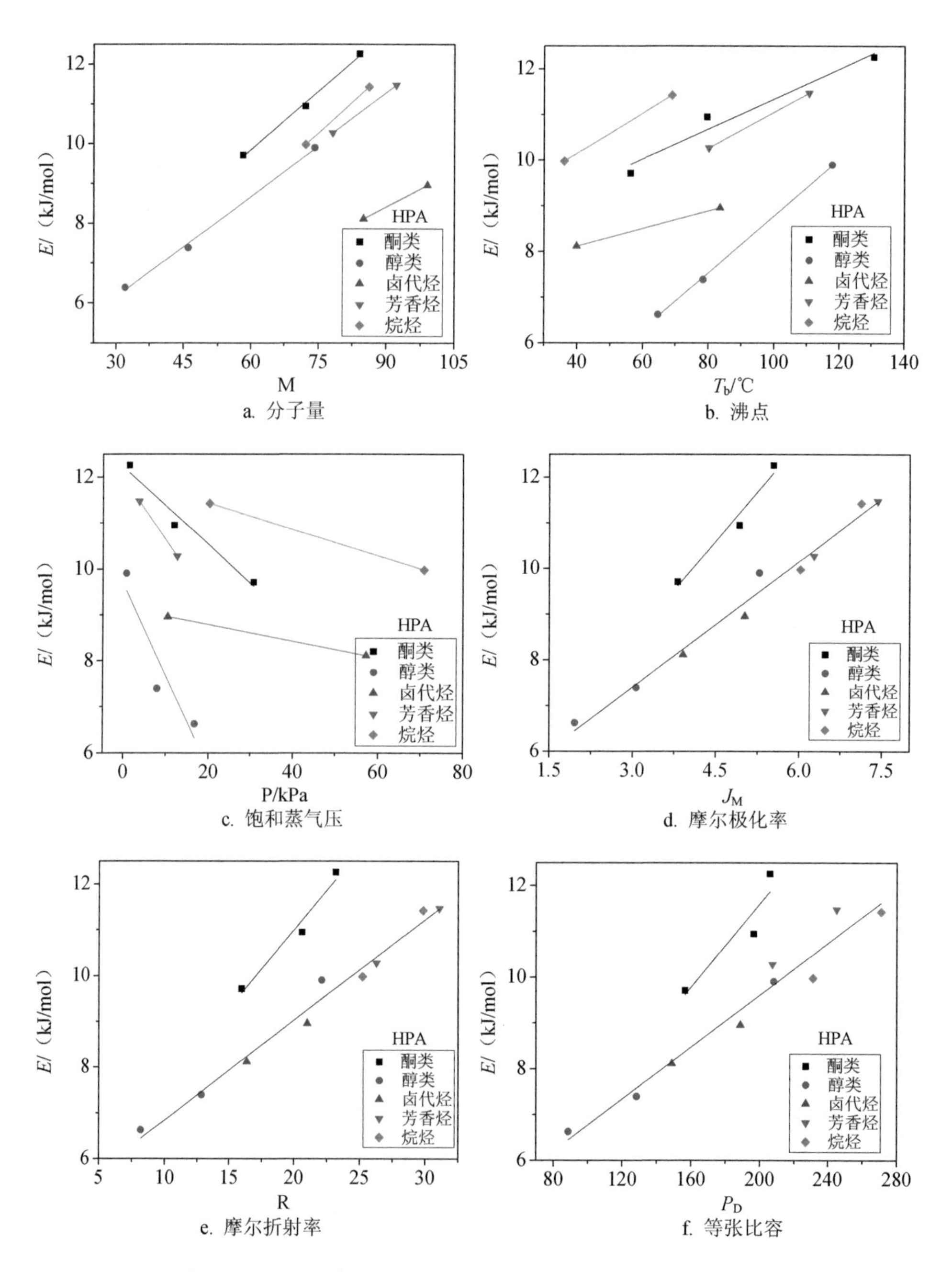


图 3-3 VOCs 在 HPA 上的特征吸附能 $E$ 与其物化性质的关系

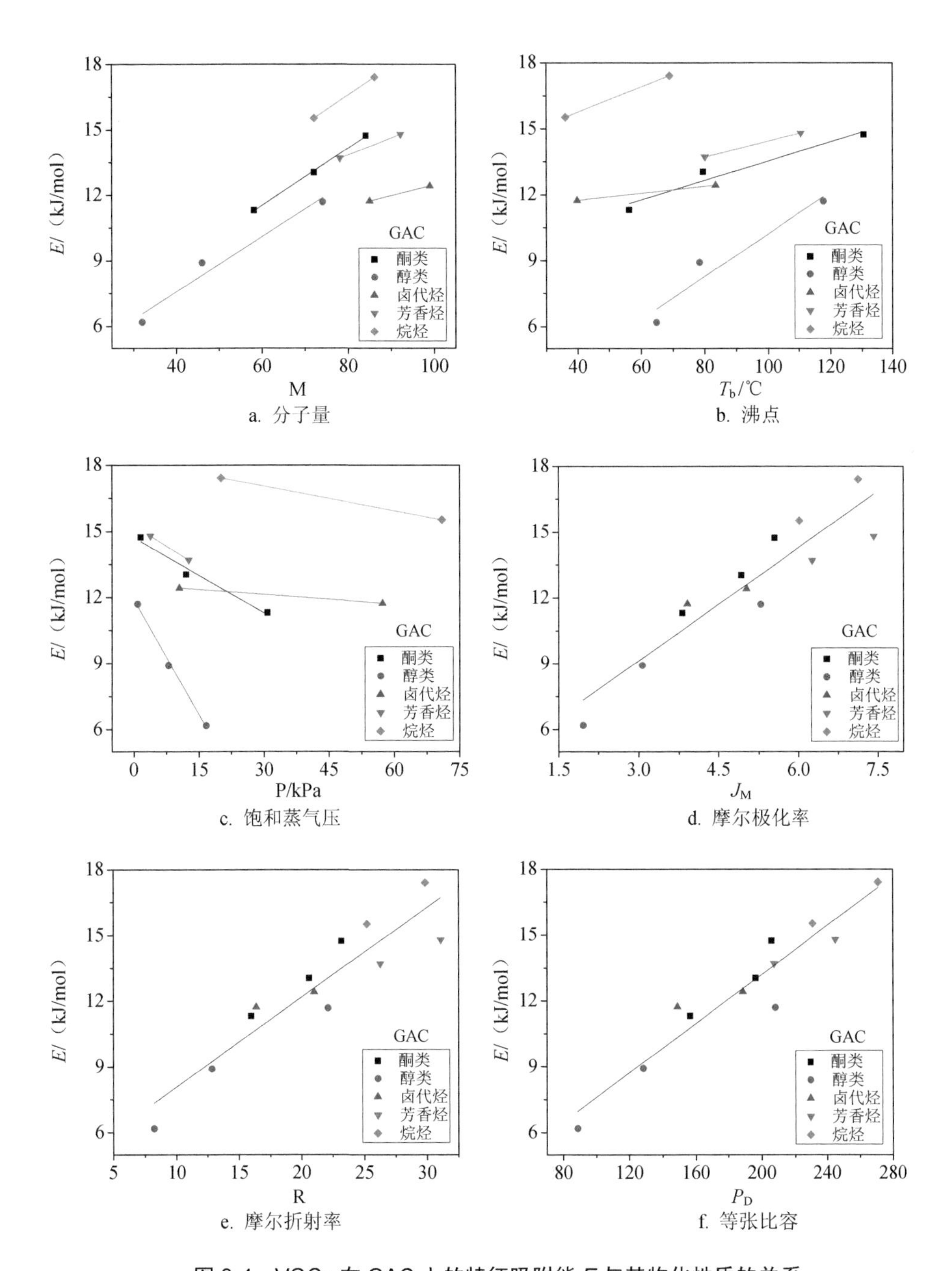


图 3-4 VOCs 在 GAC 上的特征吸附能 $E$ 与其物化性质的关系

比较同一吸附剂吸附不同 VOCs 的 $E$ 值，发现同系列的 VOCs，分子量、沸点、摩尔极化率、摩尔折射率等越高[138-140,196,197]，饱和蒸汽压越低，特征吸附能越大，说明与吸附剂的色散作用力越强。图 3-3 和图 3-4 是 VOCs 特征吸附能与其物化性质的关系，可以看出在两种吸附剂上，特征吸附能与不同系列的 VOCs 分子量、沸点、饱和蒸气压的线性关系趋势相同，而斜率不同；但是，在 HPA 上，除酮类之外，其他 VOCs 的特征吸附能与摩尔极化率、摩尔折射率、等张比容等有良好的线性关系；在 GAC 上，所有 VOCs 的特征吸附能与摩尔极化率、摩尔折射率和等张比容等都有较好的线性关系。摩尔极化率、摩尔折射率及等张比容都反映 VOCs 与吸附剂的物理作用，即色散力，所以参数值越大，色散力越大，特征吸附能就越大。图 3-3 中（d～f）反映出 HPA 上酮类与其他 VOCs 偏离，这可能与其氢键碱度作用有关。第 2 章中根据反相气相色谱我们知道，HPA 偏酸性，即受电子能力强，而从表 3-4 中表示给电子能力的参数 $\sum\beta_2^H$ 可以知道，酮类物质的给电子能力最强，即与 HPA 的氢键碱度作用最强，所以氢键碱度作用对其特征吸附能的贡献比较显著，从而使其脱离其他 VOCs。虽然 GAC 的受电子能力比 HPA 强，但是 GAC 的非极性表面能也高于 HPA（表 2-6），可能 GAC 上色散力对特征吸附能的贡献比氢键碱度作用更显著，所有 VOCs 与物化参数的线性较好。

我们通过 LSER 方法对特征吸附能和 VOCs 的作用力参数进行多元线性回归分析，用特征吸附能 $E$ 表示 SP，结果见式（3-4）和式（3-5），可以看出，拟合相关系数 $R^2>0.95$，拟合效果很好。去除没有显著影响（sig>0.05）的 $\pi_2^H$、$R_2$ 和 $\sum\alpha_2^H$，线性回归分析结果中，$\sum\beta_2^H$ 和 $\log_{10}L^{16}$ 的系数 $b$、$l$ 都对分配系数有显著影响（Sig<0.05），$b$、$l$ 均为正值，说明在吸附作用力中色散力作用和氢键碱度作用有利于 VOCs 在吸附剂上的吸附。因此，结合表 3-4 中 VOCs 的作用力参数可计算氢键碱度作用和色散力作用的贡献，结果见表 3-6。

HPA：

$$\log_{10}(E)=0.819\sum\beta_2^H+0.337\log_{10}L^{16} \tag{3-4}$$

$$\text{Sig}=0 \quad F=144.95 \quad R^2=0.968$$

GAC：

$$\log_{10}(E)=0.751\sum\beta_2^H+0.393\log_{10}L^{16} \tag{3-5}$$

$$\text{Sig}=0.01\quad F=120.88\quad R^2=0.961$$

从表 3-6 中可以看出，HPA 上 VOCs 的色散力贡献率比 GAC 小，即 VOCs 在 HPA 上吸附时，氢键碱度作用对特征吸附能的贡献率比 GAC 稍大，而酮类物质$\sum\beta_2^H$值较大，因此，偏离其他 VOCs 与摩尔极化率、摩尔折射率及等张比容的线性关系；而在 GAC 上，色散力贡献率比氢键碱度较大，尤其对于酮类物质，色散力的贡献率高达 72.06%，所以氢键碱度作用会被弱化，从而使所有 VOCs 与物化性质的线性关系较好。

表 3-6　LSER 式中氢键碱度和色散力对特征吸附能（$E$）的贡献

| VOCs | HPA | | | GAC | | |
|---|---|---|---|---|---|---|
| | $b\sum\beta_2^H$ | $l\log_{10}L^{16}$ | 色散力贡献率/% | $b\sum\beta_2^H$ | $l\log_{10}L^{16}$ | 色散力贡献率/% |
| 丙酮 | 0.40 | 0.57 | 58.81 | 0.37 | 0.67 | 64.48 |
| 甲乙酮 | 0.42 | 0.77 | 64.88 | 0.38 | 0.90 | 70.15 |
| 环戊酮 | 0.46 | 0.93 | 66.97 | 0.42 | 1.08 | 72.06 |
| 甲醇 | 0.38 | 0.33 | 45.92 | 0.35 | 0.38 | 51.92 |
| 乙醇 | 0.39 | 0.50 | 56.09 | 0.36 | 0.59 | 61.90 |
| 正丁醇 | 0.39 | 0.88 | 69.03 | 0.36 | 1.02 | 73.92 |
| 二氯甲烷 | 0.04 | 0.68 | 94.33 | 0.04 | 0.79 | 95.48 |
| 二氯乙烷 | 0.09 | 0.87 | 90.58 | 0.08 | 1.01 | 92.44 |
| 苯 | 0.11 | 0.93 | 89.06 | 0.11 | 1.09 | 91.19 |
| 甲苯 | 0.11 | 1.12 | 90.73 | 0.11 | 1.31 | 92.56 |
| 正戊烷 | 0.00 | 0.73 | 100.00 | 0.00 | 0.85 | 100.00 |
| 正己烷 | 0.00 | 0.90 | 100.00 | 0.00 | 1.05 | 100.00 |

### 3.3.2 预吸附水对 VOCs 吸附的影响

#### 3.3.2.1 吸附等温线

有研究者发现湿度的存在会改变 VOCs 的吸附等温线类型，因为水蒸气占据吸附位点而减弱了 VOCs 与吸附剂的亲和力[130]，而有的研究发现水蒸气并未改变 VOCs 的吸附等温线形状，但是在不同的 VOCs 浓度下，VOCs 受水蒸气的负影响大小不同[132]。图 3-5 和图 3-6 分别是 298 K 时不同物化性质的 VOCs 在预吸附不同水量的 HPA 和 GAC 上的吸附等温线，可以看出吸附剂预吸附水不改变 VOCs 的吸附等温线。随着预吸附水量的增加，VOCs 平衡吸附量所受水蒸气的负影响增大；但是，水蒸气对不同 VOCs 的影响程度有明显的差异，VOCs 疏水性越强，受负影响越明显。

此外，由图 3-5 和图 3-6 可知，对于同种吸附质，VOCs 在 HPA 上的平衡吸附量所受水蒸气的负影响比 GAC 上小，这主要是因为 HPA 表面官能团含量低于 GAC。由第 2 章的实验结果可知，HPA 对水蒸气的吸附量比 GAC 低，而且其表面酸碱性较弱，水分子与其氢键作用较 GAC 弱，容易被 VOCs 置换，所以 HPA 上 VOCs 吸附受水蒸气的负影响比 GAC 小。因此，水蒸气对 VOCs 吸附的影响与吸附剂表面化学性质以及 VOCs 的物化性质有一定关联，3.3.2.3 将详细讨论其影响机制。

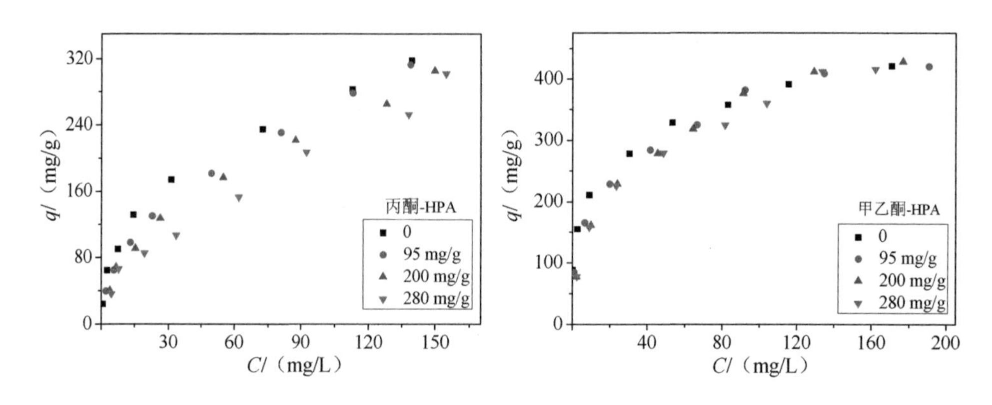

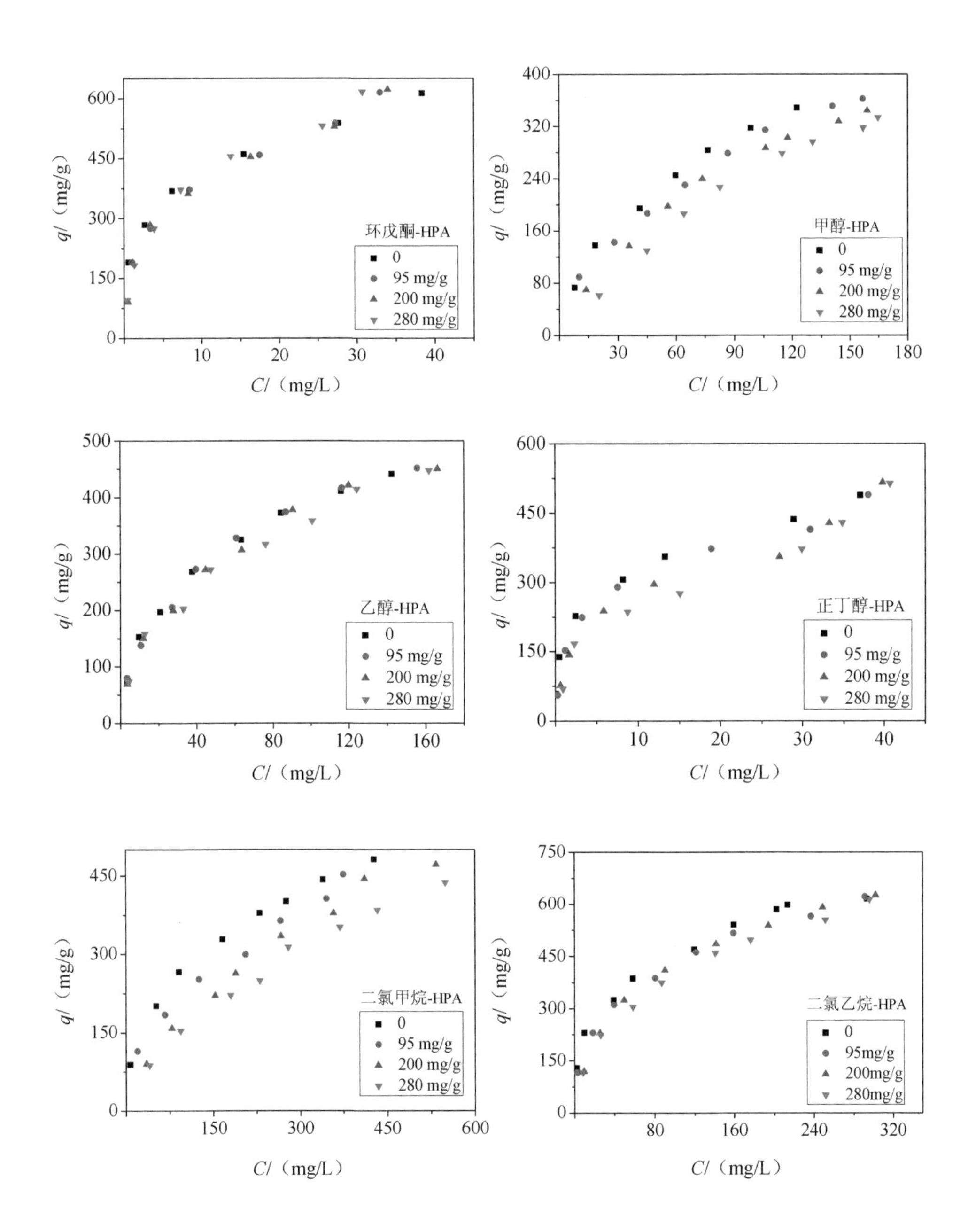
环戊酮-HPA
甲醇-HPA
乙醇-HPA
正丁醇-HPA
二氯甲烷-HPA
二氯乙烷-HPA
0
95 mg/g
200 mg/g
280 mg/g
q/（mg/g）
C/（mg/L）

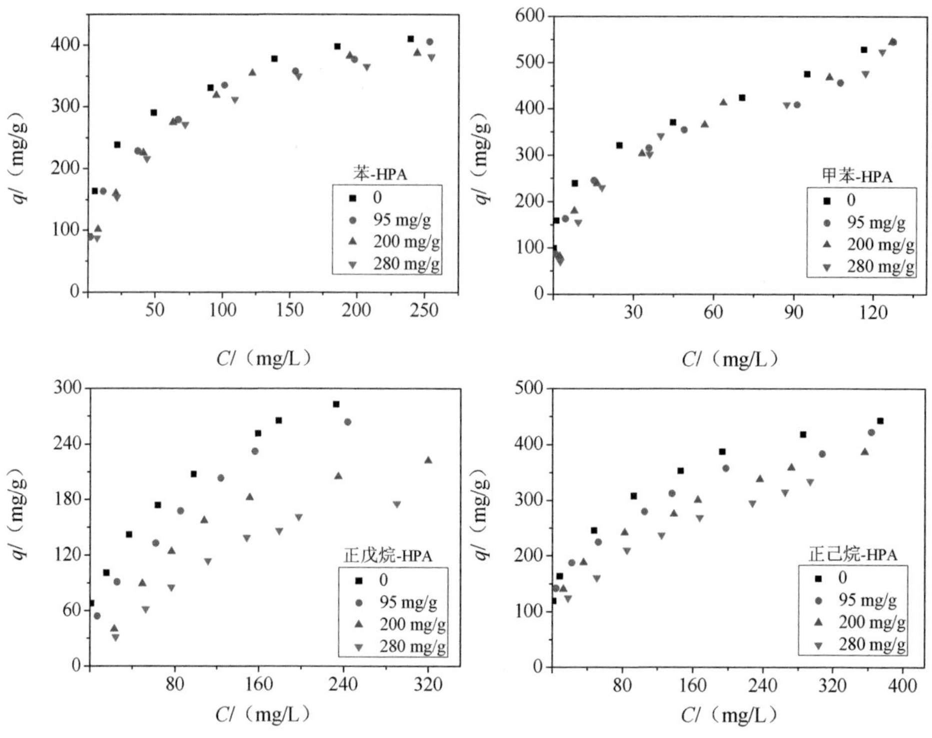


图 3-5 VOCs 在不同预吸附水量的 HPA 上的吸附平衡

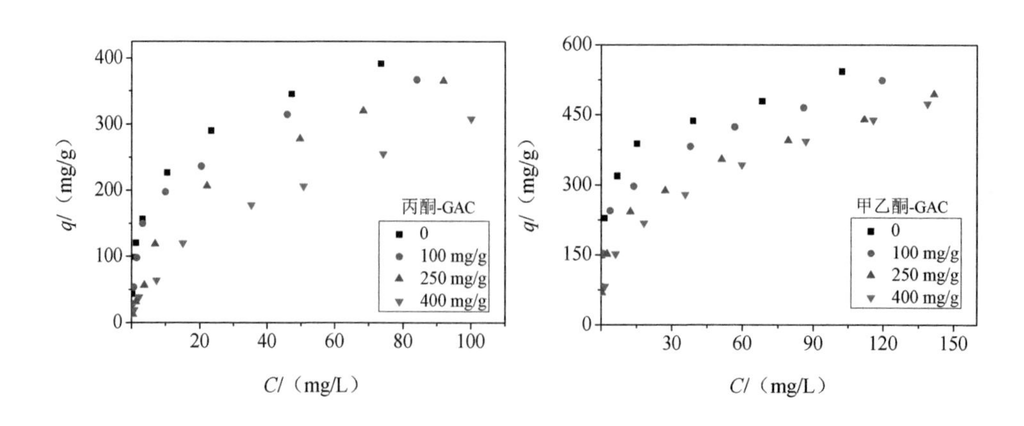

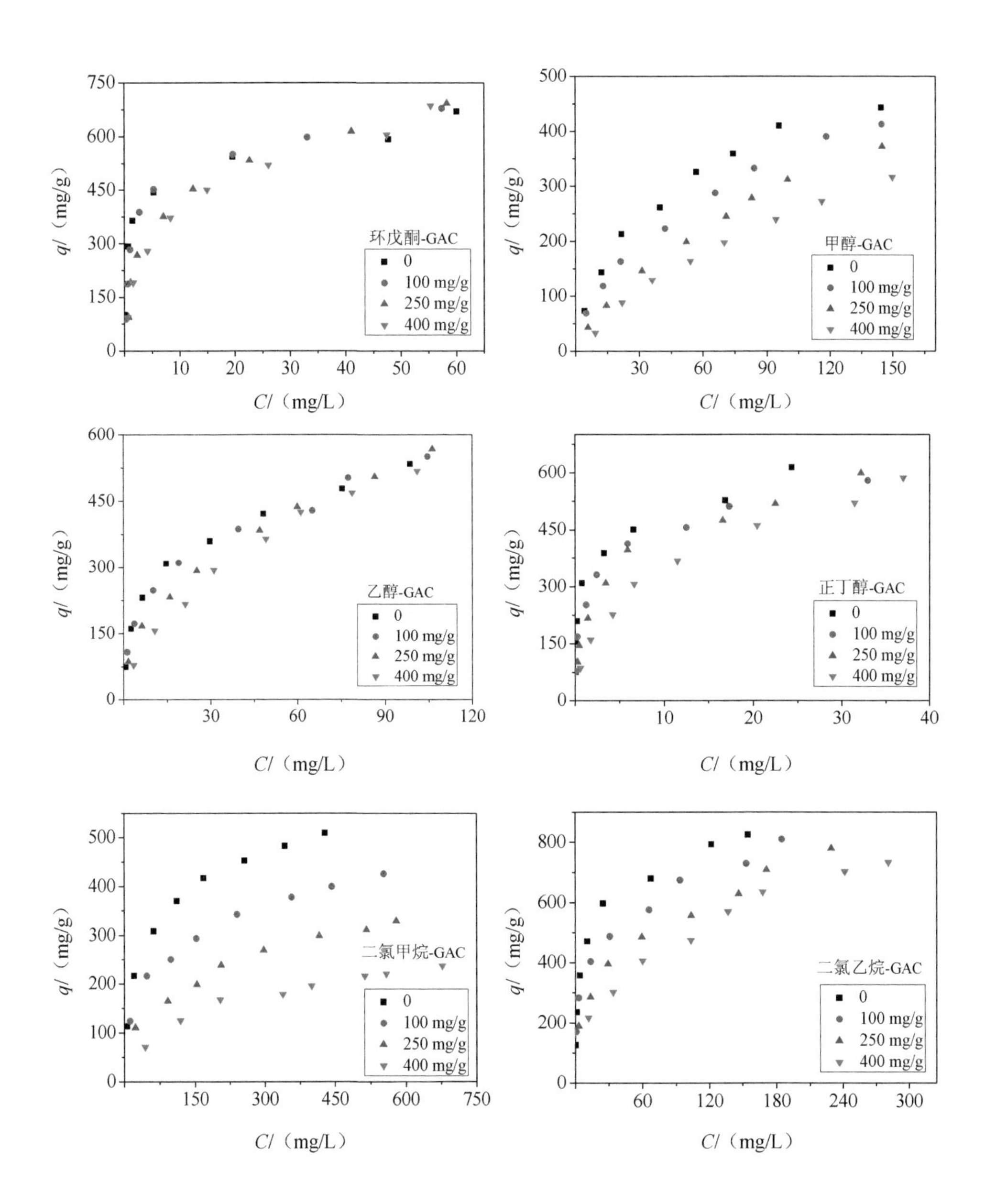

环戊酮-GAC
甲醇-GAC
乙醇-GAC
正丁醇-GAC
二氯甲烷-GAC
二氯乙烷-GAC
0
100 mg/g
250 mg/g
400 mg/g
q/（mg/g）
C/（mg/L）

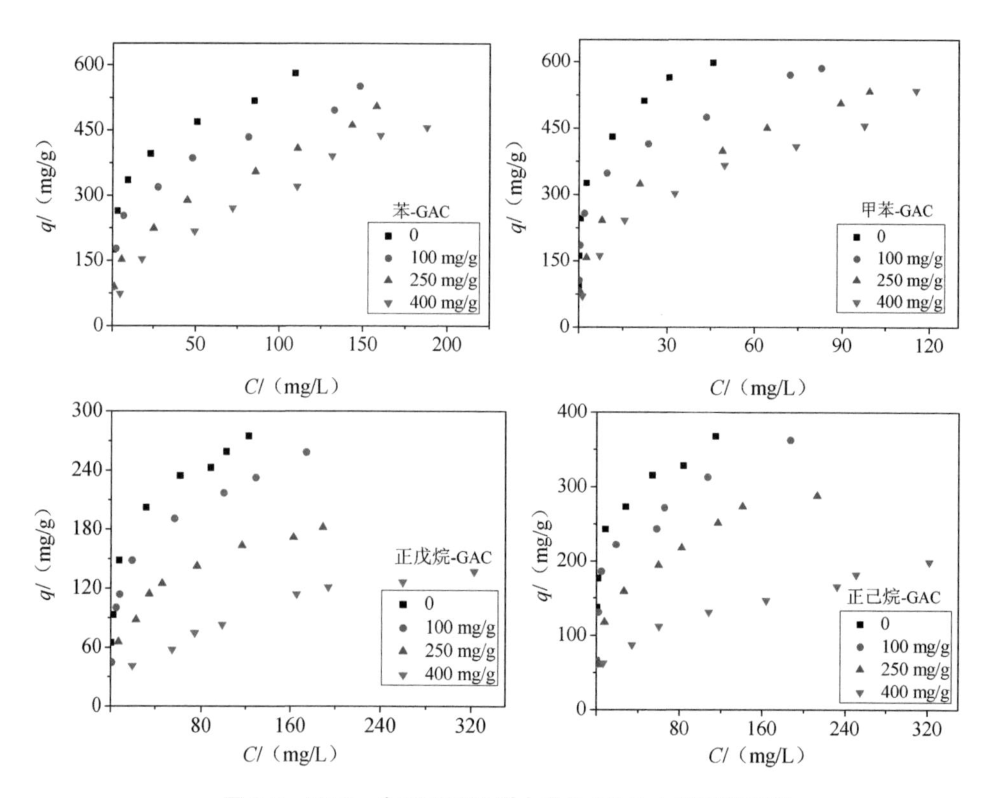


图 3-6 VOCs 在不同预吸附水量的 GAC 上的吸附平衡

### 3.3.2.2 DR 方程拟合及吸附特性曲线

（1）DR 方程拟合

吸附特性曲线与吸附剂性质相关，预吸附的水蒸气会改变吸附剂表面性质，进而影响特征吸附能和饱和吸附量。为了定量分析湿度对 VOCs 吸附量的影响，我们用 DR 方程对不同预吸附水量条件下 VOCs 的吸附等温线进行拟合，拟合效果较好，$R^2$>0.92。拟合结果列于表 3-7 中。

表 3-7　不同水蒸气预吸附量下 VOCs 的饱和吸附量 $q_0$ 和特征吸附能 $E$

| 参数 | VOCs | 预吸附水量/（mg/g） | | | | | | | |
|---|---|---|---|---|---|---|---|---|---|
| | | HPA | | | | GAC | | | |
| | | 0 | 95 | 200 | 280 | 0 | 100 | 250 | 400 |
| $q_0$/（mL/g） | 丙酮 | 0.45 | 0.47 | 0.43 | 0.45 | 0.56 | 0.56 | 0.54 | 0.53 |
| | 甲乙酮 | 0.49 | 0.51 | 0.53 | 0.51 | 0.65 | 0.60 | 0.57 | 0.58 |
| | 环戊酮 | 0.58 | 0.58 | 0.59 | 0.60 | 0.63 | 0.61 | 0.61 | 0.59 |
| | 甲醇 | 0.43 | 0.43 | 0.41 | 0.39 | 0.59 | 0.57 | 0.56 | 0.55 |
| | 乙醇 | 0.54 | 0.52 | 0.48 | 0.52 | 0.65 | 0.63 | 0.63 | 0.62 |
| | 正丁醇 | 0.42 | 0.44 | 0.38 | 0.34 | 0.66 | 0.59 | 0.60 | 0.52 |
| | 二氯甲烷 | 0.49 | 0.40 | 0.44 | 0.40 | 0.41 | 0.31 | 0.27 | 0.19 |
| | 二氯乙烷 | 0.49 | 0.47 | 0.48 | 0.47 | 0.67 | 0.60 | 0.58 | 0.57 |
| | 苯 | 0.44 | 0.43 | 0.45 | 0.43 | 0.64 | 0.58 | 0.54 | 0.52 |
| | 甲苯 | 0.52 | 0.52 | 0.54 | 0.54 | 0.67 | 0.61 | 0.56 | 0.53 |
| | 正戊烷 | 0.59 | 0.54 | 0.49 | 0.38 | 0.52 | 0.48 | 0.37 | 0.29 |
| | 正己烷 | 0.62 | 0.58 | 0.50 | 0.44 | 0.53 | 0.49 | 0.42 | 0.27 |
| $E$/（kJ/mol） | 丙酮 | 9.71 | 8.55 | 7.66 | 7.31 | 11.31 | 10.57 | 9.37 | 7.83 |
| | 甲乙酮 | 10.95 | 9.36 | 8.33 | 8.02 | 13.04 | 11.89 | 10.23 | 8.43 |
| | 环戊酮 | 12.26 | 10.02 | 8.82 | 8.18 | 14.73 | 12.97 | 10.76 | 8.85 |
| | 甲醇 | 6.39 | 6.02 | 5.02 | 3.99 | 6.18 | 5.28 | 4.77 | 4.07 |
| | 乙醇 | 7.39 | 6.35 | 5.39 | 4.46 | 8.91 | 8.36 | 6.51 | 5.59 |
| | 正丁醇 | 9.90 | 8.89 | 7.84 | 7.42 | 11.69 | 10.33 | 8.32 | 6.35 |
| | 二氯甲烷 | 8.11 | 7.48 | 6.60 | 6.18 | 11.72 | 10.55 | 9.13 | 8.29 |
| | 二氯乙烷 | 8.95 | 7.91 | 6.89 | 6.75 | 12.41 | 11.68 | 8.97 | 6.94 |
| | 苯 | 10.27 | 7.80 | 6.68 | 6.06 | 13.68 | 11.86 | 8.72 | 6.53 |
| | 甲苯 | 11.47 | 9.45 | 7.80 | 6.64 | 14.78 | 13.17 | 8.83 | 6.82 |
| | 正戊烷 | 9.97 | 9.21 | 8.37 | 7.57 | 15.51 | 13.95 | 11.15 | 8.86 |
| | 正己烷 | 11.42 | 10.39 | 9.08 | 8.06 | 17.40 | 14.86 | 12.06 | 9.24 |

从表 3-7 可以看出，在 HPA 上，除了正戊烷和正己烷，其他 VOCs 的 $q_0$ 受预

吸附水蒸气的负影响很小，正戊烷与正己烷作为疏水物质，与水蒸气形成的水簇之间存在斥力，较难置换水簇，使其有效孔容减小，从而导致 $q_0$ 减小，而极性 VOCs 可以与水蒸气竞争吸附位点而置换更多的水蒸气，受水蒸气的负影响较小。但是，在 GAC 上，基本所有 VOCs 的 $q_0$ 都会随着预吸附水量的增加而有所下降，因为 GAC 表面官能团含量较高，酸碱性较强，且水蒸气吸附量高，所以水蒸气与 GAC 的亲和力较强，不易被 VOCs 置换，水蒸气占据 VOCs 的有效孔容，导致其饱和吸附量减小。

另外，在两种吸附剂上，随着水蒸气预吸附量的增大，特征吸附能 $E$ 下降，这种现象在其他研究中也曾出现[183]。因为水蒸气吸附量越高，占据 VOCs 的吸附位点越多，VOCs 可吸附的表面能量位点被占据的比例越大，与吸附剂表面作用力减弱，所以 VOCs 的特征吸附能 $E$ 减小。另外，对于同种 VOCs，GAC 上特征吸附能降低程度比 HPA 大，因为 GAC 上官能团含量高，酸碱性较强，水蒸气吸附亲和力及吸附量都较大，占据 VOCs 位点的比例更高，使 VOCs 与 GAC 作用力显著降低，所以特征吸附能下降明显。

根据表 3-7 中的拟合参数，可以计算一定浓度的 VOCs 在不同湿度下的吸附量，以丙酮为例，计算在不同含水量的 HPA 和 GAC 上，浓度为 5 mg/L、10 mg/L、20 mg/L、40 mg/L 和 80 mg/L 时的吸附量，根据吸附量计算预吸附水导致的吸附量降低率，结果见图 3-7。从图中可以看出，在同一 VOCs 浓度时，吸附剂含水量越高，VOCs 吸附量降低率越大，即水蒸气负影响越大；在同一含水量时，VOCs 的浓度越高，吸附量降低率越小。因为随着 VOCs 浓度的升高，VOCs 分子的推动力增大，可以置换出孔中的水蒸气，所受到的负影响减小，也可能因为在高 VOCs 浓度下出现多层吸附，吸附剂总吸附量提高，所以二者竞争减弱[198,199]，减缓了 VOCs 吸附量的下降。由于 GAC 和 HPA 对水蒸气的吸附容量不同，在相同湿度下预吸附水蒸气时，二者所吸附水蒸气量不同，所以，在相同条件下预吸附水蒸气时，HPA 上 VOCs 的吸附受水蒸气的负影响更小。

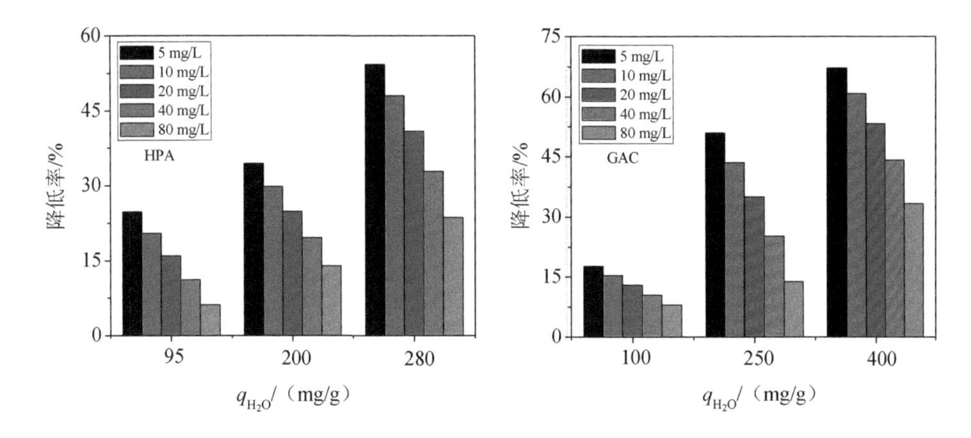


图 3-7　不同浓度的丙酮在不同含水量的 HPA 和 GAC 上平衡吸附量的降低率

（2）吸附特性曲线

根据吸附势理论，对于不同的 VOCs，通过摩尔体积（$V_m$）校正后，多条吸附特征曲线可以整合为一条特征曲线，即 $q_v$-（$\varepsilon/V_m$）为一条曲线，可以用 DR 方程进行拟合，此曲线与温度和吸附质无关。将 VOCs 的吸附势除以各自的摩尔体积，做出吸附体积和计算后的吸附势的关系图，发现 VOCs 的吸附特性曲线基本重合在一起，可以用 Polanyi 理论描述。

VOCs 吸附特性曲线整合后及其 DR 方程拟合结果见图 3-8、图 3-9 和表 3-8，可以看出，随着湿度的增加，DR 拟合相关系数降低，而且 GAC 的 $R^2$ 值比 HPA 的低，即 GAC 上 VOCs 的特性曲线更加疏散，这可能是因为吸附剂预吸附水后，VOCs 吸附时氢键碱度作用和色散作用对特征吸附能的贡献比例发生不同程度的变化，我们将在 3.3.2.3 详细分析。

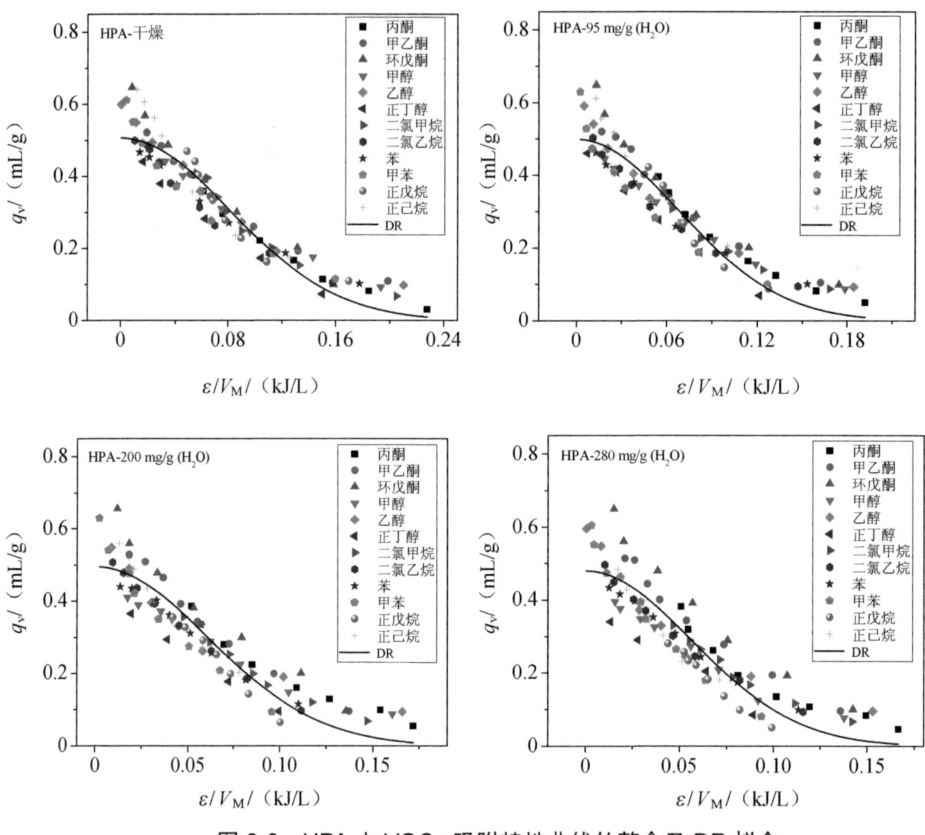


图 3-8 HPA 上 VOCs 吸附特性曲线的整合及 DR 拟合

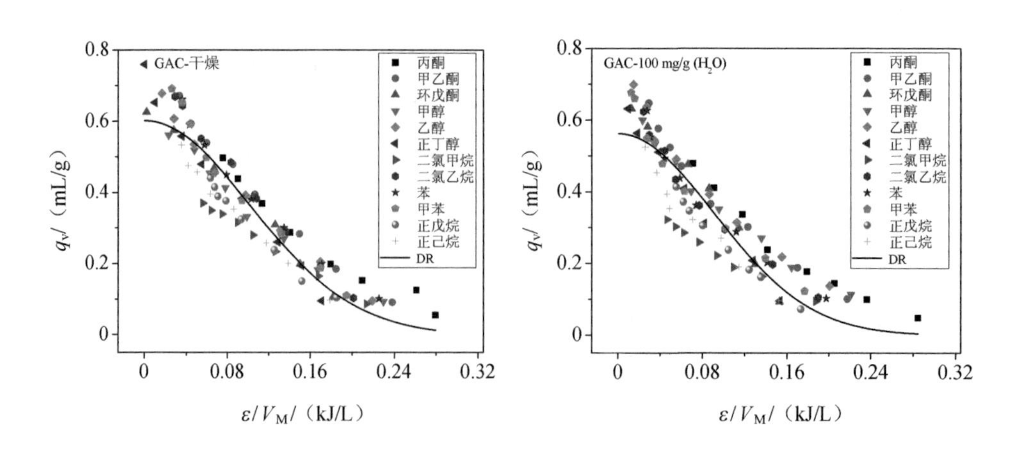

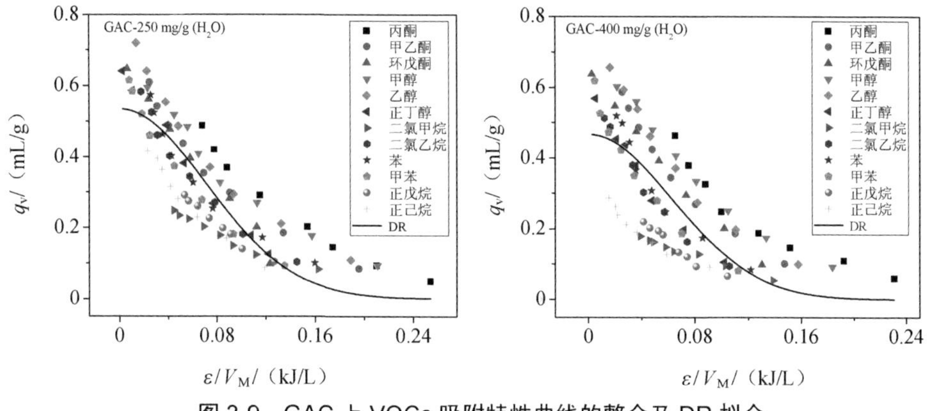


图 3-9　GAC 上 VOCs 吸附特性曲线的整合及 DR 拟合

表 3-8　HPA 和 GAC 上不同湿度下整合的 VOCs 吸附特性曲线 DR 方程拟合结果

| | $H_2O$ 预吸附/（mg/g） | $q_0$/（mL/g） | $E$/（kJ/L） | $R^2$ |
|---|---|---|---|---|
| HPA | 干燥 | 0.51 | 0.11 | 0.895 |
| | 95 | 0.50 | 0.10 | 0.883 |
| | 200 | 0.50 | 0.09 | 0.865 |
| | 280 | 0.48 | 0.08 | 0.819 |
| GAC | 干燥 | 0.60 | 0.14 | 0.892 |
| | 100 | 0.56 | 0.13 | 0.842 |
| | 250 | 0.54 | 0.10 | 0.748 |
| | 400 | 0.47 | 0.09 | 0.544 |

根据表 3-8 的拟合结果，做 $q_0$ 及 $E_v$ 值与预吸附水的线性关系，见图 3-10。可以发现，对于两种吸附剂，湿度对 VOCs 的 $q_0$ 和 $E_v$ 的影响都呈现下降趋势。在 HPA 和 GAC 上湿度对特征吸附能的负影响速率基本相同，而饱和吸附量 $q_0$ 值所受的负影响在 HPA 上的速率比 GAC 小。这说明吸附剂表面较低的官能团含量和比表面积对水蒸气的亲和力及吸附量较低，可以减小湿度对 VOCs 吸附量的影响。

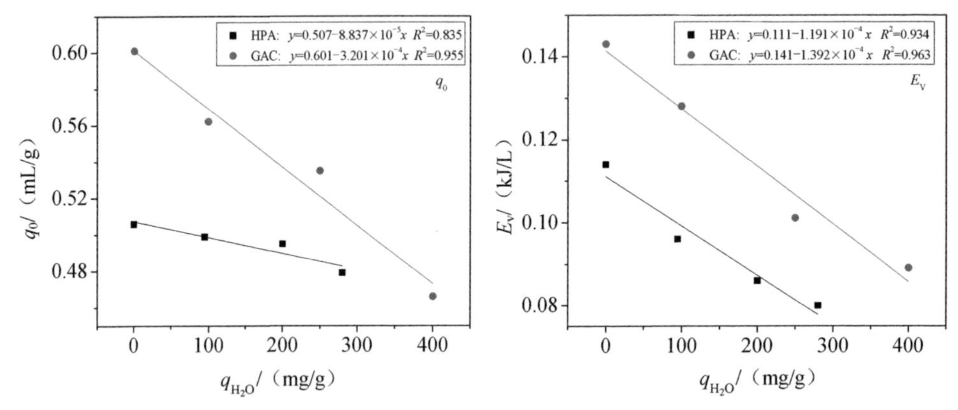


图 3-10 预吸附水对整合 VOCs 特征吸附等温线 DR 拟合参数的影响

### 3.3.2.3 线性溶剂化能量关系（LSER）回归分析

采用 LSER 法对不同含水量时 VOCs 的特征吸附能与各种作用力进行多元线性回归分析，结果见式（3-6）～式（3-11）。与式（3-4）和式（3-5）比较，可以看出，预吸附水存在时，b 和 l 为正值，氢键碱度和色散力依然发挥主要作用；对于 HPA 和 GAC，随着预吸附水量的增加，氢键碱度和色散力的系数值都降低，即水蒸气导致 VOCs 与吸附剂的作用力下降。

HPA：

①水蒸气预吸附量为 95 mg/g

$$\log_{10}(E)=0.763\sum\beta_2^H+0.317\log_{10}L^{16} \tag{3-6}$$

Sig=0.01　F=132.76　$R^2$=0.964

②水蒸气预吸附量为 200 mg/g

$$\log_{10}(E)=0.708\sum\beta_2^H+0.297\log_{10}L^{16} \tag{3-7}$$

Sig=0.01　F=124.92　$R^2$=0.962

③水蒸气预吸附量为 280 mg/g

$$\log_{10}(E)=0.658\sum\beta_2^H+0.284\log_{10}L^{16} \tag{3-8}$$

Sig=0.02　F=120.45　$R^2$=0.963

GAC：

①水蒸气预吸附量为 100 mg/g

$$\log_{10}(E)=0.715\sum\beta_2^H+0.377\log_{10}L^{16} \tag{3-9}$$

Sig=0.01　F=121.47　$R^2$=0.962

②水蒸气预吸附量为 250 mg/g

$$\log_{10}(E)=0.696\sum\beta_2^H+0.336\log_{10}L^{16} \tag{3-10}$$

Sig=0.02　F=103.07　$R^2$=0.955

③水蒸气预吸附量为 400 mg/g

$$\log_{10}(E)=0.650\sum\beta_2^H+0.299\log_{10}L^{16} \tag{3-11}$$

Sig=0.04　F=88.61　$R^2$=0.947

结合式（3-6）～式（3-11）和表 3-4 中 VOCs 的氢键碱度和色散力作用参数，计算两种作用力对 VOCs 特征吸附能 $E$ 的贡献，见表 3-9，可以看出，色散力的贡献率比氢键碱度大，且两种作用力都随着预吸附水量的增加而降低，因此，预吸附水的存在会导致 VOCs 特征吸附能降低。

选择水蒸气预吸附量最大的条件分析两种作用力受水蒸气的影响，图 3-11 分别是干燥的和含水的 HPA 和 GAC 上色散力贡献的变化（由于该体系中氢键碱度和色散力为主导作用，所以色散力的变化也可以反映氢键碱度作用的贡献变化规律）。从图 3-11 可以看出，在 HPA 上，VOCs 吸附时色散力的贡献率受预吸附水的影响很小，即水蒸气使色散力和氢键碱度作用降低，但是二者的贡献比例变化较小。在 GAC 上，除了烷烃，色散力的贡献也会随着水蒸气预吸附量的增加而减小，氢键碱度作用的贡献增大。因此，随着预吸附水量的增加，VOCs 在 GAC 上有效孔容降低，对孔容的竞争力明显减弱，受水蒸气的负影响比 HPA 大。

另外，由于 VOCs 在含水 GAC 上吸附时，色散力作用贡献率减小，即氢键碱度作用对特征吸附能的影响增大，而从表 3-9 中可以看出几种 VOCs 的氢键碱度作用相差较大，所以 VOCs 特性曲线的整合度下降。HPA 上随着水蒸气预吸附量的增加，氢键碱度作用有不同程度变化，所以水蒸气存在时，VOCs 特性曲线整合度也有下降，但是，从图 3-11 可以看出，GAC 上吸附作用力随着预吸附水量的变化幅度比 HPA 大，所以 GAC 上所有 VOCs 特性曲线的整合度更低。

**表 3-9 LSER 式中氢键碱度和色散力对 VOCs 特征吸附能（$E$）的作用**

| 作用力 | VOCs | 预吸附水量/（mg/g） | | | | | | | |
|---|---|---|---|---|---|---|---|---|---|
| | | 0 | 95 | 200 | 280 | 0 | 100 | 250 | 400 |
| $b\Sigma\beta_2^H$ | 丙酮 | 0.40 | 0.37 | 0.35 | 0.32 | 0.37 | 0.35 | 0.34 | 0.32 |
| | 甲乙酮 | 0.42 | 0.39 | 0.36 | 0.34 | 0.38 | 0.36 | 0.35 | 0.33 |
| | 环戊酮 | 0.46 | 0.43 | 0.40 | 0.37 | 0.42 | 0.40 | 0.39 | 0.36 |
| | 甲醇 | 0.38 | 0.36 | 0.33 | 0.31 | 0.35 | 0.34 | 0.33 | 0.31 |
| | 乙醇 | 0.39 | 0.37 | 0.34 | 0.32 | 0.36 | 0.34 | 0.33 | 0.31 |
| | 正丁醇 | 0.39 | 0.37 | 0.34 | 0.32 | 0.36 | 0.34 | 0.33 | 0.31 |
| | 二氯甲烷 | 0.04 | 0.04 | 0.04 | 0.03 | 0.04 | 0.04 | 0.03 | 0.03 |
| | 二氯乙烷 | 0.09 | 0.08 | 0.08 | 0.07 | 0.08 | 0.08 | 0.08 | 0.07 |
| | 苯 | 0.11 | 0.11 | 0.10 | 0.09 | 0.11 | 0.10 | 0.10 | 0.09 |
| | 甲苯 | 0.11 | 0.11 | 0.10 | 0.09 | 0.11 | 0.10 | 0.10 | 0.09 |
| | 正戊烷 | 0 | 0 | 0 | 0 | 0 | 0 | 0 | 0 |
| | 正己烷 | 0 | 0 | 0 | 0 | 0 | 0 | 0 | 0 |
| $l\log_{10}L^{16}$ | 丙酮 | 0.57 | 0.54 | 0.50 | 0.48 | 0.67 | 0.64 | 0.62 | 0.51 |
| | 甲乙酮 | 0.77 | 0.73 | 0.68 | 0.65 | 0.90 | 0.86 | 0.84 | 0.68 |
| | 环戊酮 | 0.93 | 0.87 | 0.82 | 0.78 | 1.08 | 1.04 | 1.01 | 0.83 |
| | 甲醇 | 0.33 | 0.31 | 0.29 | 0.28 | 0.38 | 0.37 | 0.36 | 0.29 |
| | 乙醇 | 0.50 | 0.47 | 0.44 | 0.42 | 0.59 | 0.56 | 0.55 | 0.45 |
| | 正丁醇 | 0.88 | 0.82 | 0.77 | 0.74 | 1.02 | 0.98 | 0.95 | 0.78 |
| | 二氯甲烷 | 0.68 | 0.64 | 0.60 | 0.57 | 0.79 | 0.76 | 0.74 | 0.60 |
| | 二氯乙烷 | 0.87 | 0.81 | 0.76 | 0.73 | 1.01 | 0.97 | 0.94 | 0.77 |
| | 苯 | 0.93 | 0.88 | 0.82 | 0.79 | 1.09 | 1.04 | 1.01 | 0.83 |
| | 甲苯 | 1.12 | 1.06 | 0.99 | 0.95 | 1.31 | 1.26 | 1.22 | 1.00 |
| | 正戊烷 | 0.73 | 0.68 | 0.64 | 0.61 | 0.85 | 0.81 | 0.79 | 0.65 |
| | 正己烷 | 0.90 | 0.85 | 0.79 | 0.76 | 1.05 | 1.01 | 0.98 | 0.80 |

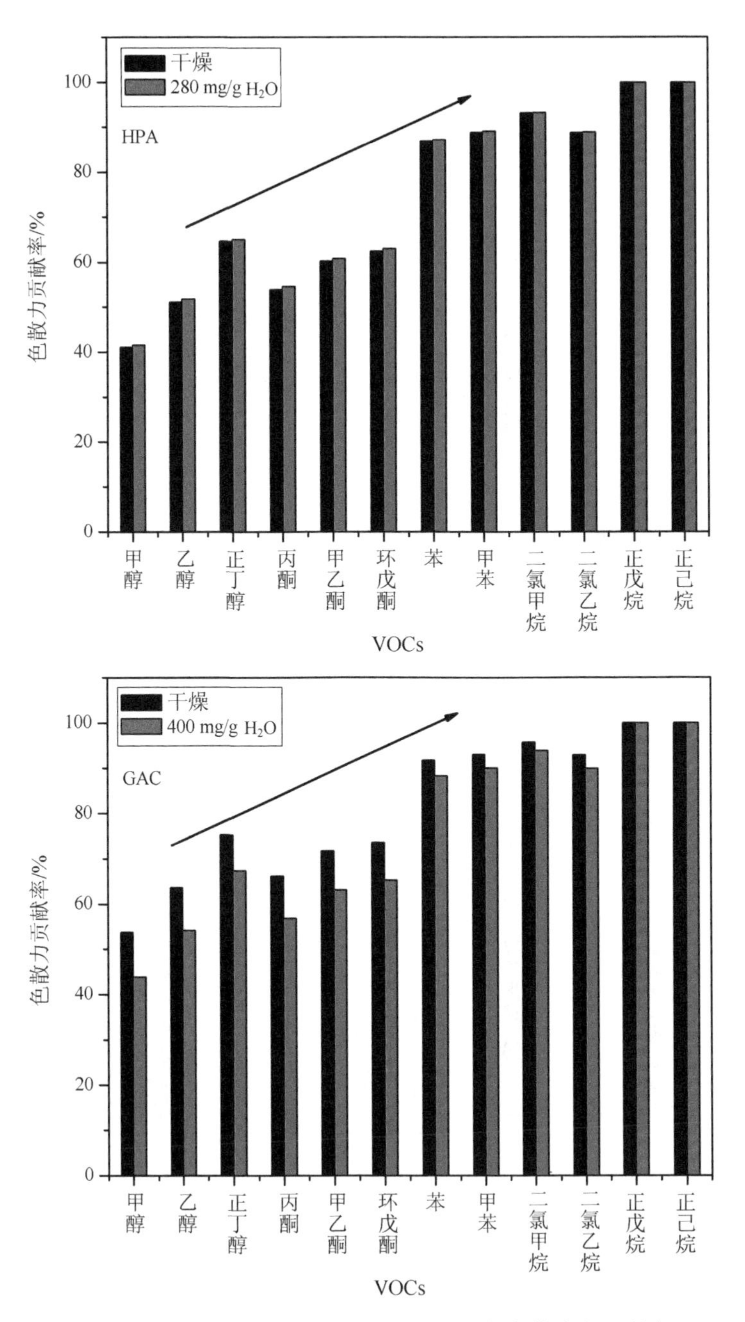


图 3-11　HPA 和 GAC 上不同 VOCs 的色散力的贡献率

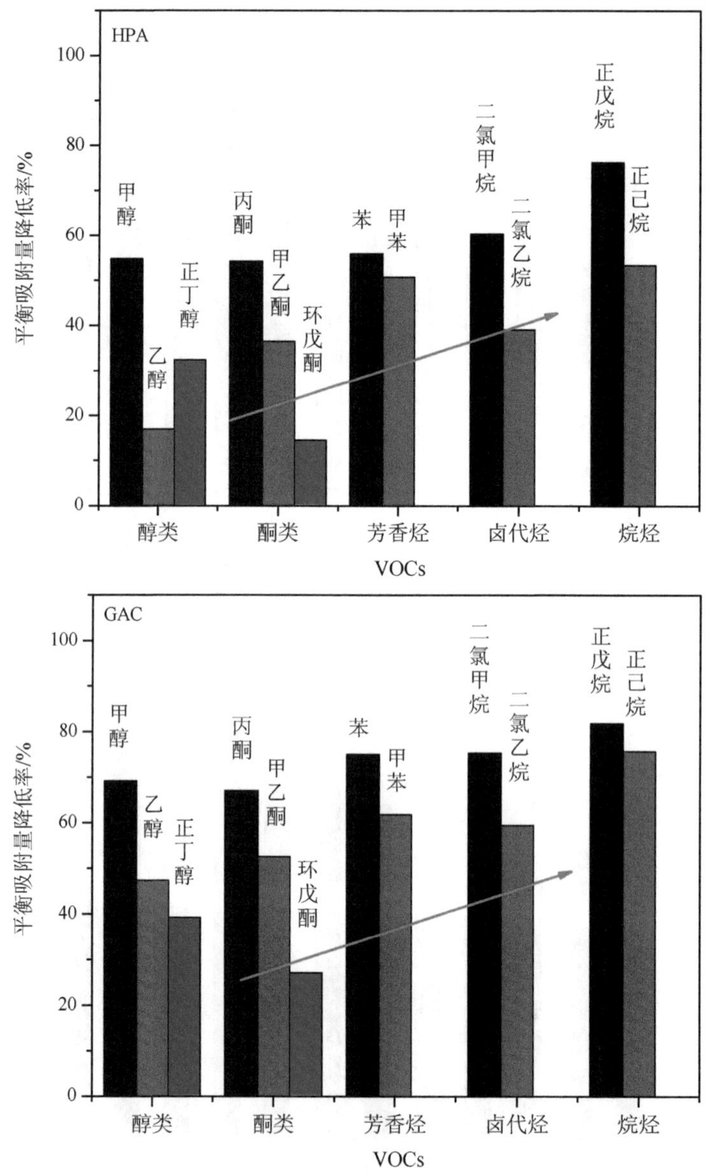


图 3-12 VOCs（5 mg/L）在高含水量的 HPA 和 GAC 上平衡吸附量的降低率

从图 3-7 可以知道，水蒸气预吸附量越高，VOCs 浓度越低，其平衡吸附量受水蒸气负影响越大，因此，选择浓度为 5 mg/L，HPA 和 GAC 上水蒸气预吸附量分别为 280 mg/g 和 400 mg/g 时 VOCs 的平衡吸附量降低率，见图 3-12。从图中可以看出，对于同系列 VOCs，随着氢键碱度作用和色散力作用的升高，吸附量的降低率减小。但是结合图 3-12 和表 3-9 可以发现，对于不同系列的 VOCs，当氢键碱度作用相近时，色散力越大，受水蒸气负影响率越大（如丙酮＞乙醇）；当色散力作用接近时，氢键碱度作用越大，受水蒸气负影响越小（如环戊酮＜正己烷）。这是因为从第 2 章的结果知道，水蒸气的吸附量主要由孔容决定，即通过占据 VOCs 的有效孔容而降低 VOCs 的吸附量，而孔容中吸附主要由色散力作用控制，VOCs 色散力贡献率增大时，与水蒸气的竞争更加激烈，所以吸附量受影响更显著；当不同系列 VOCs 的色散力相近时，氢键碱度作用力越大，受预吸附水蒸气的负影响越小，因为氢键碱度作用更有助于 VOCs 通过水蒸气进入孔中，为 VOCs 置换水蒸气提供更多的机会。

## 3.4　本章小结

①VOCs 在 HPA 和 GAC 上的吸附等温线为 type Ⅰ，采用 DR 拟合具有很好的相关性，GAC 吸附 VOCs 的特征吸附能与摩尔极化率、摩尔折射率和等张比容正相关，而对于 HPA，除酮类外，其他 VOCs 特征吸附能与摩尔极化率、摩尔折射率和等张比容成正相关。采用 LSER 分析 VOCs 吸附过程中的作用力贡献，发现色散力作用和氢键碱度作用有利于 VOCs 在吸附剂上的吸附，GAC 上色散力作用贡献率高于 HPA。

②预吸附水对 VOCs 在 HPA 和 GAC 上的吸附平衡产生一定的负面影响，对 GAC 上 VOCs 的平衡吸附比 HPA 上的吸附更显著，吸附剂比表面积和官能团含量越低，越能减缓湿度对 VOCs 吸附的影响。LSER 回归分析表明，预吸附水量增加，色散力作用和氢键碱度作用都下降，HPA 上色散力作用贡献率基本不变，

GAC 上 VOCs 色散力作用贡献率下降。

③对于同系列 VOCs，色散力和氢键碱度作用力之和越高，受预吸附水蒸气的负影响越小；但是对于不同系列的 VOCs，色散力相同时，氢键碱度作用力越大，受预吸附水蒸气的负影响越小；而氢键碱度作用相近时，色散力越小，受预吸附水蒸气的负影响越小。

# 第 4 章

# 预吸附水对 VOCs 柱吸附的影响与机理

## 4.1 引言

第 3 章的研究结果表明：吸附剂上的预吸附水对 VOCs 的吸附平衡存在影响，而且与吸附剂表面化学性质、VOCs 的物化性质相关，但是平衡吸附是一种极限状态，而实际工程中最常用的工艺是固定床吸附，穿透时间和传质区长度等是反映柱吸附性能的主要参数。因此，研究预吸附水对 VOCs 动态吸附的影响对实际应用更有指导意义。

通常，从吸附柱入口端流进一定浓度的 VOCs，在入口端开始依次被吸附在床层上，然后沿 VOCs 气体流动方向形成一个浓度梯度，即传质区。当吸附工况处于稳定状态时，浓度波的分布形状和长度基本不变，以一定的速度在固定床层上移动；但是，水蒸气的存在可能会改变 VOCs 吸附工况，进而影响 VOCs 浓度梯度的分布形状与长度，改变穿透时间和传质区长度。Marbán 等[58]研究发现正丁烷在预吸附水吸附剂上的穿透时间比干燥吸附剂缩短了 5 倍左右；Abiko 等[158,159]发现多种 VOCs 穿透时间与预吸附水蒸气量呈负线性关系下降；Cosnier 等[36]研究了预吸附水蒸气对二氯甲烷和三氯乙烯柱吸附的影响，结果表明预吸附的水蒸气易被 VOCs 置换，VOCs 吸附容量不变，但是在置换水分子的过程中会阻碍 VOCs

的吸附，进而导致 VOCs 传质区变宽。预吸附水蒸气对 VOCs 柱吸附的影响与吸附剂的性质和 VOCs 的物化性质密切相关。但是，目前关于预吸附水蒸气对 VOCs 柱吸附的影响研究未深入探究 VOCs 的物化性质的影响；另外，HPA 预吸附水蒸气对 VOCs 柱吸附的影响尚未有研究报道。

因此，本章选择丙酮、甲乙酮、环戊酮、乙醇和正己烷作为吸附质，分析其在预吸附水蒸气的 HPA 上的柱吸附性能，并与 GAC 相比较，探究预吸附水对 VOCs 柱吸附的影响规律与机理，阐明 VOCs 物化性质对柱吸附的影响。

## 4.2 实验部分

### 4.2.1 实验材料与仪器

#### 4.2.1.1 主要实验试剂

表 4-1 实验试剂

| 名称 | 纯度 | 产地 |
|---|---|---|
| 丙酮 | 分析纯 | 南京化学试剂股份有限公司 |
| 甲乙酮 | 分析纯 | 南京化学试剂股份有限公司 |
| 环戊酮 | 分析纯 | 南京化学试剂股份有限公司 |
| 乙醇 | 分析纯 | 南京化学试剂股份有限公司 |
| 正己烷 | 分析纯 | 南京化学试剂股份有限公司 |

#### 4.2.1.2　主要仪器设备

表 4-2　实验仪器和设备

| 名称 | 型号 | 厂家 |
| --- | --- | --- |
| 微量注射泵 | LongPump | 保定兰格恒流泵有限公司 |
| 质量流量计 | 100SCCM | 北京七星华创流量计有限公司 |
| 恒温水槽 | DKB-501A | 上海精宏实验设备有限公司 |
| 温度控制器 | CKW-1 | 南京朝阳仪表有限公司 |
| 超纯水机 | Millipore | 北京科誉兴业科技发展有限公司 |
| 气相色谱仪 | GC-2014 | 日本岛津公司 |
| 精密电子分析天平 | AL204 | 梅特勒-托利多仪器有限公司 |
| 循环水冷却仪 | H50 | 北京莱伯泰科仪器股份有限公司 |

### 4.2.2　实验装置

本实验中 VOCs 在预吸附水蒸气的 HPA 和 GAC 上柱吸附的实验装置如图 4-1 所示，包含配气、吸附、检测 3 个系统。

在配气系统中，钢瓶中的高纯氮气经过干燥器之后，由质量流量控制器调节流量，一定湿度的水蒸气通过鼓泡法获得，而一定浓度的 VOCs 是由微量注射泵以一定的速率推送 VOCs 液体，进入汽化室后由高纯氮气带出而得到；在柱吸附系统中，吸附柱由精密恒温循环水槽控制温度，保证吸附在恒温 298 K 的条件下进行；检测系统包含两部分：湿度仪和气相色谱仪，分别检测吸附柱出口湿度和 VOCs 浓度。

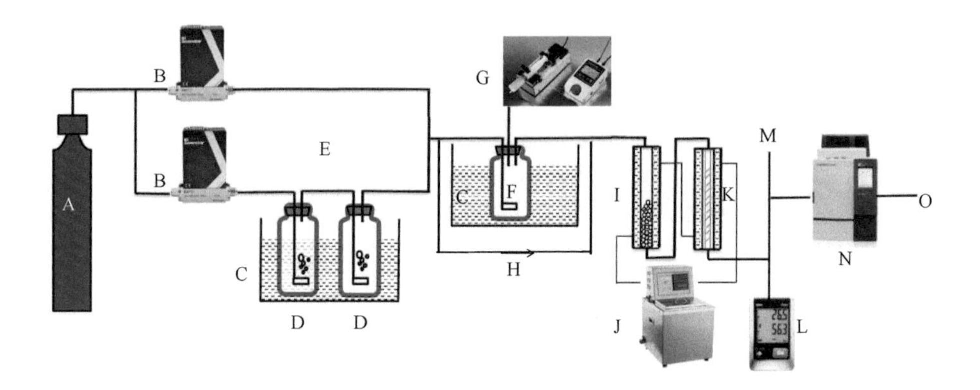


A. 高纯氮气；B. 质量流量计；C. 恒温水槽；D. 超纯水鼓泡瓶；E. 旁路-1；F. 汽化瓶；G. 微量注射泵；H. 旁路-2；I. 气体缓冲柱；J. 恒温循环水槽；K. 吸附柱；L. 湿度仪；M. 旁路-3；N. 气相色谱仪；O. 尾气

**图 4-1 预吸附水后 VOCs 的柱吸附实验装置**

### 4.2.3 实验内容

实验包含两个步骤：水蒸气预吸附与 VOCs 柱吸附。

①水蒸气的预吸附：旁路-1 关闭，一路高纯氮气经过超纯水鼓泡瓶，带出水蒸气后与稀释气混合，得到一定相对湿度的水蒸气，经过旁路-2，进入装有一定量吸附剂的吸附柱中，进行水蒸气的预吸附，吸附柱出口湿度由湿度仪检测，待出口湿度恒定时，停止水蒸气的配气。

②VOCs 柱吸附：关闭旁路-2，开启旁路-1，高纯氮气经过汽化室得到 VOCs 气体，通过调节微量注射泵流量改变 VOCs 的浓度，VOCs 浓度稳定后通入预吸附水的吸附柱中，进行吸附。实时检测柱出口的湿度和 VOCs 浓度，记录湿度与 VOCs 浓度随时间变化的曲线，出口湿度为零且 VOCs 浓度恒定时，分别得到 VOCs 的穿透曲线和水蒸气的脱附曲线。

为了更完整地分析 VOCs 的柱吸附特性，还需要进行预吸附水蒸气被脱附的空白实验，即管路中不通入 VOCs，通入相同流量的高纯氮气进行脱附，得到水蒸气的脱附曲线。

实验条件：

相对湿度：0、50%、80%；

气体总流量：100 mL/min；

VOCs 种类：丙酮、甲乙酮、环戊酮、乙醇、正己烷；

VOCs 浓度：5 mg/L、10 mg/L、20 mg/L、40 mg/L、80 mg/L；

吸附柱温度：298 K；

吸附剂质量（m）：HPR=0.80 g，GAC= 0.65 g；

吸附柱尺寸：$H$=10 cm，$D$=0.8 cm。

### 4.2.4　分析方法

首先通过配置一定系列浓度的 VOCs，通过气相检测得到不同的峰面积，绘制 VOCs 的标准曲线，然后柱吸附时由气相色谱中的峰面积计算得到 VOCs 浓度。

气相色谱的工作条件：

载气为氮气（20 mL/min，压力 0.3 MPa）；

柱温：393 K；

汽化室：523 K；

检测室：553 K。

湿度仪的探头放置于 50 mL 的三口烧瓶中，气流经过探头后湿度被记录下来。温度会影响相对湿度的检测，因此须将三口烧瓶放置于 298 K 的恒温水浴中。

## 4.3　实验结果与讨论

### 4.3.1　吸附穿透曲线

实验测定了丙酮、甲乙酮、环戊酮、乙醇和正己烷在干、湿吸附剂 HPA 和

GAC 上的吸附穿透曲线，VOCs 初始浓度为 5 mg/L 的穿透曲线，见图 4-2。10 mg/L、20 mg/L、40 mg/L 和 80 mg/L 的穿透曲线见附录 A 中图 A.1～图 A.5。为定量分析穿透吸附量，采用半经验模型方程 Yoon-Nelson（YN）对实验数据进行拟合。相比于其他的经验方程，YN 模型有着数学表达简单且不需要更多固定床和吸附质的详细参数的优点。YN 方程的表达式为

$$t = \tau + \frac{1}{k}\ln\frac{C_t}{C_o - C_t} \tag{4-1}$$

式中，$C_o$、$C_t$ —— 进口和出口浓度，mg/L；

$k$ —— 吸附速率常数；

$\tau$ —— 50%穿透时间，min；

$t$ —— 吸附时间，min。

采用 YN 方程对完整穿透曲线进行拟合时，在 $C/C_0$ 较低和较高区域，拟合曲线和实验数据点会有较大偏离，拟合度较差。为了更准确地分析柱吸附数据，选择 $C/C_0$=0～0.2 的区域进行拟合，效果很好，相关系数 $R^2$>0.98，拟合结果列于表 A.1～表 A.4 中。根据表 A.1～表 A.4 中的拟合参数，以 $C/C_0$=0.05 作为穿透点，并根据该穿透时间点计算穿透吸附量，列于表 4-3 和表 4-4 中。

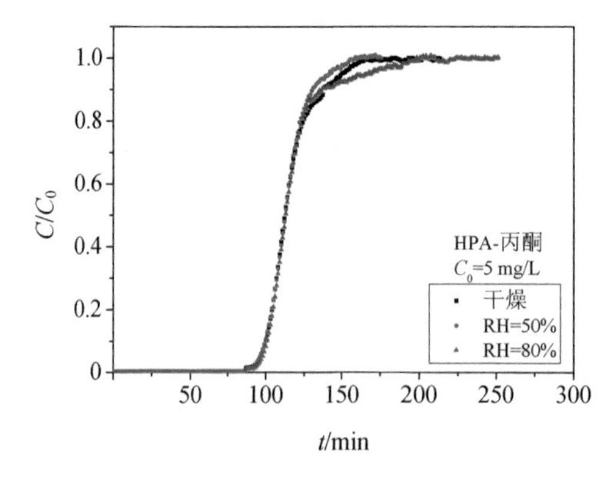


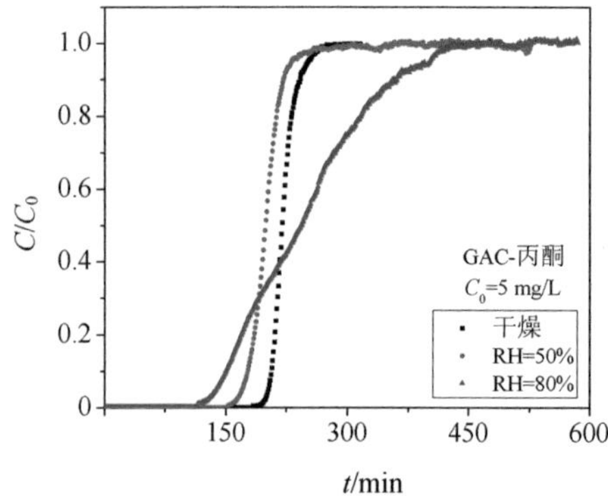

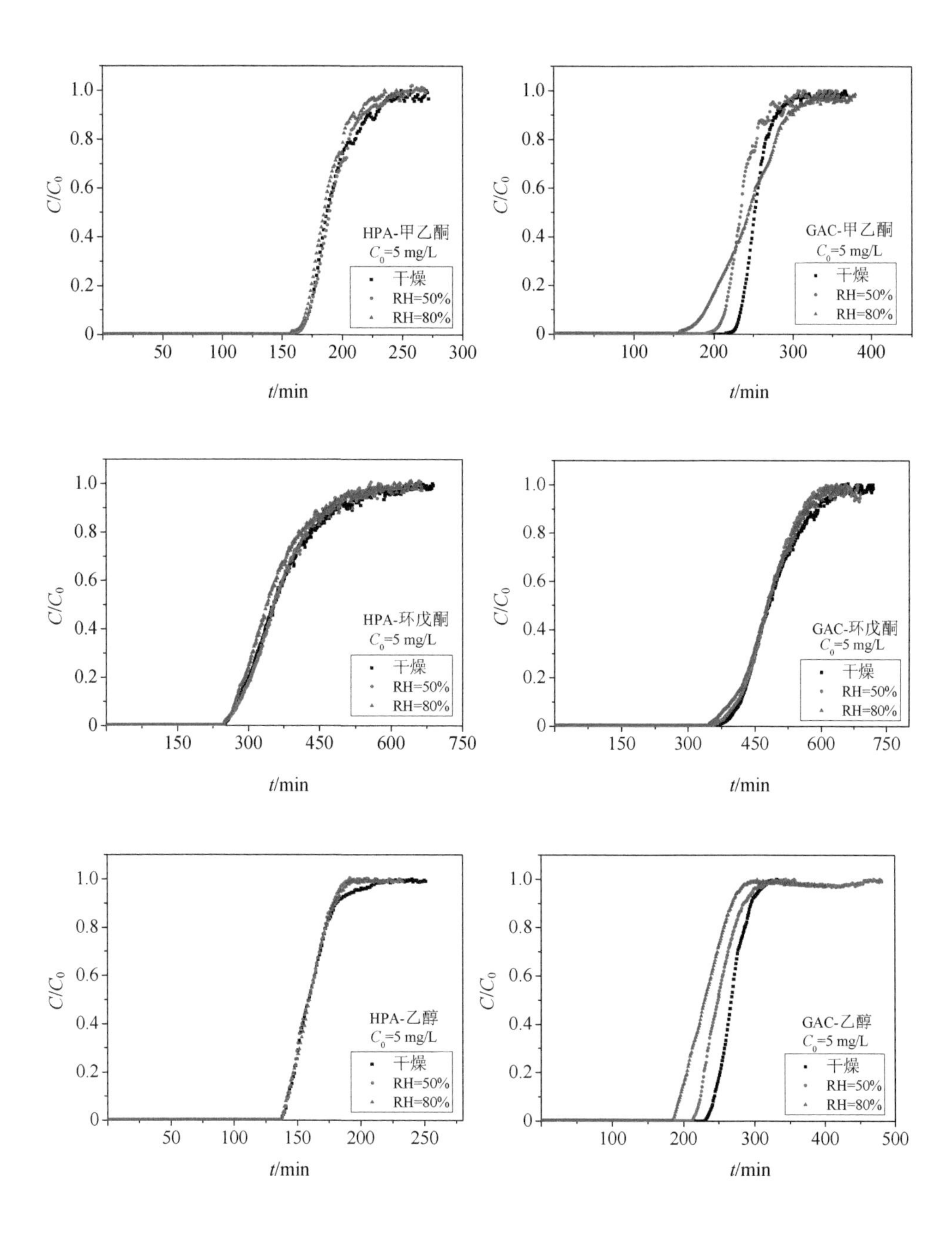
HPA-甲乙酮
$C_0$=5 mg/L
干燥
RH=50%
RH=80%
GAC-甲乙酮
$C_0$=5 mg/L
干燥
RH=50%
RH=80%
HPA-环戊酮
$C_0$=5 mg/L
干燥
RH=50%
RH=80%
GAC-环戊酮
$C_0$=5 mg/L
干燥
RH=50%
RH=80%
HPA-乙醇
$C_0$=5 mg/L
干燥
RH=50%
RH=80%
GAC-乙醇
$C_0$=5 mg/L
干燥
RH=50%
RH=80%
$C/C_0$
$t$/min

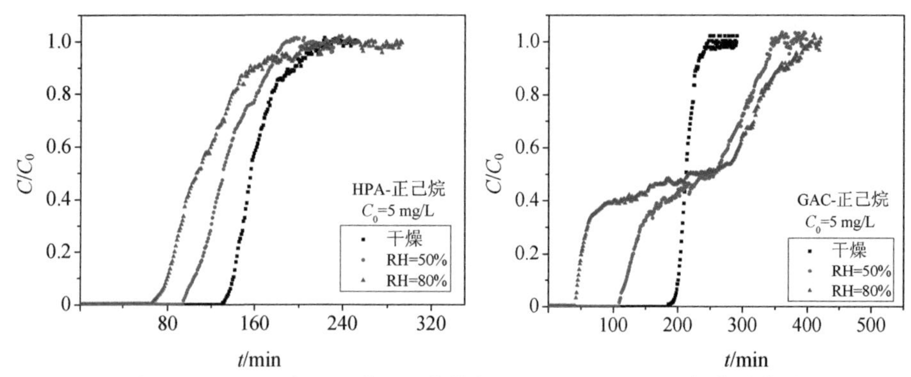


图 4-2　VOCs 在预吸附不同水蒸气的 HPA 和 GAC 上的穿透曲线

（RH=50%、RH=80%指预吸附水蒸气对应的相对湿度）

表 4-3　VOCs 在 HPA 上的穿透吸附量　　单位：mg/g

| VOCs | RH | 浓度/（mg/L） | | | | |
|---|---|---|---|---|---|---|
| | | 5 | 10 | 20 | 40 | 80 |
| 丙酮 | 干燥 | 60.6 | 75.0 | 97.5 | 140.0 | 160.0 |
| | 50% | 60.6 | 75.4 | 98.8 | 140.0 | 160.0 |
| | 80% | 60.3 | 76.3 | 98.1 | 140.0 | 160.0 |
| 甲乙酮 | 干燥 | 105.6 | 153.8 | 235.0 | 265.0 | 290.0 |
| | 50% | 105.6 | 153.8 | 235.0 | 260.0 | 290.0 |
| | 80% | 104.4 | 147.5 | 227.5 | 265.0 | 290.0 |
| 环戊酮 | 干燥 | 165.6 | 247.5 | 287.5 | 310.0 | — |
| | 50% | 165.6 | 228.8 | 287.5 | 310.0 | — |
| | 80% | 165.0 | 231.3 | 287.5 | 310.0 | — |
| 乙醇 | 干燥 | 88.1 | 130.1 | 180.0 | 230.0 | 260.0 |
| | 50% | 88.1 | 130.1 | 180.0 | 230.0 | 260.0 |
| | 80% | 88.1 | 130.1 | 180.0 | 230.0 | 260.0 |
| 正己烷 | 干燥 | 74.4 | 110.5 | 147.5 | 165.0 | 180.0 |
| | 50% | 60.0 | 90.5 | 130.0 | 150.0 | 170.0 |
| | 80% | 50.6 | 75.0 | 102.5 | 130.0 | 150.0 |

注：表中 RH 为 50%和 80%是指预吸附水蒸气对应的相对湿度。

表 4-4　VOCs 在 GAC 上的穿透吸附量　　单位：mg/g

| VOCs | RH | 浓度/（mg/L） | | | | |
|---|---|---|---|---|---|---|
| | | 5 | 10 | 20 | 40 | 80 |
| 丙酮 | 干燥 | 156.2 | 198.5 | 255.4 | 295.4 | 313.9 |
| | 50% | 130.8 | 173.9 | 230.8 | 270.8 | 295.4 |
| | 80% | 106.2 | 144.6 | 200.0 | 243.1 | 283.1 |
| 甲乙酮 | 干燥 | 176.9 | 264.6 | 310.8 | 350.8 | 418.5 |
| | 50% | 160.8 | 241.5 | 289.2 | 332.3 | 406.2 |
| | 80% | 137.7 | 213.9 | 255.4 | 301.5 | 393.9 |
| 环戊酮 | 干燥 | 306.9 | 358.5 | 396.9 | 430.8 | — |
| | 50% | 299.2 | 358.5 | 393.9 | 430.8 | — |
| | 80% | 286.2 | 344.6 | 383.1 | 430.8 | — |
| 乙醇 | 干燥 | 183.9 | 272.3 | 347.7 | 406.2 | 443.1 |
| | 50% | 169.2 | 251.7 | 324.6 | 387.5 | 428.5 |
| | 80% | 146.2 | 235.4 | 305.8 | 360.4 | 412.3 |
| 正己烷 | 干燥 | 151.5 | 189.2 | 241.5 | 292.3 | 369.2 |
| | 50% | 86.2 | 113.4 | 126.2 | 160.0 | 270.8 |
| | 80% | 33.1 | 49.2 | 67.7 | 116.9 | 233.8 |

注：表中 RH 为 50%和 80%是指预吸附水蒸气对应的相对湿度。

从图 4-2 和附录 A 中图 A.1～图 A.5 可知，在 HPA 上，丙酮、甲乙酮、环戊酮和乙醇的穿透吸附量和传质区在所研究的浓度范围内基本不受预吸附水蒸气的影响，而正己烷受到预吸附水的负影响较明显；在 GAC 上，所有的 VOCs 都受到预吸附水蒸气不同程度的负影响，穿透时间缩短，传质区延长。表 4-5 为五种 VOCs 在干、湿 GAC 上穿透吸附量的比较，其中，降低率为：（干燥条件下 VOCs 穿透吸附量-湿度存在时 VOCs 穿透吸附量）/干燥条件下 VOCs 穿透吸附量。可以看出，VOCs 的穿透吸附量降低率随着相对湿度增大而增大，随着浓度的升高而减小，即受预吸附水的负影响随 VOCs 浓度升高而减小；另外，比较 GAC 上几种 VOCs 可以发现，正己烷的降低率最大，受预吸附水的负影响最显著，对于酮类几种物质，分子量越小，受水蒸气负影响越显著。

表 4-5 不同湿度和浓度下 VOCs 在 GAC 上的穿透吸附量降低率 单位：%

| VOCs | RH/% | 浓度/（mg/L） | | | | |
|---|---|---|---|---|---|---|
| | | 5 | 10 | 20 | 40 | 80 |
| 丙酮 | 50 | 16.3 | 12.4 | 9.6 | 8.3 | 5.9 |
| | 80 | 32.0 | 27.1 | 21.7 | 17.7 | 9.8 |
| 甲乙酮 | 50 | 9.1 | 8.7 | 6.9 | 5.3 | 2.9 |
| | 80 | 22.2 | 19.2 | 17.8 | 14.0 | 5.9 |
| 环戊酮 | 50 | 2.5 | 0.0 | 0.8 | 1.1 | — |
| | 80 | 6.8 | 3.9 | 3.5 | 2.3 | — |
| 乙醇 | 50 | 8.0 | 7.6 | 6.6 | 4.6 | 3.3 |
| | 80 | 20.5 | 13.6 | 12.1 | 11.3 | 6.9 |
| 正己烷 | 50 | 43.2 | 40.1 | 47.8 | 45.3 | 26.7 |
| | 80 | 78.2 | 74.0 | 72.0 | 60.0 | 36.7 |

注：降低率=（干燥条件下 VOCs 穿透吸附量-湿度存在时 VOCs 穿透吸附量）/干燥条件下 VOCs 穿透吸附量。

由上述分析可知：①预吸附水对 HPA 和 GAC 对 VOCs 穿透时间及传质区的影响规律不同；②预吸附水对 VOCs 柱吸附的影响随着 VOCs 浓度的升高而减小；③预吸附水对不同物化性质的 VOCs 柱吸附的影响不同。下文将对上述结果进行详细讨论分析。

## 4.3.2 HPA 与 GAC 比较

由表 4-3 和表 4-4 可知，预吸附水对 HPA 吸附丙酮、甲乙酮、环戊酮和乙醇的穿透吸附量基本没有影响，而 GAC 上丙酮、甲乙酮、环戊酮、乙醇和正己烷的穿透吸附量随预吸附水的相对湿度增大有明显的下降。为了解释预吸附水蒸气对 VOCs 柱吸附的影响，我们测定了无 VOCs 时，氮气对预吸附水蒸气的脱附曲线和 VOCs 柱吸附时预吸附水的脱附曲线。

图 4-3 是预吸附水采用纯氮气吹脱的脱附曲线，比较水蒸气的预吸附量与脱附量可知，对于 HPA，预吸附水脱附率接近 100%，而预吸附在 GAC 上的脱附率约为 88.5%和 90.2%，残留水量约为 35.5 mg/g 和 45.3 mg/g，这部分水主要是通过氢键与表面含氧官能团作用被吸附。由图 2-8（a）的实验测得，在 50%和 80%相对湿度下，HPA 和 GAC 表面官能基团吸附的水量分别为 36.7 mg/g 和 46.1 mg/g，与残留水量基本相当。另外，相比于 HPA，预吸附水在 GAC 上的脱附需要更长的时间周期，一方面是因为 GAC 比 HPA 有更高的水蒸气吸附能力，在 RH=50%和 RH=80%时，水蒸气在 HPA 上的穿透饱和吸附量分别为 38.8 mg/g 和 100.8 mg/g，而在 GAC 上，水蒸气的穿透饱和吸附量分别为 307.7 mg/g 和 461.5 mg/g；另一方面，由第 2 章的研究结果可知，GAC 的表面含氧官能团含量和表面酸碱性都比 HPA 高，因而对水蒸气有更强的吸附亲和力和更高的吸附量。

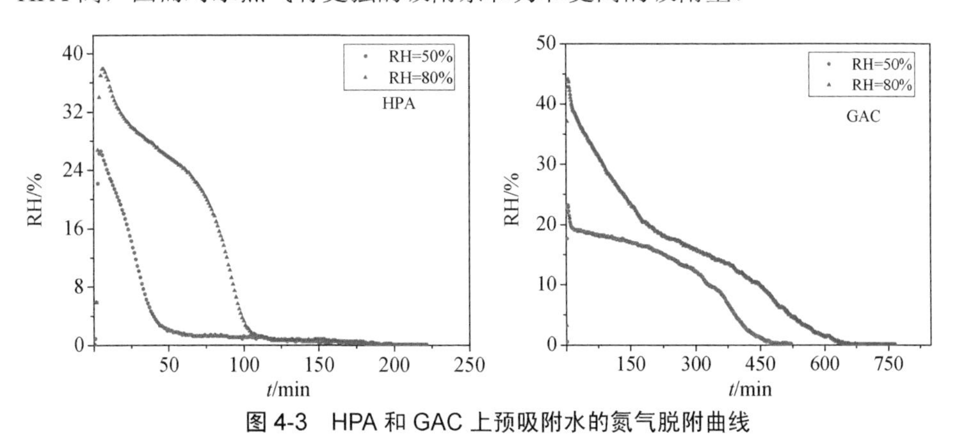


**图 4-3　HPA 和 GAC 上预吸附水的氮气脱附曲线**

图 4-4 为丙酮在 HPA 和 GAC 上吸附时预吸附水脱附曲线和相应的丙酮穿透曲线，其他 VOCs 吸附时的预吸附水脱附曲线与丙酮吸附时相类似，见附录 A 图 A.6～图 A.9。由图 4-4 可知，预吸附在 HPA 上的水蒸气，在丙酮穿透之前被完全置换，而预吸附在 GAC 上的水蒸气在丙酮穿透之前仅被部分置换，随后被丙酮缓慢置换，因而对丙酮在 HPA 上的吸附传质影响较小，而对丙酮在 GAC 上有明显的影响，而且预吸附水量越多，该影响越显著。由于未被置换下的水对丙酮吸

附传质有阻碍作用，导致丙酮在 GAC 上的吸附速率减慢，穿透曲线斜率减小，传质区延长。因而，对于 HPA，预吸附水被氮气基本能脱附，残留量少，对 VOCs 吸附影响不大，（正己烷是例外，其原因在 4.3.4 中讨论分析）。对于 GAC，水蒸气通过氢键作用吸附而导致的残留水量大，对 VOCs 吸附影响较大。

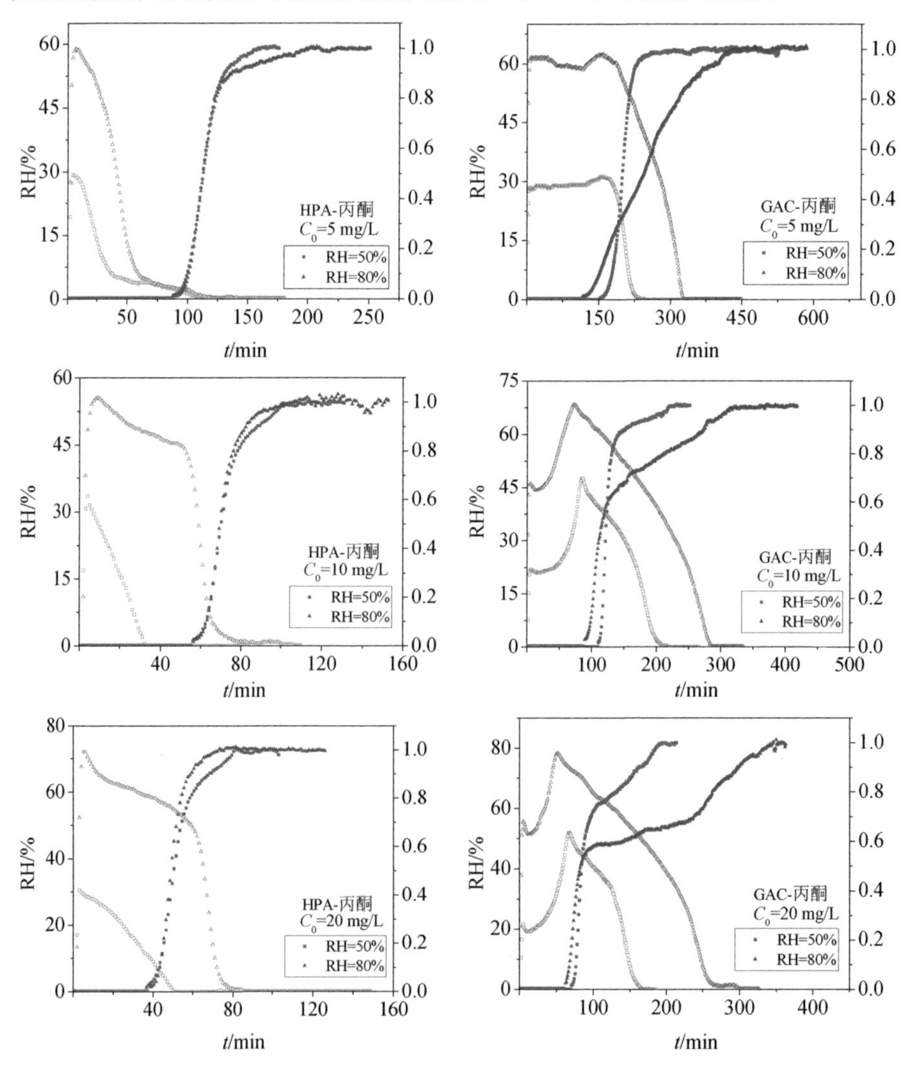

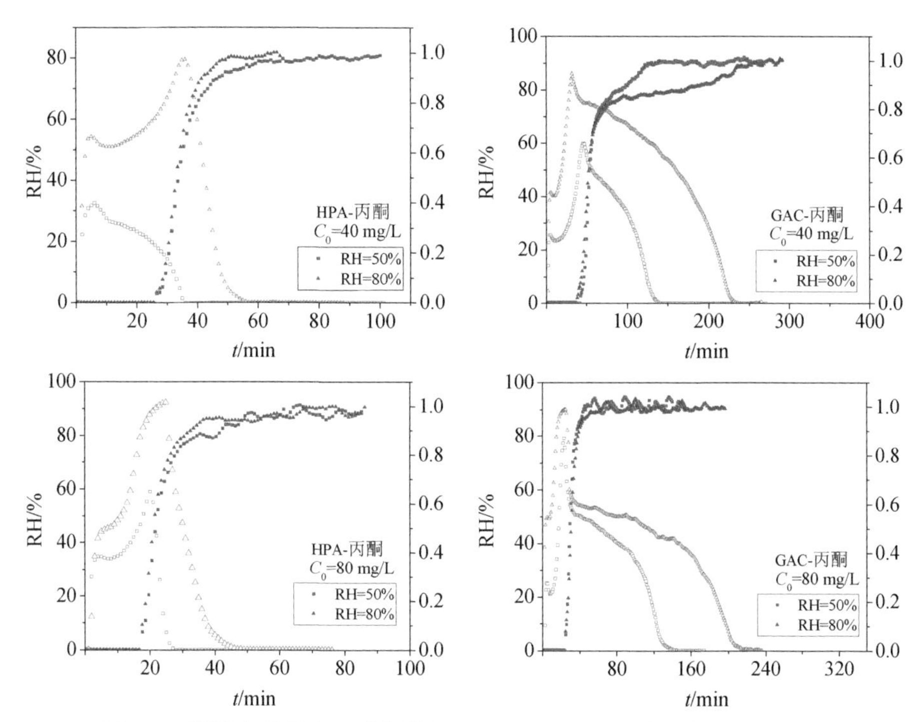


**图 4-4　丙酮在不同预吸附水量的 HPA 和 GAC 上的穿透曲线（■▲）与水蒸气的脱附曲线（□△）**

## 4.3.3　VOCs 浓度的影响

从 4.3.1 和 4.3.2 知道，HPA 上除了正己烷，其他 VOCs 的柱吸附基本不受水蒸气的负影响，因此，此处我们主要分析 GAC 上 VOCs 柱吸附受水蒸气负影响与 VOCs 浓度的关系。图 4-2 和附录 A 中图 A.1～图 A.5 以及表 4-4 中 VOCs 穿透吸附量表明，随着 VOCs 浓度的升高，其穿透吸附量受预吸附水蒸气的负影响减小，这与第 3 章的预吸附水对不同浓度 VOCs 吸附平衡的影响规律是一致的。

首先，氮气使 GAC 上残留水量约为 35.5 mg/g 和 45.3 mg/g，对于低浓度 VOCs，其吸附量较低（见图 3-2VOCs 吸附等温线），与水分子竞争相同吸附位点，因而有一定影响，但高浓度 VOCs 吸附量大，少量残留水影响就相对较小。此外，图

4-5 是相同湿度下预吸附水蒸气后，GAC 上不同浓度 VOCs 柱吸附时水蒸气的脱附曲线，VOCs 的吸附与水脱附基本是同步进行，吸附出口的相对湿度随着 VOCs 吸附而逐渐增加，VOCs 穿透点对应于水脱附曲线的最高点。从图中可以清楚地发现，无论预吸附水量多少，随着 VOCs 浓度的增加，水蒸气的脱附峰都会前移，而且峰值更大，这主要是因为 VOCs 浓度越高，传质推动力越大，VOCs 在孔道内的扩散速率加快，促进了水蒸气的脱附，释放出更多的有效吸附位点。因而，综合上述两方面原因，VOCs 浓度越高，其穿透时间受预吸附水蒸气的影响越小[200]。

另外，预吸附水蒸气对不同浓度 VOCs 穿透曲线的影响还表现在传质区的变化上。图 4-6 是水蒸气预吸附量相同时，不同浓度 VOCs 的穿透曲线，可以发现，除了环戊酮的传质区长度基本不受影响，丙酮、甲乙酮和乙醇的传质区长度随着其浓度的升高先延长后缩短，而正己烷的传质区随其浓度升高逐渐缩短，这与 VOCs 的物化性质相关，我们将在 4.3.4 中详细讨论其原因。

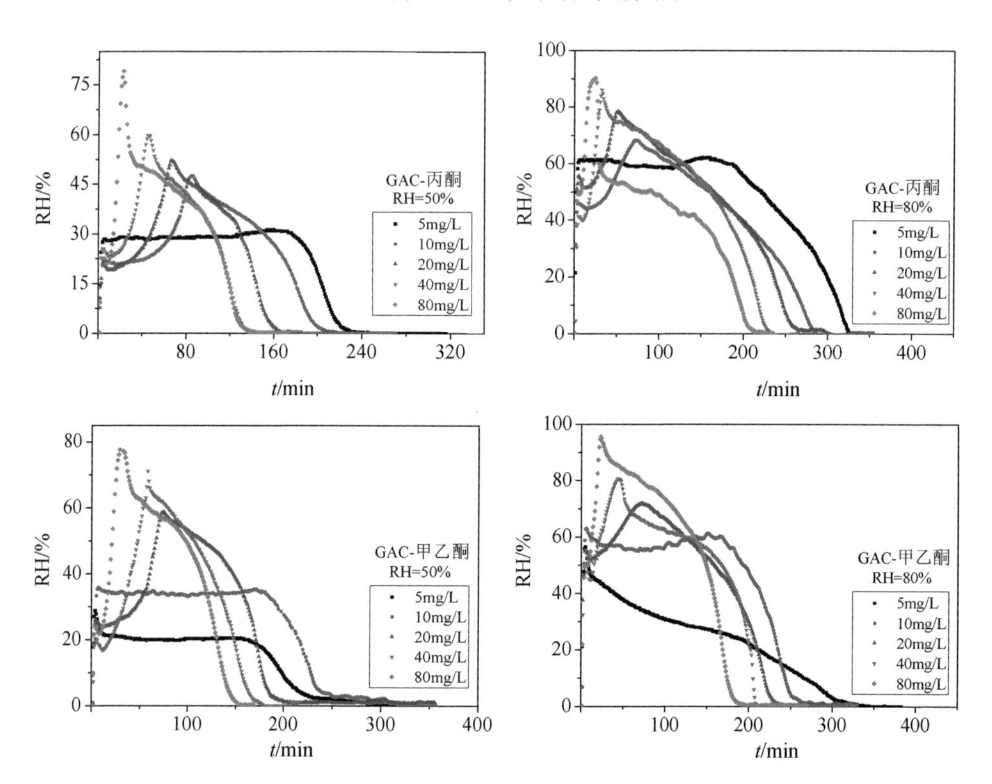

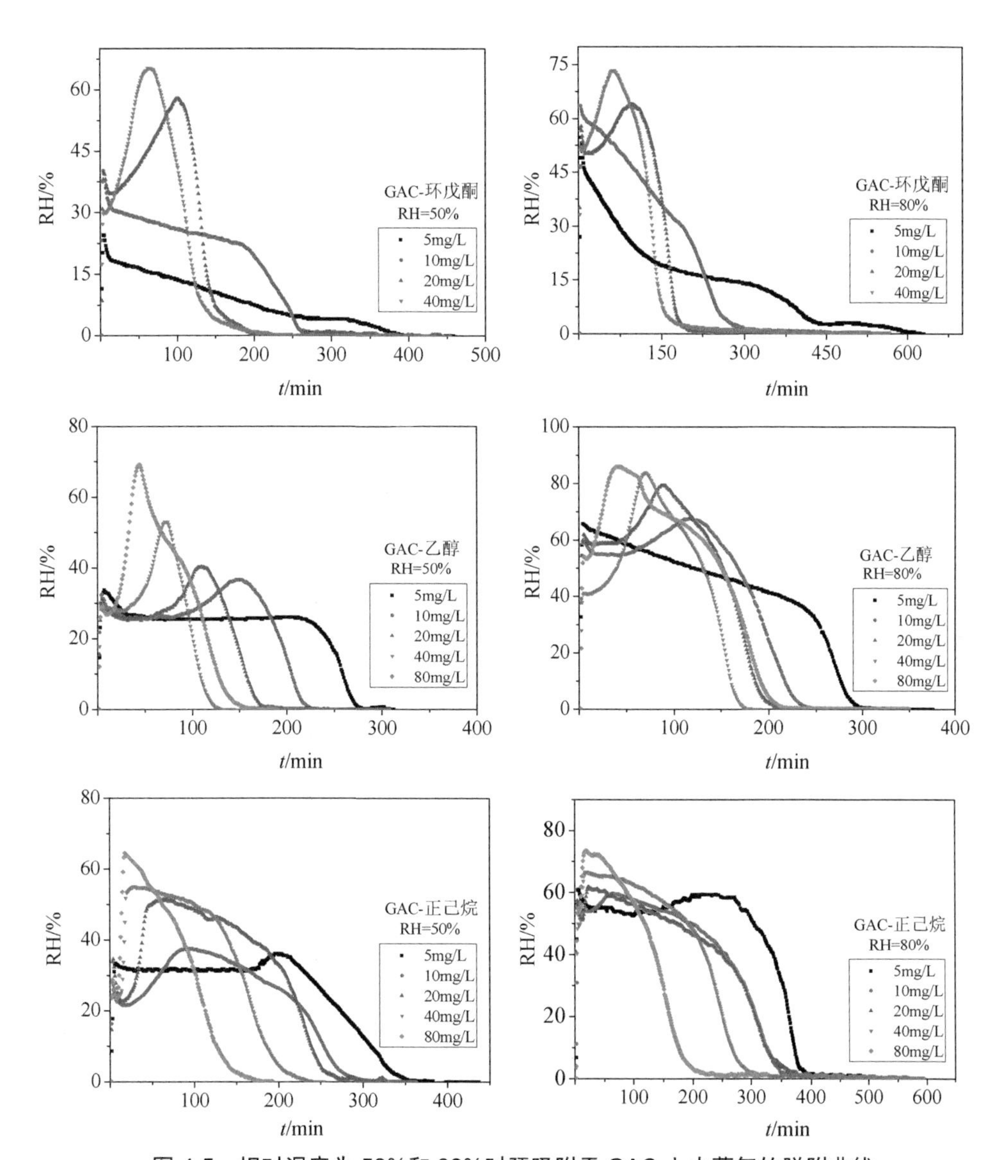


图 4-5　相对湿度为 50%和 80%时预吸附于 GAC 上水蒸气的脱附曲线

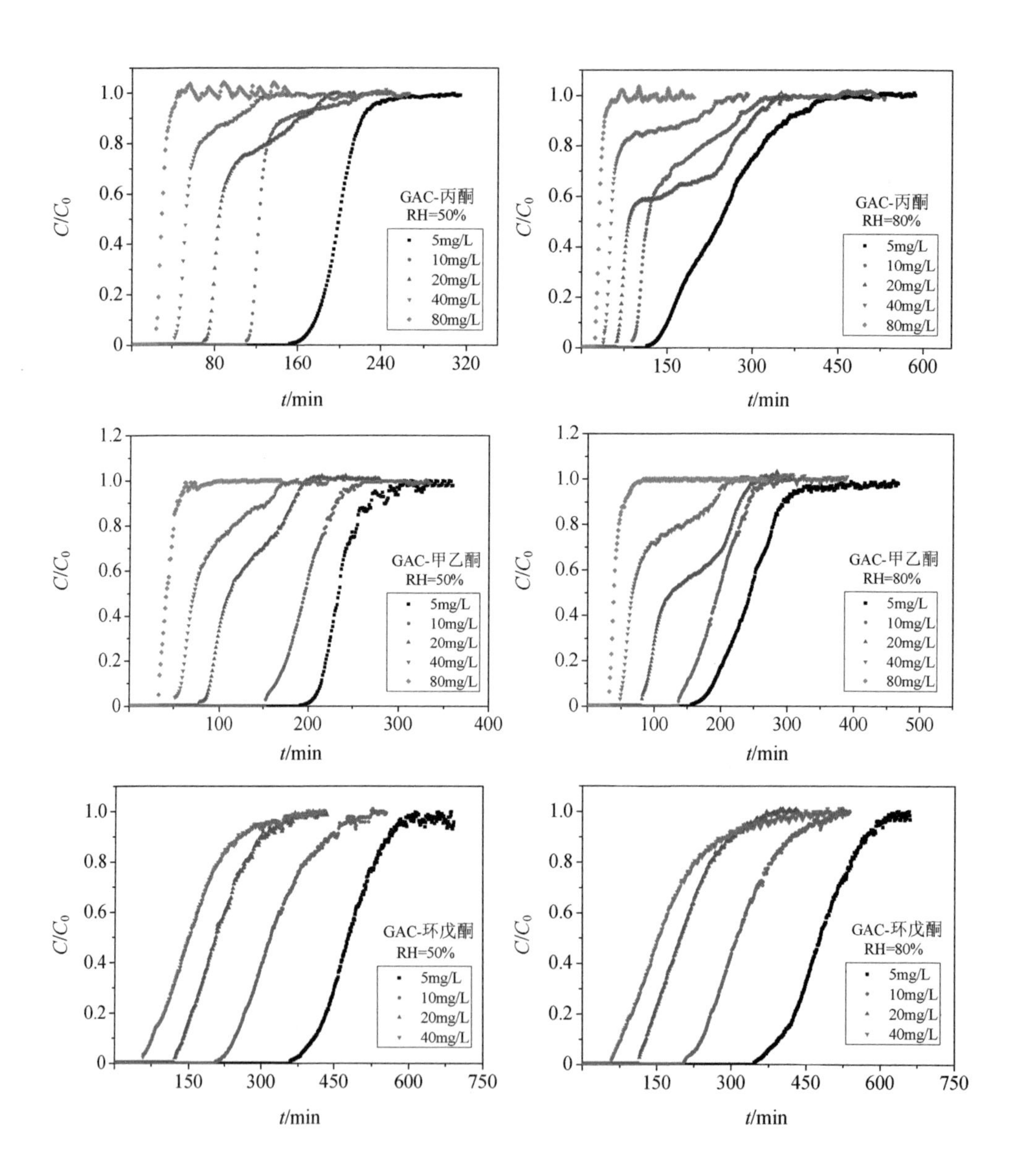
GAC-丙酮
RH=50%
5mg/L
10mg/L
20mg/L
40mg/L
80mg/L
C/C0
t/min
GAC-丙酮
RH=80%
5mg/L
10mg/L
20mg/L
40mg/L
80mg/L
C/C0
t/min
GAC-甲乙酮
RH=50%
5mg/L
10mg/L
20mg/L
40mg/L
80mg/L
C/C0
t/min
GAC-甲乙酮
RH=80%
5mg/L
10mg/L
20mg/L
40mg/L
80mg/L
C/C0
t/min
GAC-环戊酮
RH=50%
5mg/L
10mg/L
20mg/L
40mg/L
C/C0
t/min
GAC-环戊酮
RH=80%
5mg/L
10mg/L
20mg/L
40mg/L
C/C0
t/min

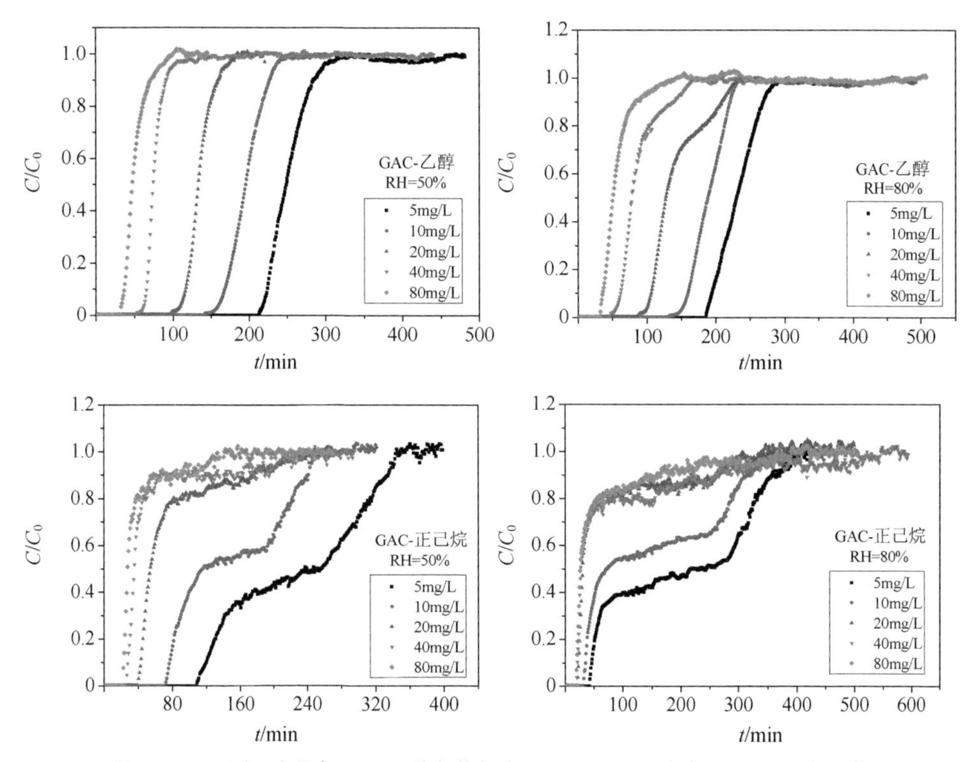


图 4-6　不同相对湿度下预吸附水蒸气在 GAC 上不同浓度 VOCs 的穿透曲线

## 4.3.4　VOCs 物化性质对穿透吸附的影响

从 4.3.1 中知道，HPA 上只有正己烷受预吸附水蒸气的负影响，因为丙酮、甲乙酮、环戊酮和乙醇吸附时受到氢键作用和色散力作用，氮气快速脱附孔中一部分水蒸气后，这些 VOCs 可以与预吸附水通过氢键作用结合而进入孔中，从而置换水蒸气；而正己烷吸附时无氢键作用，只能通过水簇的边缘进入孔中，且与水簇存在斥力，所以置换水蒸气的能力较弱。同样地，在 GAC 上，正己烷受水蒸气的负影响也最大，其他几种 VOCs 的穿透吸附量也受到预吸附水的影响，且都是随着浓度增加而下降。本节以浓度为 5 mg/L 的 VOCs 在 GAC 上的穿透吸附为例（见图 4-7），来进一步分析 VOCs 物化性质对穿透吸附的影响。

从图 4-7 可以发现，在 GAC 上，相同条件下三种酮类物质受水蒸气负影响的大小顺序为：丙酮＞甲乙酮＞环戊酮。从第 3 章表 3-6 可以知道，三者的色散力作用和氢键作用之和顺序为：丙酮＜甲乙酮＜环戊酮，即对于同系列 VOCs，与吸附剂亲和力越强，对预吸附水蒸气的竞争力就更强。

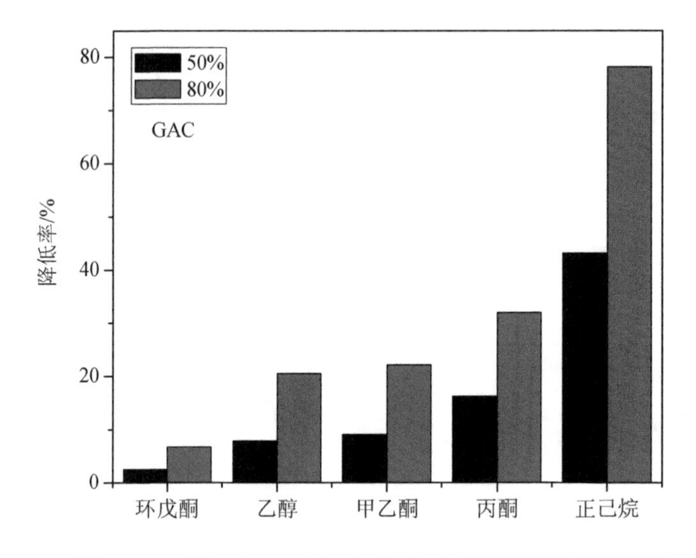


**图 4-7 VOCs（5 mg/L）在 GAC 上穿透吸附量的降低率**

比较不同系列的与水互溶的乙醇和丙酮，可以发现，乙醇受水蒸气的负影响比丙酮稍小，二者的氢键作用和色散力作用相近，但是吸附时乙醇色散力的贡献率比丙酮稍小，所以丙酮与水蒸气对孔容的竞争比乙醇激烈，穿透吸附量受水蒸气的负影响较大。对于平衡吸附，丙酮受预吸附水蒸气的负影响也是比乙醇大，这可能与乙醇吸附量高于丙酮有关（第 3 章），丙酮吸附量较低，与水分子竞争相同吸附位点，因而有一定影响，而乙醇吸附量大，少量残留水影响就相对较小。

比较正己烷与其他几种 VOCs 发现，正己烷受预吸附水蒸气的负影响最大。这是因为正己烷吸附时色散力作用贡献率最高，为 100%，其与水蒸气对孔容的竞争最激烈，只能从水簇边缘进入孔中[52]，导致穿透时间缩短，而其他几种 VOCs 可以通过与水分子形成氢键结合而进入孔内，又由于其较强的色散力，所以置换水蒸气的能力较强，受水蒸气的负影响很小。虽然环戊酮与正己烷的色散力作用相近，但是环戊酮的氢键作用远大于正己烷，可以与水蒸气形成氢键吸附后进入孔中，然后置换水蒸气，因此，环戊酮受预吸附水蒸气的负影响小于正己烷。

另外，比较几种 VOCs 传质区随 VOCs 浓度的变化规律（图 4-6）可以发现，在 GAC 上，对于丙酮、甲乙酮和乙醇三种极性 VOCs，在低浓度时（5～10 mg/L），VOCs 所需要的吸附位点比较少，不需要置换太多的水蒸气，所以穿透曲线斜率改变不大，但是随着 VOCs 浓度的升高（20～40 mg/L），需要的位点增多，在吸附的最后阶段，VOCs 需要通过置换出水蒸气得到位点才能吸附，导致传质减慢，所以穿透曲线出现假平台。VOCs 浓度升高到 80 mg/L 时，进入吸附柱的 VOCs 分子增多，推动力增大，易脱附水蒸气，VOCs 的穿透曲线斜率变化最小，假平台现象又逐渐消失。对于非极性的正己烷，浓度越低，水蒸气对传质的负影响越大，因为水蒸气与正己烷不溶，水分子会堵住孔口，占据孔容，阻碍正己烷的传质，正己烷浓度越高，传质推动力增大，水蒸气置换量越多，所以负影响减小。

### 4.3.5　预吸附水对 VOCs 吸附平衡与柱吸附影响的比较

从第 3 章的实验结果可知，预吸附水对丙酮、甲乙酮、环戊酮、乙醇和正己烷在 HPA 上的吸附平衡有一定的影响，而从 4.3.1 中可知，预吸附水对丙酮、甲乙酮、环戊酮和乙醇在 HPA 上的柱吸附无明显影响，所以预吸附水对 VOCs 平衡吸附量的负影响基本大于柱吸附。图 4-8 反映了水蒸气预吸附量对 GAC 吸附 VOCs 的平衡吸附量和穿透吸附量的影响，可以看出，两种吸附量都与水蒸气预吸附量呈负线性相关，但是比较线性斜率的绝对值可以看出，平衡吸附量受预吸附水蒸气的负影响大于柱吸附，即预吸附水对 GAC 吸附五种 VOCs 的影响表现出与 HPA 相似的规律。这主要是因为在柱吸附中，VOCs 不仅可置换预吸附的水蒸气，而且氮气吹扫可降低吸附剂表面的水蒸气压力，即通过降低水蒸气的吸附平衡压力而使其脱附。

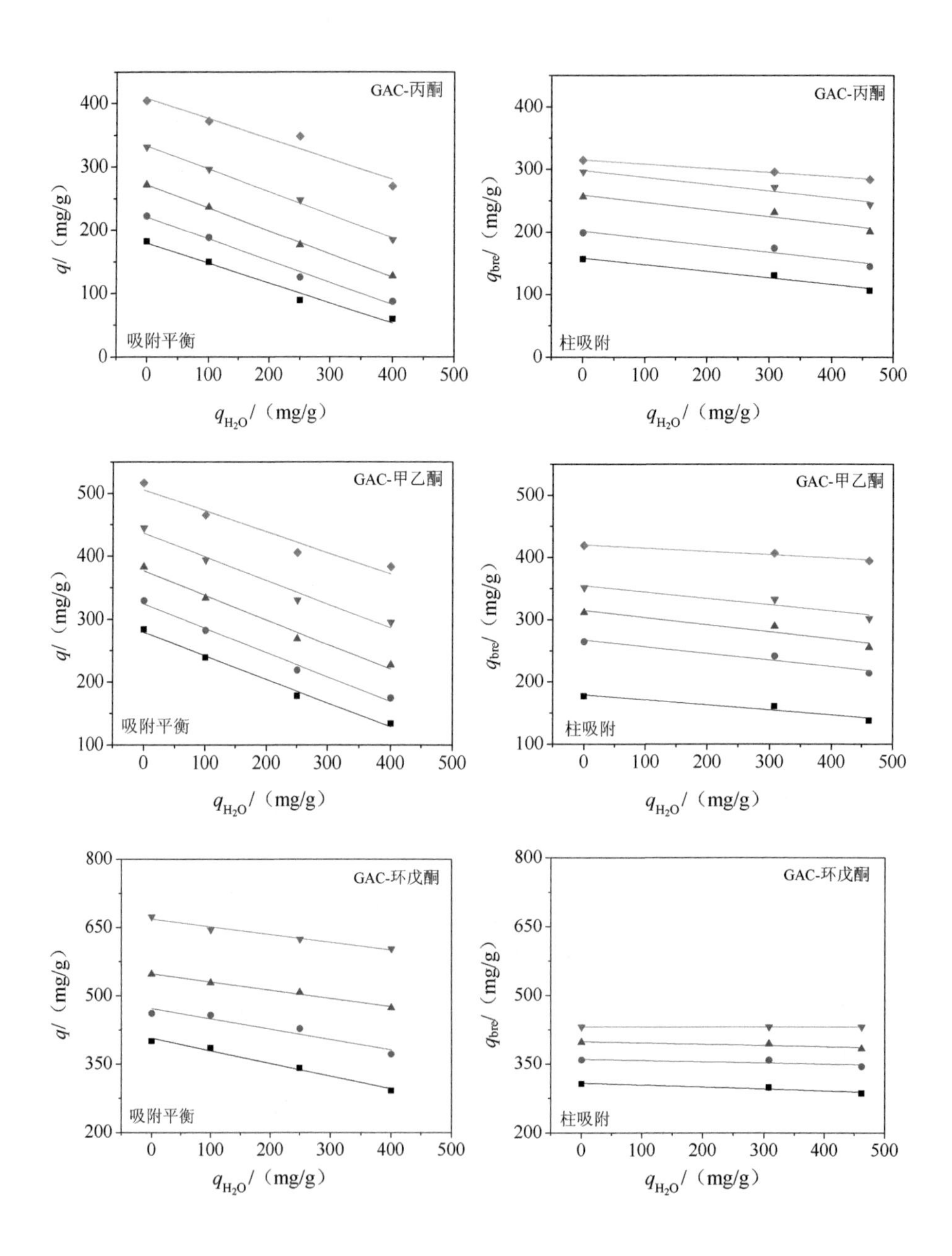
GAC-丙酮
吸附平衡
柱吸附
GAC-甲乙酮
GAC-环戊酮
$q$/（mg/g）
$q_{bre}$/（mg/g）
$q_{H_2O}$/（mg/g）

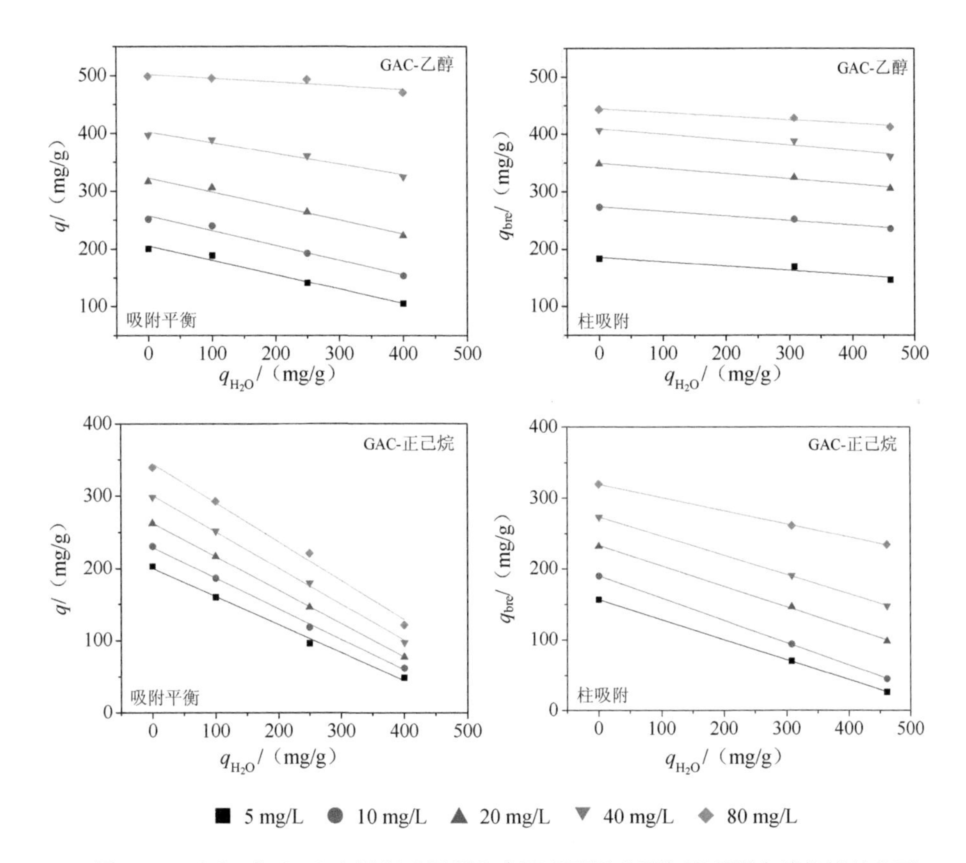


图 4-8　VOCs 在 GAC 上平衡吸附量和穿透吸附量分别与预吸附水量的线性关系

## 4.4　本章小结

①HPA 上只有正己烷的柱吸附受预吸附水蒸气的负影响，在 GAC 上，丙酮、甲乙酮、环戊酮、正己烷都受到水蒸气的负影响，在两种吸附剂上，正己烷受水蒸气负影响最大；随着预吸附水蒸气量的增加，VOCs 穿透时间缩短，传质区延长；随着 VOCs 浓度的升高，其受预吸附水蒸气的负影响减小。

②HPA 对水蒸气的亲和力比 GAC 低，吸附量也较低，预吸附在 HPA 上的水

蒸气容易被置换，对丙酮、甲乙酮、环戊酮和乙醇的柱吸附基本无影响，而非极性的正己烷在吸附剂上的传质受到预吸附水的阻碍，进而影响穿透吸附量与传质速率。在 GAC 上，每种 VOCs 的柱吸附都受到预吸附水明显的负影响，表现在穿透时间缩短，传质区域延长。吸附剂表面官能团含量越高，水蒸气与吸附剂亲和力较强，较难脱附；相对湿度越高，水蒸气吸附量增加，脱附持续时间长。

③预吸附水对 VOCs 的柱吸附的影响与 VOCs 的浓度和物化性质相关。不同系列的 VOCs，色散力相同时，氢键作用力越大，受预吸附水蒸气的负影响越小（丙酮＞乙醇）；而氢键作用相近，色散力越大，受预吸附水蒸气的负影响就越大（环戊酮＜正己烷）；色散力作用贡献率远高于其他 VOCs 时，受预吸附水蒸气负影响最大（正己烷）；但是对于同系列 VOCs，色散力和氢键作用力越强，受预吸附水蒸气的负影响越小（丙酮＞甲乙酮＞环戊酮）。

④在吸附平衡和柱吸附中，VOCs 的平衡吸附量受到预吸附水蒸气的负影响比穿透吸附量受到的负影响大。

# 第 5 章

# 水蒸气与 VOCs 共吸附时对 VOCs 柱吸附的影响与机理

## 5.1 引言

第 4 章研究了吸附剂上预吸附水对 VOCs 柱吸附的影响，但是，实际气体总是不可避免地具有一定湿度，水蒸气与 VOCs 共吸附时，可能会对 VOCs 吸附产生不同的影响。Li 等[143]研究了水蒸气与甲醛在 GAC 上的同时柱吸附，结果表明：随着相对湿度的增大，甲醛的穿透时间显著减小。Wang 等[161]研究苯与水蒸气在 GAC 上的共吸附，发现水蒸气的存在会使苯的穿透曲线更陡峭，传质速率更大；但是 Zhao 等[157]研究发现以微孔金属有机结构为吸附剂时，相对湿度增大，苯的传质速率减小。Águeda 等[125]发现与 VOCs 共吸附的水蒸气会使二氯甲烷的穿透时间缩短，而且在高湿度下还会使二氯甲烷出现驼背峰，即水蒸气可以置换一部分二氯甲烷。而 Cosnier 等[36]研究了预吸附水蒸气和同时存在的水蒸气对二氯甲烷及三氯乙烯在 GAC 上柱吸附的影响，发现水蒸气预吸附时，易被 VOCs 置换，VOCs 吸附容量不变，但在置换水分子的过程中会影响 VOCs 的吸附扩散，进而导致 VOCs 传质区域变宽；水蒸气与 VOCs 共吸附时，二者会竞争吸附位点，直接影响 VOCs 吸附量和吸附动力学。但是共吸附水对 VOCs 柱吸附的影响规律及因素尚未阐明，而且很少与预吸附水的影响比较。另外，相比于 GAC，吸附树脂表面具有较高的疏水性，第 4 章的研究结果也表明预吸附水对吸附树脂和 GAC 吸附 VOCs 表现出不同的影响规律，因此，有必要针对 VOCs-水蒸气共吸附体系，系统研究吸附剂性质、VOCs 物化性质、VOCs 浓度和湿度等对柱吸附过程的影响及机制。

本章选择与第 4 章相同的 VOCs（丙酮、甲乙酮、环戊酮、乙醇和正己烷）作为吸附质，超高交联树脂为吸附剂，研究水蒸气与 VOCs 同时进行柱吸附时的竞争规律，并与 GAC 比较，分析吸附剂表面性质、VOCs 物化性质和湿度对 VOCs-$H_2O$ 共吸附体系的影响，并比较预吸附水和共吸附水蒸气对 VOCs 柱吸附的影响规律及机理。

## 5.2 实验部分

### 5.2.1 实验材料与仪器

#### 5.2.1.1 主要实验试剂

表 5-1 实验试剂

| 名称 | 纯度 | 产地 |
| --- | --- | --- |
| 丙酮 | 分析纯 | 南京化学试剂股份有限公司 |
| 甲乙酮 | 分析纯 | 南京化学试剂股份有限公司 |
| 环戊酮 | 分析纯 | 南京化学试剂股份有限公司 |
| 乙醇 | 分析纯 | 南京化学试剂股份有限公司 |
| 正己烷 | 分析纯 | 南京化学试剂股份有限公司 |

#### 5.2.1.2　主要仪器设备

表 5-2　实验仪器和设备

| 名称 | 型号 | 厂家 |
| --- | --- | --- |
| 微量注射泵 | LongPump | 保定兰格恒流泵有限公司 |
| 质量流量计 | 100SCCM | 北京七星华创流量计有限公司 |
| 恒温水槽 | DKB-501A | 上海精宏实验设备有限公司 |
| 温度控制器 | CKW-1 | 南京朝阳仪表有限公司 |
| 超纯水机 | Millipore | 北京科誉兴业科技发展有限公司 |
| 气相色谱仪 | GC-2014 | 日本岛津公司 |
| 精密电子分析天平 | AL204 | 梅特勒-托利多仪器有限公司 |
| 循环水冷却仪 | H50 | 北京莱伯泰科仪器有限公司 |

### 5.2.2　实验装置

本实验中用实验装置如图 5-1 所示，由配气系统、吸附系统和检测系统组成。配气系统的流程如下：钢瓶中的高纯氮气经过干燥器之后气流分为两路，由质量流量控制器（MFC）控制流量：一路为鼓泡的气路，氮气通过装有超纯水的鼓泡瓶鼓泡，得到饱和的水蒸气；另外一路气体与水蒸气混合后通过 VOCs 汽化室，实验中所用到的质量流量控制器的规格为 100 mL/min，通过调节两路氮气的气体流量比得到不同湿度的水蒸气。VOCs 汽化室温度为 80℃，由微量注射泵调节 VOCs 液体流量，从而得到不同浓度的 VOCs。VOCs 与水蒸气共同进入缓冲柱中进行混合均匀，然后进入由恒温循环水槽控制温度的吸附柱。检测系统包含两部分：湿度仪和气相色谱仪，湿度仪实时检测吸附柱出口湿度，气相色谱检测出口 VOCs 浓度。

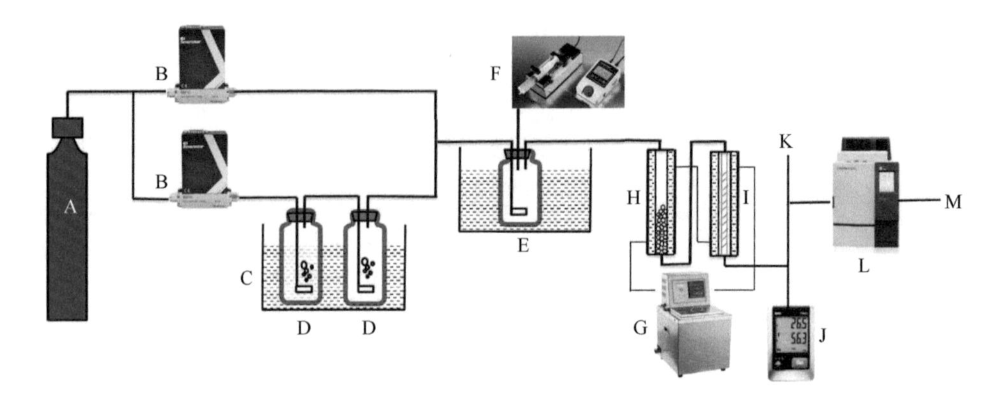


A. 高纯氮气；B. 质量流量计；C. 恒温水槽；D. 超纯水鼓泡瓶；E. 汽化瓶；F. 微量注射泵；G. 恒温循环水槽；H. 气体缓冲柱；I. 吸附柱；J. 湿度仪；K. 旁路；L. 气相色谱；M. 尾气

**图 5-1 水蒸气-VOCs 同时柱吸附实验装置**

### 5.2.3 实验内容

实验中分别用鼓泡法和微量注射泵法配置一定浓度的 VOCs 和一定相对湿度的水蒸气，经过缓冲柱充分混合，配气过程中气流经过湿度仪和气相色谱检测 VOCs 浓度与湿度，气体经过旁路回收；待 VOCs 浓度和相对湿度稳定时，通入装有一定量吸附剂的吸附柱中，开始进行水蒸气与 VOCs 双组分的同时柱吸附，湿度仪和气相色谱同时检测，出口湿度和 VOCs 浓度都恒定时，得到双组分的穿透曲线。

实验条件：

相对湿度：0、20%、50%、80%；

气体总流量：100 mL/min；

VOCs 种类：丙酮、甲乙酮、环戊酮、乙醇、正己烷；

VOCs 浓度：0、5 mg/L、10 mg/L、20 mg/L、40 mg/L、80 mg/L；

吸附柱温度：298 K；

吸附剂质量（m）：HPA=0.80 g，GAC= 0.65 g；

吸附柱：$H$=10 cm，$D$=0.8 cm。

### 5.2.4　分析方法

首先通过配置一定系列浓度的 VOCs，通过气相检测得到不同的峰面积，绘制 VOCs 的标准曲线，然后柱吸附时由气相色谱中峰面积计算得到 VOCs 浓度。

气相色谱的工作条件：

载气为氮气（20 mL/min，压力 0.3 MPa）；

柱温：393 K；

汽化室：523 K；

检测室：553 K。

湿度仪的探头放置于 50 mL 的三口烧瓶中，气流经过探头后湿度被记录下来。温度会影响相对湿度的检测，因此三口烧瓶放置于 298 K 的恒温水浴中。

## 5.3　实验结果与讨论

### 5.3.1　水蒸气与 VOCs 共吸附时 VOCs 柱吸附的特性

#### 5.3.1.1　VOCs 穿透曲线

实验测定了 298 K 时丙酮、甲乙酮、环戊酮、乙醇以及正己烷与水蒸气分别在干燥的 HPA 和 GAC 上共吸附时的穿透曲线，图 5-2 是 $C_0$=5 mg/L 时丙酮、甲乙酮、环戊酮、乙醇以及正己烷与水蒸气共吸附的穿透曲线（其他浓度的穿透曲线图可见附录 B 中图 B.1～图 B.5）。为定量地分析穿透吸附量，采用半经验模型方程 Yoon-Nelson（YN）对实验数据进行拟合[202]，方程见式（4-1）。YN 方程对 VOCs 完整穿透曲线进行拟合时，在 $C/C_0$ 较低和较高区域，拟合曲线和实验数据点会有较大偏离，拟合度较差。为了更准确地分析柱吸附数据，选择 $C/C_0$=0～0.2 的区域进行拟合，效果很好，相关系数 $R^2$＞0.98，拟合结果列于表 B.1～表 B.4 中，根据表中的拟合参数，以 $C/C_0$=0.05 作为穿透点，计算穿透吸附量，列于表 5-3 和表 5-4 中。

从穿透曲线图 5-2、表 B.1～表 B.5 以及表 5-3～表 5.4 穿透吸附量数据可以看出：①水蒸气对 VOCs 在 HPA 上穿透吸附量的负影响比 GAC 小，HPA 上 VOCs 的驼背峰比 GAC 上的驼背峰小；②随着 VOCs 浓度的升高，水蒸气对 VOCs 穿透吸附量的负影响减小，且驼背峰减小；③水蒸气对不同 VOCs 的穿透吸附量影响不同。比较酮类物质的驼背峰可以看出，相同条件下，三者的驼背峰大小顺序为：丙酮＞甲乙酮＞环戊酮，而穿透吸附量受湿度负影响为：甲乙酮＞丙酮＞环戊酮；比较与水互溶的乙醇和丙酮发现，乙醇受水蒸气的负影响比丙酮小；而五种 VOCs 中，正己烷穿透吸附量受水蒸气的负影响最大。下文对上述结果进行详细讨论分析。

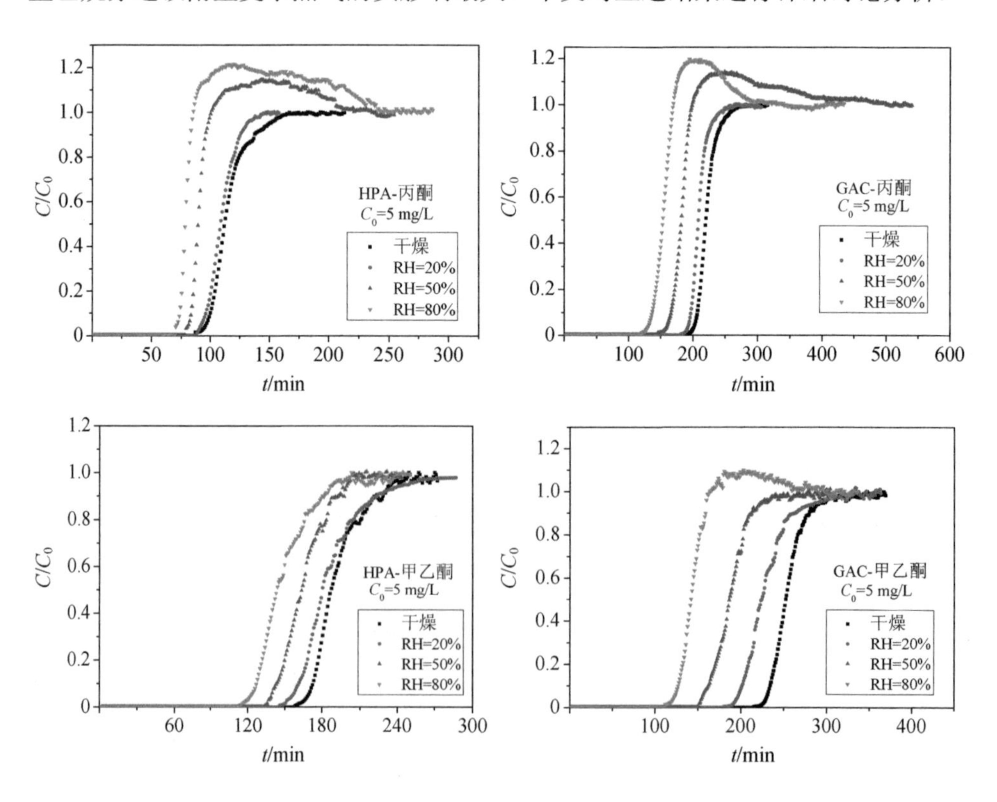

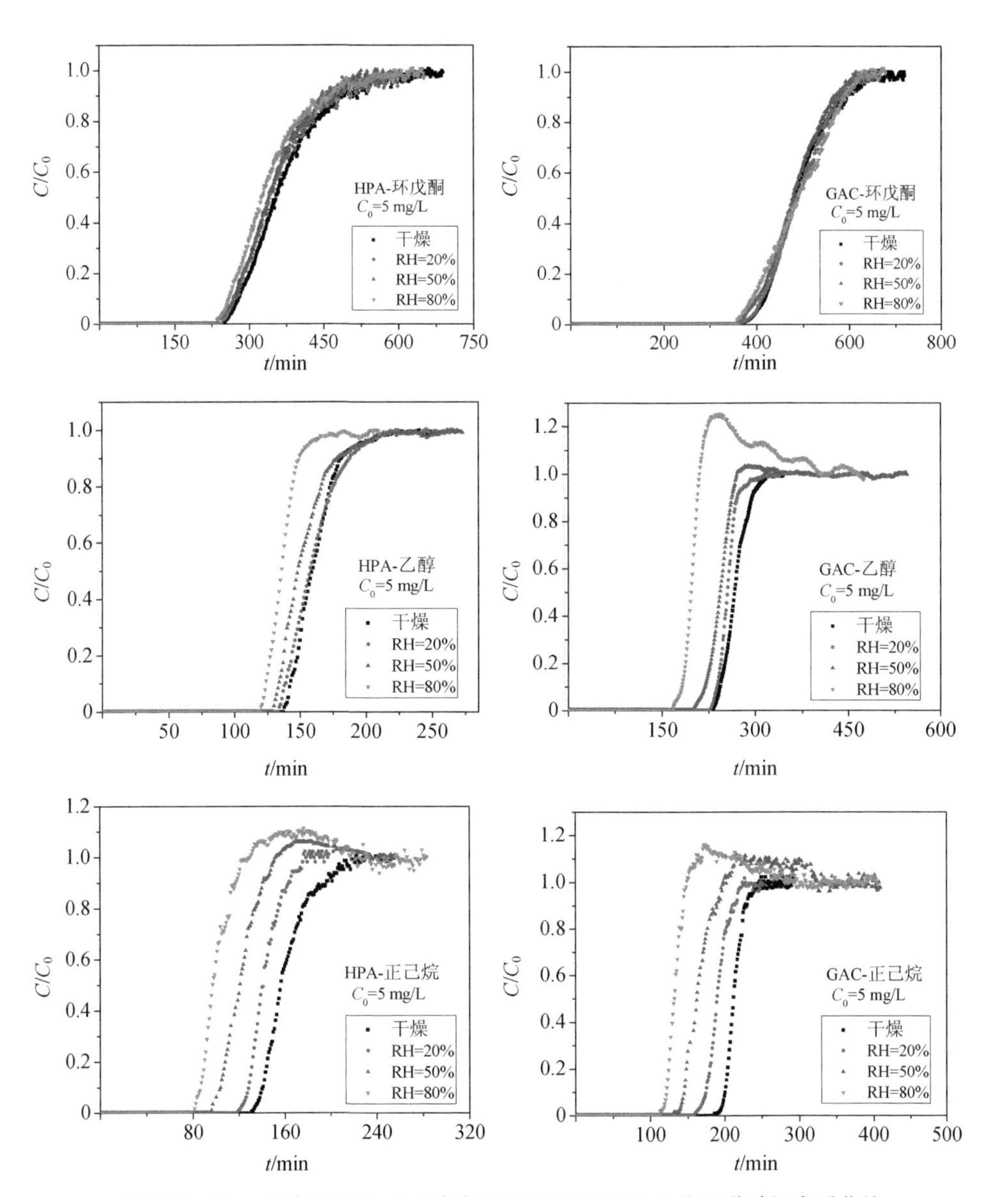


图 5-2　5 mg/L 的 VOCs 与水蒸气在 HPA 和 GAC 上共吸附时的穿透曲线

表 5-3 不同条件下 VOCs 在 HPA 上的穿透吸附量

| 穿透吸附量/（mg/g） | RH/% | 浓度/（mg/L） | | | | |
|---|---|---|---|---|---|---|
| | | 5 | 10 | 20 | 40 | 80 |
| 丙酮 | 0 | 60.6 | 75.0 | 97.5 | 160.0 | 160.0 |
| | 20 | 55.0 | 72.5 | 95.0 | 160.0 | 160.0 |
| | 50 | 50.6 | 63.8 | 90.0 | 155.0 | 160.0 |
| | 80 | 44.4 | 57.5 | 85.0 | 150.0 | 160.0 |
| 甲乙酮 | 0 | 105.6 | 153.8 | 230.0 | 260.0 | 260.0 |
| | 20 | 97.5 | 146.3 | 225.0 | 260.0 | 260.0 |
| | 50 | 86.9 | 135.0 | 212.5 | 260.0 | 260.0 |
| | 80 | 76.9 | 116.3 | 195.0 | 240.0 | 250.0 |
| 环戊酮 | 0 | 165.6 | 247.5 | 287.5 | 310.0 | — |
| | 20 | 161.9 | 244.0 | 285.5 | 310.0 | — |
| | 50 | 159.4 | 239.3 | 281.3 | 310.0 | — |
| | 80 | 156.3 | 238.5 | 281.0 | 310.0 | — |
| 乙醇 | 0 | 88.1 | 130.0 | 180.0 | 225.0 | 280.0 |
| | 20 | 85.0 | 126.8 | 176.3 | 225.0 | 280.0 |
| | 50 | 81.9 | 122.3 | 172.5 | 225.0 | 280.0 |
| | 80 | 76.3 | 116.3 | 167.5 | 220.0 | 280.0 |
| 正己烷 | 0 | 74.4 | 112.5 | 147.5 | 145.0 | 150.0 |
| | 20 | 65.0 | 102.5 | 145.0 | 140.0 | 150.0 |
| | 50 | 61.3 | 86.3 | 127.5 | 140.0 | 150.0 |
| | 80 | 51.9 | 75.0 | 115.5 | 135.0 | 150.0 |

表 5-4 不同条件下 VOCs 在 GAC 上的穿透吸附量

| 穿透吸附量/（mg/g） | RH/% | 浓度/（mg/L） | | | | |
|---|---|---|---|---|---|---|
| | | 5 | 10 | 20 | 40 | 80 |
| 丙酮 | 0 | 156.2 | 198.5 | 221.4 | 295.4 | 320.0 |
| | 20 | 148.5 | 186.2 | 210.1 | 295.4 | 320.0 |
| | 50 | 123.9 | 173.1 | 196.5 | 286.9 | 320.0 |
| | 80 | 107.7 | 161.4 | 190.9 | 272.3 | 307.7 |

| 穿透吸附量/（mg/g） | RH/% | 浓度/（mg/L） | | | | |
|---|---|---|---|---|---|---|
| | | 5 | 10 | 20 | 40 | 80 |
| 甲乙酮 | 0 | 176.9 | 264.6 | 310.8 | 350.8 | 418.5 |
| | 20 | 151.5 | 232.3 | 276.9 | 338.5 | 418.5 |
| | 50 | 119.2 | 187.7 | 240.0 | 301.5 | 381.5 |
| | 80 | 94.6 | 150.8 | 193.9 | 264.6 | 345.4 |
| 环戊酮 | 0 | 306.9 | 358.5 | 396.9 | 430.8 | — |
| | 20 | 297.9 | 351.2 | 390.7 | 430.8 | — |
| | 50 | 286.2 | 340.0 | 382.3 | 430.8 | — |
| | 80 | 268.5 | 326.9 | 370.0 | 430.8 | — |
| 乙醇 | 0 | 183.9 | 272.3 | 347.7 | 406.2 | 443.1 |
| | 20 | 180.0 | 272.3 | 347.7 | 406.2 | 443.1 |
| | 50 | 161.5 | 240.0 | 329.2 | 400.0 | 443.1 |
| | 80 | 134.6 | 207.7 | 298.5 | 374.6 | 423.8 |
| 正己烷 | 0 | 151.5 | 189.2 | 241.5 | 292.3 | 369.2 |
| | 20 | 129.7 | 173.9 | 222.5 | 270.8 | 369.2 |
| | 50 | 108.5 | 150.3 | 197.7 | 264.6 | 369.2 |
| | 80 | 90.8 | 129.2 | 175.4 | 240.0 | 369.2 |

#### 5.3.1.2　吸附树脂与 GAC 比较

根据表 5-3 和表 5-4 将 VOCs 穿透吸附量与相对湿度作图，见图 5-3，可以看出，穿透吸附量与相对湿度呈负线性关系，比较相同条件下 HPA 和 GAC 上的线性斜率，可以发现，HPA 上的斜率绝对值更小，即水蒸气对 HPA 上 VOCs 的柱吸附影响比 GAC 小。

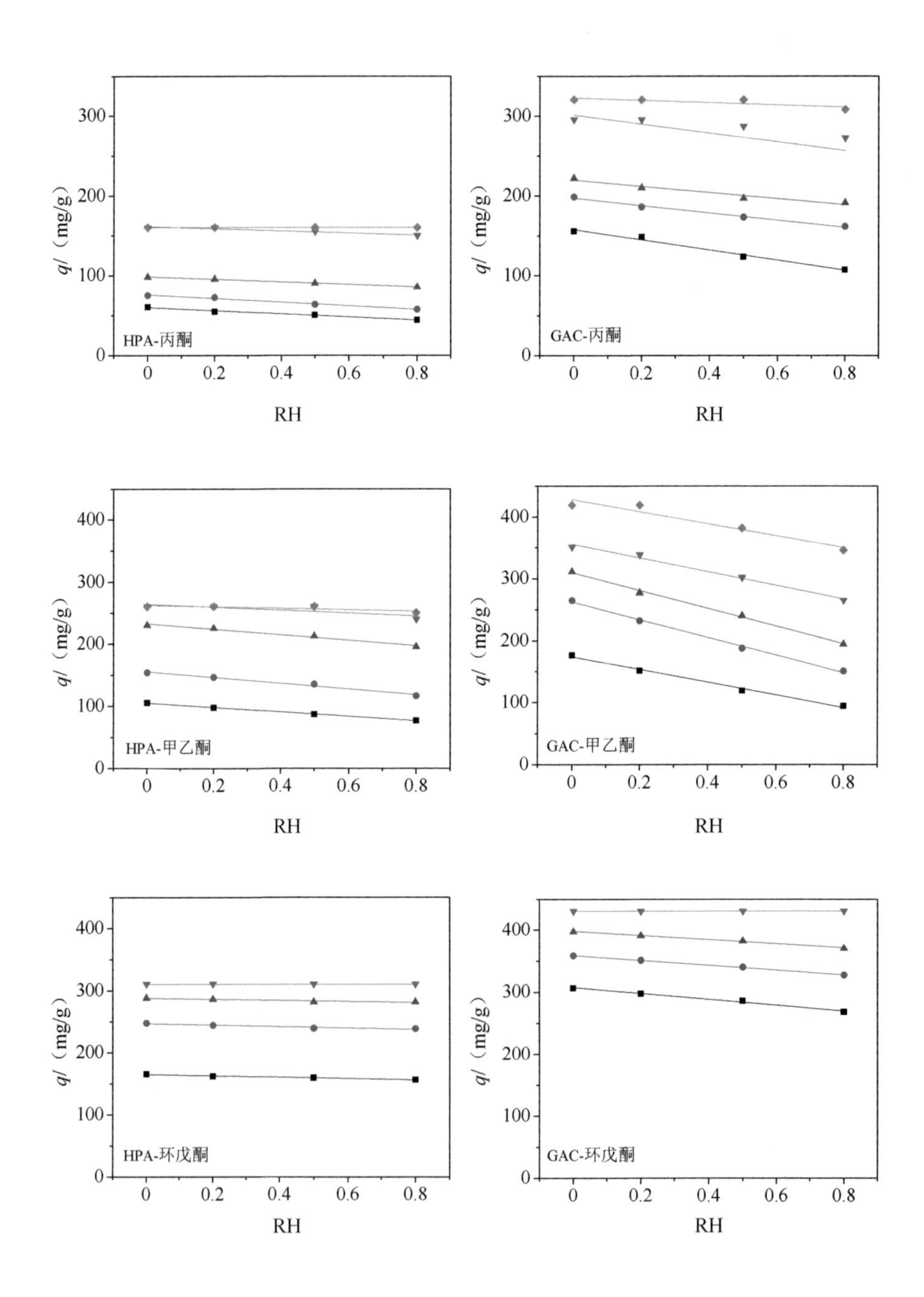
HPA-丙酮
GAC-丙酮
HPA-甲乙酮
GAC-甲乙酮
HPA-环戊酮
GAC-环戊酮
q/（mg/g）
RH

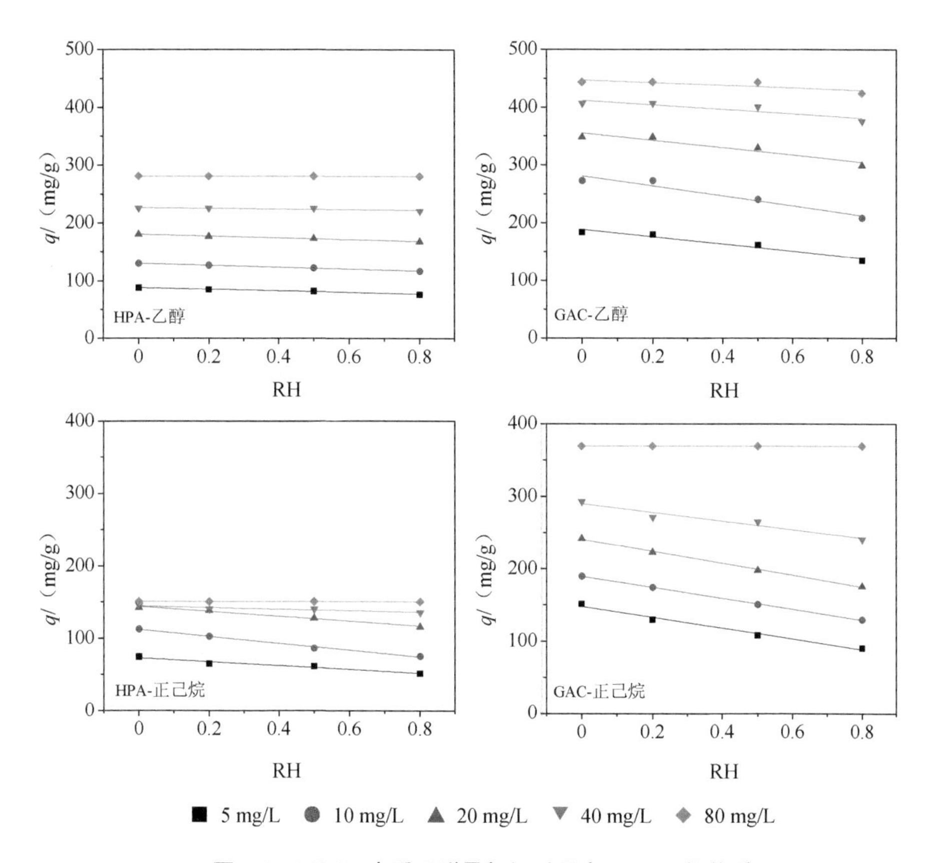


图 5-3　VOCs 穿透吸附量与相对湿度（RH）的关系

图 5-4 是水蒸气与丙酮共吸附时二者的穿透曲线，甲乙酮、环戊酮、乙醇和正己烷等有类似的穿透曲线，见附录表 B.6～表 B.9。由图 5-4 可知，水蒸气在 HPA 和 GAC 上的穿透吸附大致可分为 4 个阶段：柱出口湿度快速下降为第一阶段，水蒸气通过氢键吸附在含氧官能基上；湿度快速上升为第二阶段，水分子之间通过氢键吸附，形成水簇向孔内填充；湿度的再次下降和直至达到吸附平衡分别为第三和第四阶段，形成的水簇分子向微孔和中孔内扩散、填充，这是个较慢的过程。与水蒸气吸附相对应，VOCs 在第一阶段与水蒸气是共吸附过程，第二阶段时两者之间存在一定的竞争吸附，VOCs 将部分已吸附的水蒸气置换下来，

可形成明显的置换峰（湿度先快速上升再下降），在第二阶段末 VOCs 接近穿透；在第三和第四阶段，VOCs 继续吸附直至出口浓度与进口浓度相等，在此阶段可存在 VOCs 和水蒸气的竞争吸附，水蔟分子扩散到微孔内吸附在含氧基团上，具有较强的作用力，可将一些弱吸附用的 VOCs 置换下来，因而穿透曲线上出现驼背峰。

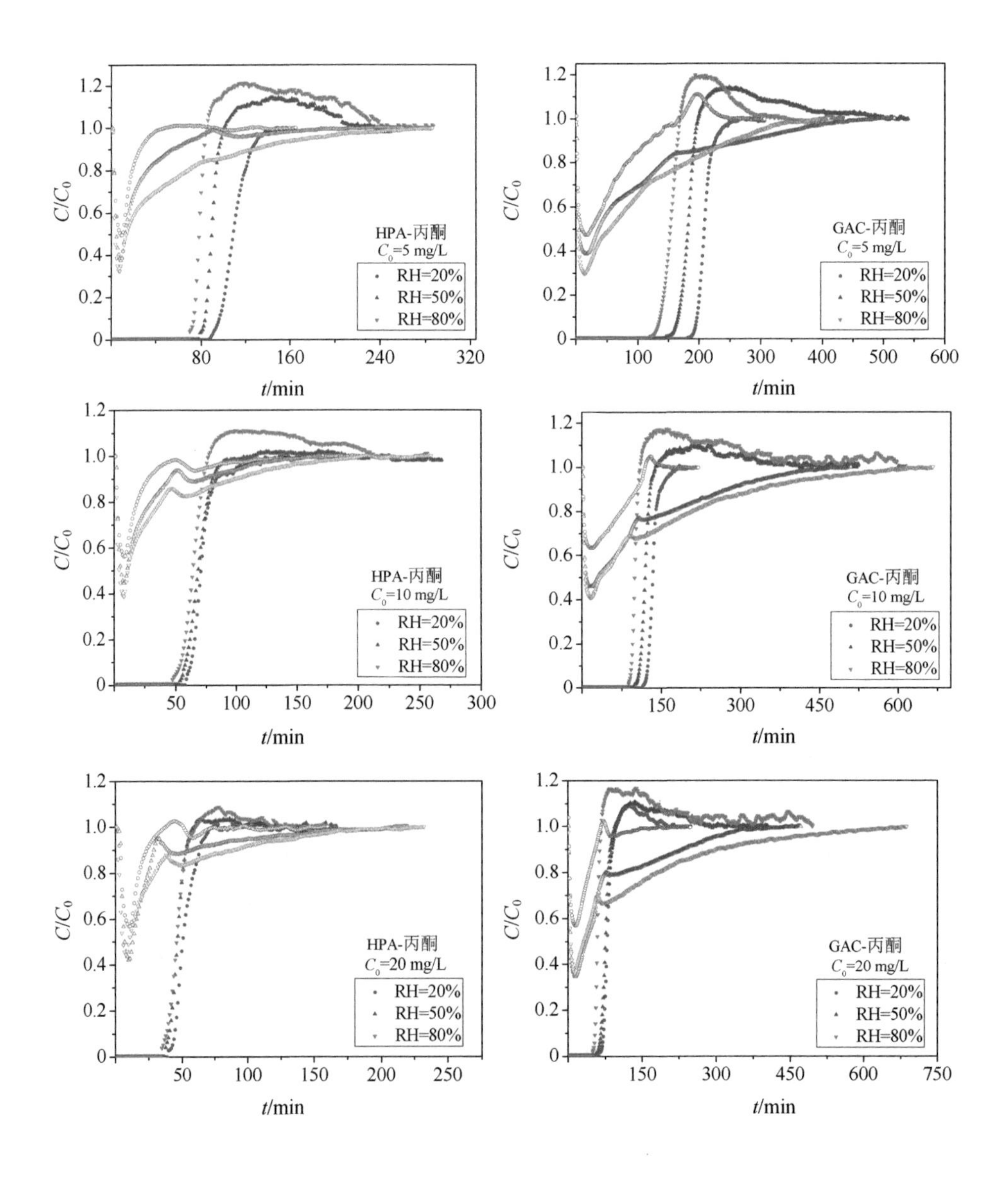

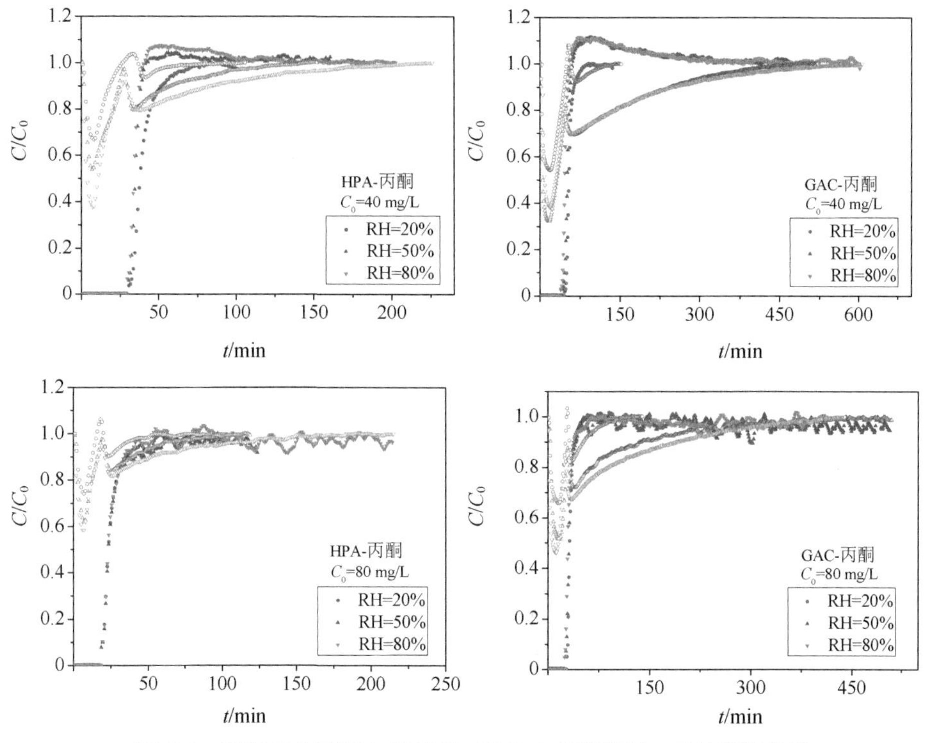


**图 5-4　丙酮与水蒸气在 HPA 和 GAC 上共吸附时二者的穿透曲线**

（● ▲ ▼ VOCs；○ △ ▽ $H_2O$）

而水蒸气对 VOCs 在两种吸附剂上的柱吸附影响也与双组分的相互影响有关，从水蒸气与 VOCs 共吸附时二者穿透曲线的组合图（图 5-4 和图 B.6～图 B.9），可以看出，与 VOCs 共吸附时，水蒸气在 HPA 上的穿透曲线拐点后的传质与单组分水蒸气相似，而在 GAC 上，穿透曲线传质吸附-脱附峰或拐点之后，其传质区长度比单组分水蒸气传质区长度更宽，这是因为 GAC 上较高含量的官能团使水分子可以得到吸附，形成水簇后与 VOCs 竞争孔容，VOCs 阻碍水簇的填充，使其传质区域明显延长。

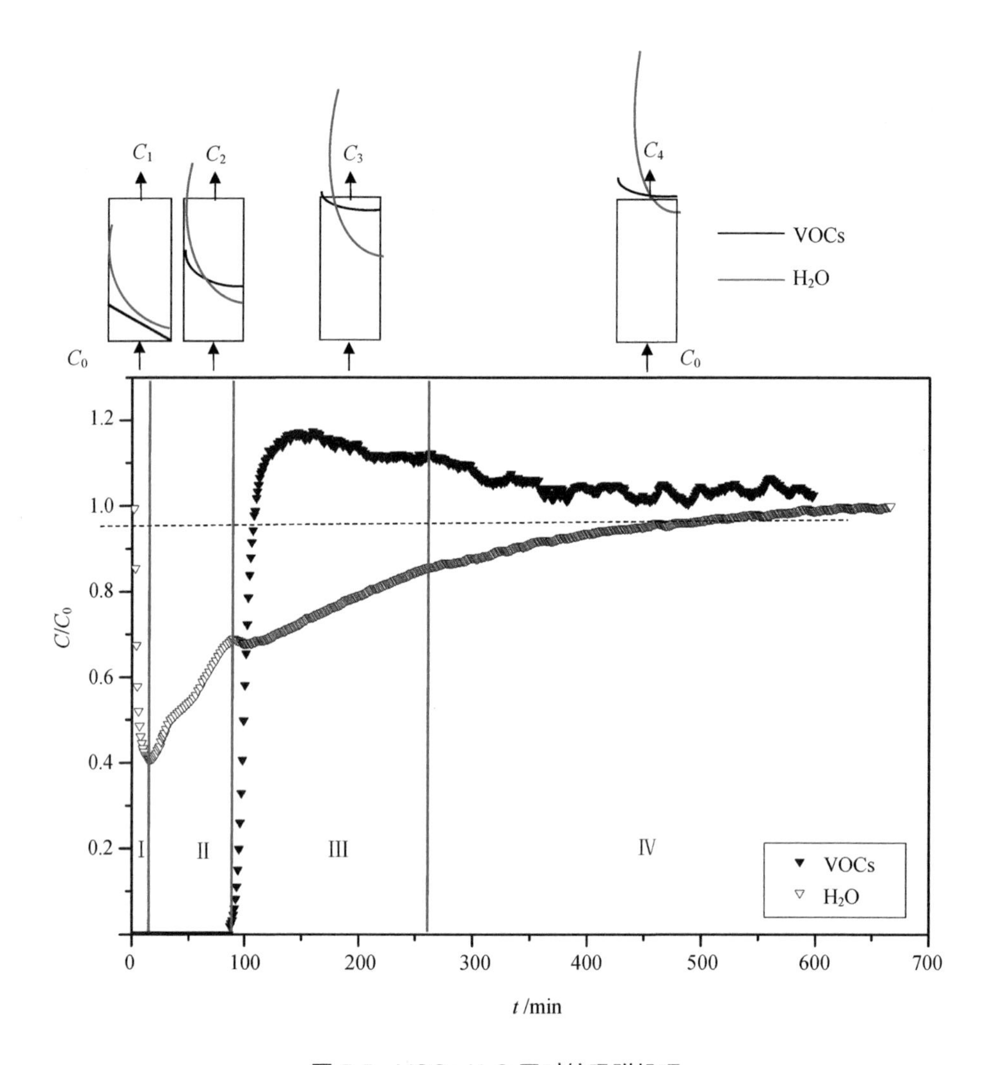


图 5-5 VOCs-$H_2O$ 同时柱吸附机理

水蒸气-VOCs 共吸附的四个阶段如图 5-5 所示，各阶段发生的吸附过程为：

Ⅰ. 水蒸气和 VOCs 共吸附，水蒸气通过氢键吸附在含氧官能团上[152,203]，由于水蒸气吸附等温线为非优惠型，传质区长，穿透时间短，所以在初始的 10～20 min，水蒸气率先穿透了吸附剂床层，而 VOCs 的穿透时间相对滞后。这一阶段无论湿度的高低，水蒸气都是最先吸附于官能团，即浓度波前沿中低浓度的一端移动速度与湿度大小无关，与吸附剂表面官能团含量相关，所以不同湿度的水蒸气穿透时间基本不变，而且在 HPA 上穿透时间比 GAC 短。

Ⅱ. 水蒸气穿透后，已吸附的水分子作为第二吸附位点吸附水分子，形成水簇再进行微孔填充。VOCs 的吸附会占据一部分水蒸气的孔容，导致水蒸气可吸附量降低，水蒸气的传质速率比单组分水蒸气柱吸附快，水蒸气穿透曲线出现脱附吸附峰，甚至存在置换峰，这是因为水分子通过氢键吸附后，可以继续吸附水分子，VOCs 可以置换这部分的水蒸气。VOCs 穿透后，水蒸气又可以在 VOCs 未吸附的位点进行吸附，所以出口湿度又下降，就形成一个水蒸气的置换峰。

Ⅲ. 水蒸气占据 VOCs 的吸附位点，使 VOCs 浓度波前沿中高浓度一端移动得更快，导致 VOCs 的浓度波缩短，穿透曲线斜率增大。另外，从表 5-5 可以知道，一个水分子的动力学直径为 0.343 nm，5 个水分子形成的水簇接近 0.7 nm[60,93,103]，即水簇的动力学直径与 VOCs 接近甚至大于 VOCs 的动力学直径，较大的水簇与微孔孔壁更接近，所以水簇与孔壁的色散力可能比 VOCs 与孔壁的色散力大[125]，且水簇较稳定，不易脱附，导致 VOCs 出现驼背峰[156]。

Ⅳ. 水蒸气二次吸附后出口湿度又开始缓慢增加，这次的传质速率很小，因为 VOCs 吸附于孔中，水簇的填充受到阻碍[35,37,149-151]。

表 5-5　VOCs 分子的动力学直径[204]

| VOCs | 分子动力学直径/nm |
| --- | --- |
| 丙酮 | 0.482 |
| 甲乙酮 | 0.525 |
| 环戊酮 | 0.541 |
| 乙醇 | 0.469 |
| 正己烷 | 0.587 |
| 水 | 0.343 |

根据上述分析可知，在 VOCs 吸附穿透之前，吸附过程主要是在第一和第二

阶段。由于水蒸气吸附传质区长，穿透远比 VOCs 早，水蒸气先吸附在吸附剂的表面含氧官能团上，第一阶段有充足的吸附位点，VOCs 与水蒸气是共吸附过程，但第二阶段时两者之间存在一定的竞争吸附。由第二章的研究结果可知，GAC 上表面含氧官能团含量是 HPA 的 2 倍，水蒸气吸附量高于 HPA 的 2 倍，特别是通过氢键作用吸附在含氧官能团上的量远高于 HPA，因而，GAC 上吸附的水蒸气对 VOCs 穿透吸附有更大的影响。

另外，在Ⅲ阶段，水分子通过水簇进行吸附，而其在 HPA 上的水簇量较少，且与 HPA 表面亲和力较弱，可以置换的 VOCs 较少，所以 HPA 上 VOCs 的驼背峰较小。而且，在相同条件下，在 HPA 上 VOCs 穿透曲线出现驼背峰的概率比 GAC 小，这是因为 GAC 上含氧官能团含量更高，对水蒸气的亲和力和吸附容量更高，所以水蒸气对 GAC 上的 VOCs 置换能力更高。

#### 5.3.1.3 VOCs 浓度影响

从表 B.5 和表 B.6 穿透吸附量降低率可以知道，在相同吸附剂上，随着 VOCs 浓度升高，VOCs 所受负影响率越小[32,132,142]。水蒸气与 VOCs 共吸附时对 VOCs 穿透吸附量的影响与预吸附水对 VOCs 穿透吸附量的影响规律相同，但是影响机制不同。VOCs 浓度升高，预吸附水对 VOCs 穿透吸附量的影响减小，是因为高浓度 VOCs 的推动力更大，可以置换更多的水蒸气；而水蒸气与 VOCs 共吸附时，与水蒸气及 VOCs 的传质过程相关。

从水蒸气和 VOCs 的穿透曲线可以知道，水蒸气的传质区比 VOCs 长。根据动态吸附现象与吸附等温线的关系，我们作出 VOCs 与水蒸气共吸附时的传质示意图，见图 5-6。图中红线为水蒸气的传质浓度波，黄线和蓝线分别为低浓度和高浓度 VOCs 的浓度波。由于 VOCs 的吸附等温线为优惠型，VOCs 浓度升高，浓度波前沿中高浓度一端比低浓度一端移动更快，浓度波缩短，传质区缩短，穿透曲线斜率更大。从图 5-6 中可以看出，在相同条件下，在水蒸气浓度波（红色）未到达的区域，高浓度 VOCs（蓝色）比低浓度（黄色）可以更快占据更多水蒸气尚未吸附的位点（图中灰色区域），与水蒸气的竞争作用增强，从而使其受水蒸气的负影响减小。

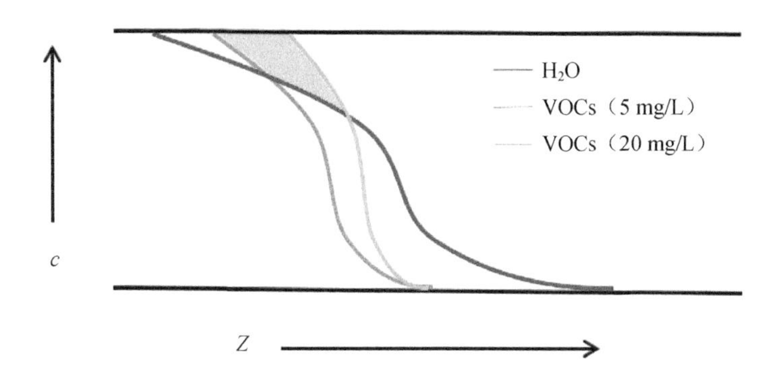


图 5-6　不同浓度的 VOCs 与 $H_2O$ 共吸附时的传质示意图

根据上述分析可知，在 VOCs 吸附穿透之前，吸附过程主要是在Ⅰ和Ⅱ阶段。由于水蒸气吸附传质区长，穿透远比 VOCs 早，水蒸气先吸附在吸附剂的表面含氧官能团上，第一阶段有充足的吸附位点，VOCs 与水蒸气是共吸附过程，但第二阶段时两者之间存在一定的竞争吸附。对于低浓度 VOCs，其吸附量较低，与水分子竞争相同吸附位点，因而有一定影响，但高浓度 VOCs 吸附量大，少量残留水影响就相对较小。

不同浓度的 VOCs 受水蒸气负影响不同，也可以从 VOCs-水蒸气共吸附时的水蒸气穿透曲线进行分析。图 5-7 是丙酮-水蒸气共吸附时水蒸气的穿透曲线，甲乙酮、环戊酮、乙醇以及正己烷与水蒸气共吸附时水蒸气穿透曲线与图 5-8 规律一样，见附录图 B.10～图 B.13。由图 5-7 可明显地发现，随着丙酮浓度增加，水蒸气穿透提前，传质区长度缩短，水蒸气吸附量减少。此外，由 5.3.1.2 中的分析可知，与丙酮穿透之前相对应的水蒸气穿透曲线是第一和第二阶段，在此过程中特别是第二阶段存在 VOCs 与水蒸气的竞争吸附，VOCs 会将先吸附的部分水蒸气置换下来。在图 5-8，我们看到明显的置换峰，而且随着丙酮浓度的增加，峰高越高。因而，丙酮浓度越高，受水蒸气的负影响越小。

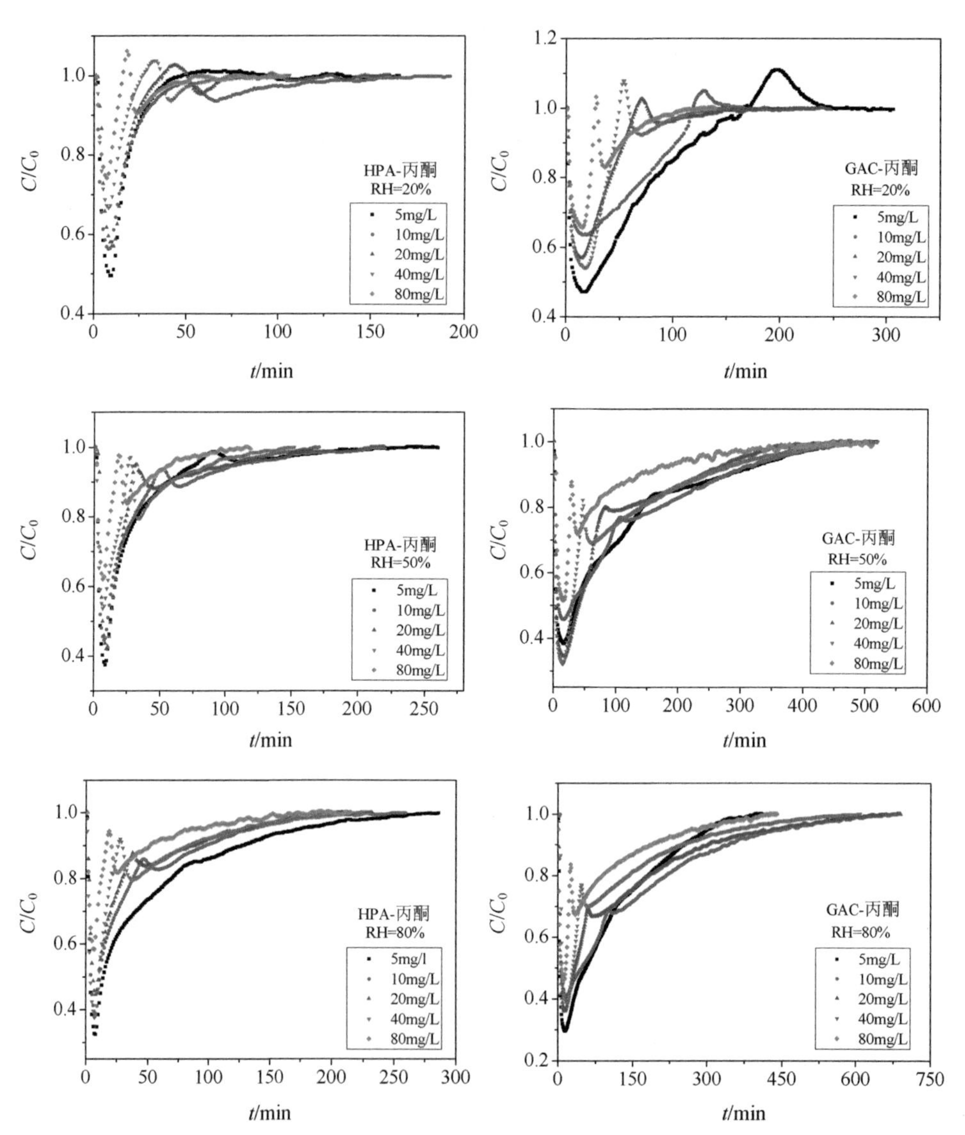


图 5-7　与不同浓度丙酮在 HPA 和 GAC 上共吸附时水蒸气的穿透曲线

### 5.3.1.4　VOCs 物性的影响

由 5.3.1.1 可知，水蒸气-VOCs 共吸附时水蒸气对不同 VOCs 具有不同影响，如对环戊酮基本没有影响，而对甲乙酮则影响显著，HPA 和 GAC 上穿透吸附量下降分别高达 27.2%和 46.5%。为了考察水蒸气-VOCs 共吸附体系中 VOCs 穿透吸附与其物性的关系，选取 VOCs 初始浓度为 5 mg/L、相对湿度为 80%的吸附体系讨论分析五种 VOCs 在 HPA 和 GAC 上的穿透吸附量降低率，见图 5-8。从该图可知，在相同湿度下，酮类 VOCs 受水蒸气的负影响顺序为：甲乙酮＞丙酮＞环戊酮。但是，从第 3 章研究可知，三者与 HPA 和 GAC 之间的作用力主要为氢键和色散力，作用力大小顺序为：环戊酮＞甲乙酮＞丙酮，与水蒸气的负影响顺序不对应，甲乙酮与吸附剂的相互作用力比丙酮大，但是甲乙酮受水蒸气的负影响比丙酮大。这是因为丙酮与水互溶，与水分子间有较强的氢键作用，因而即使水蒸气占据丙酮的吸附位点，丙酮也可以通过氢键作用吸附在水分子上；但是甲乙酮的水溶性较低，与水蒸气的协同作用很小，对吸附位点的竞争比较激烈，导致甲乙酮的穿透吸附量比丙酮的穿透吸附量降低率更大。这个现象说明同系列 VOCs 与水蒸气共吸附过程中，不仅与 VOCs 对水蒸气的置换能力有关，还会受水蒸气与 VOCs 分子之间相互作用以及水蒸气与吸附剂亲和力的影响。

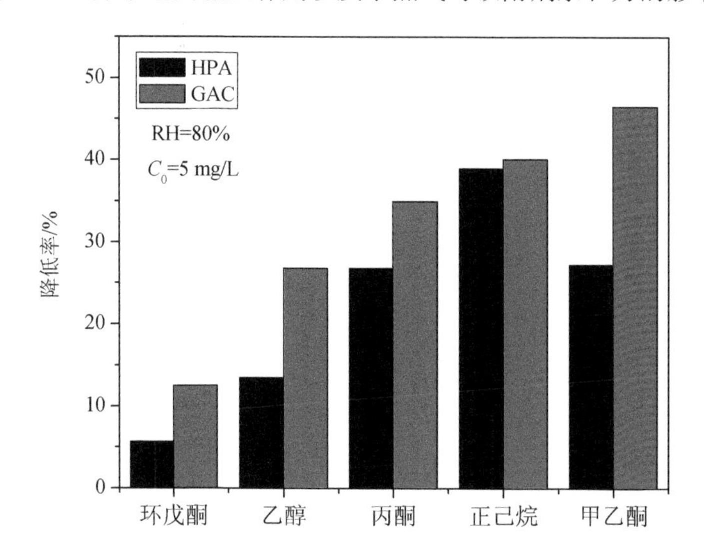


图 5-8　相对湿度为 80%时 VOCs 在 HPA 和 GAC 上穿透吸附量的降低率

乙醇与丙酮都是与水互溶，但是乙醇受水蒸气的负影响比丙酮小。VOCs 与水共吸附时，不仅受 VOCs 与吸附剂之间作用影响，还与 VOCs 和水蒸气之间相互作用相关。由第 3 章表 3-4 可知，乙醇与丙酮的氢键作用接近，而乙醇的色散力作用比丙酮小，即乙醇氢键作用力的贡献率比丙酮大，与水蒸气对孔容的竞争较小，因此受水蒸气的负影响较小。

水蒸气对正己烷在两种吸附剂上的吸附都有较大的负影响，穿透吸附量降低率高达 38.9%和 40.1%。这主要是因为正己烷的氢键作用基本为零，色散力对其吸附的贡献率为 100%，正己烷与孔容中水蒸气的竞争作用明显，受水蒸气的负影响较显著。如果吸附剂被吸附水覆盖，一些吸附位点疏水性正己烷就难以再吸附；正己烷主要是与吸附在微孔内的水簇分子进行竞争，但正己烷吸附力较弱。

## 5.3.2 预吸附和共吸附水蒸气对 VOCs 柱吸附影响比较

### 5.3.2.1 VOCs 穿透曲线的比较

比较预吸附水蒸气和共吸附水蒸气对 VOCs 柱吸附的影响发现，二者的影响规律有相似之处，也有不同之处。在水蒸气的两种存在形式下，VOCs 所受负影响都是随着其浓度的降低而增大，本节以 VOCs 浓度为 5 mg/L 为例进行分析讨论。

图 5-9 和图 5-10 比较了预吸附水蒸气和与 VOCs 共吸附的水蒸气对 VOCs（5 mg/L）穿透曲线的影响，可以看出，两种形式的水蒸气都会导致 VOCs 的穿透时间有不同程度的降少，即穿透吸附量降低；但是二者对于 VOCs 的传质过程有不同的影响，共吸附时，水蒸气会使 VOCs 穿透曲线更陡峭，并可能出现驼背峰（如丙酮、正己烷），而预吸附水蒸气影响主要表现在使 VOCs 传质区延长，并且可能出现假平台，此现象在 GAC 吸附剂上尤为明显，而在水蒸气共吸附的体系中并未出现。

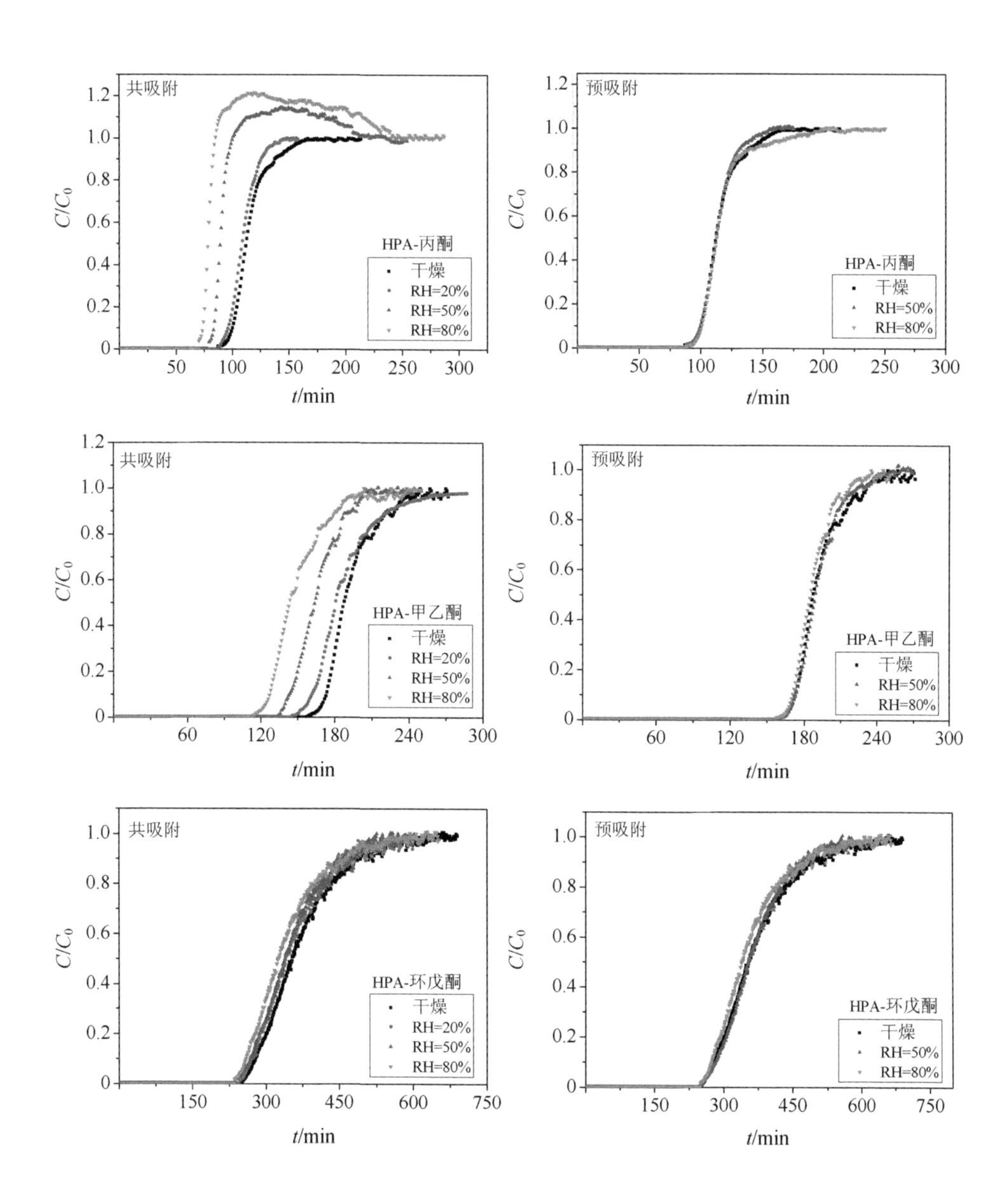

共吸附
预吸附
HPA-丙酮
HPA-甲乙酮
HPA-环戊酮
干燥
RH=20%
RH=50%
RH=80%
$C/C_0$
$t$/min

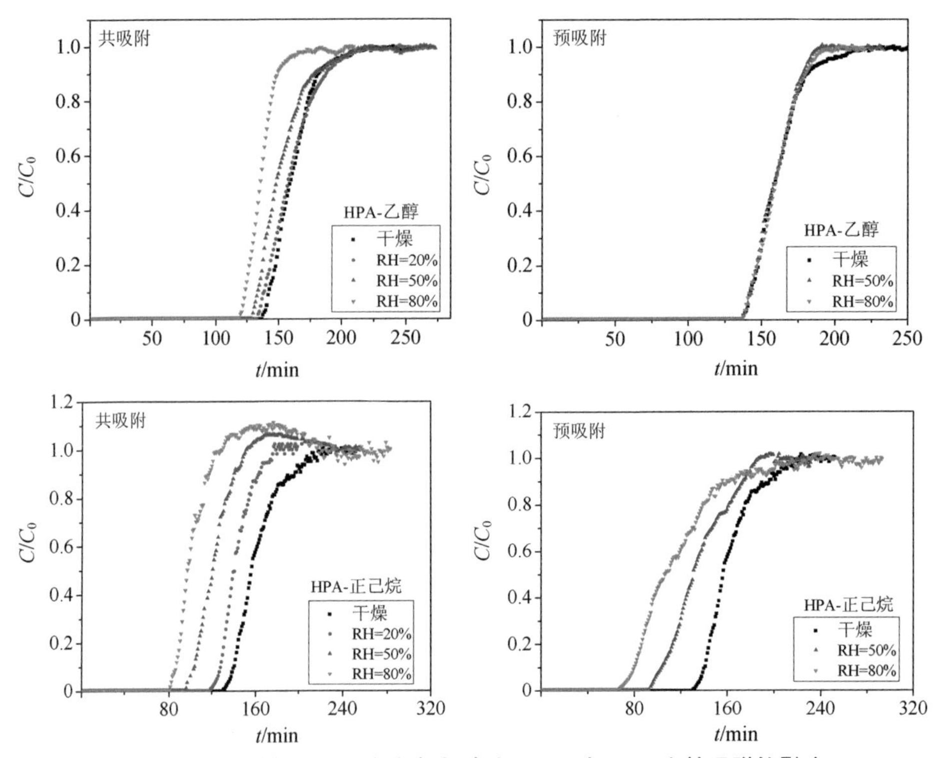


图 5-9 水蒸气以不同方式存在时对 VOCs 在 HPA 上柱吸附的影响

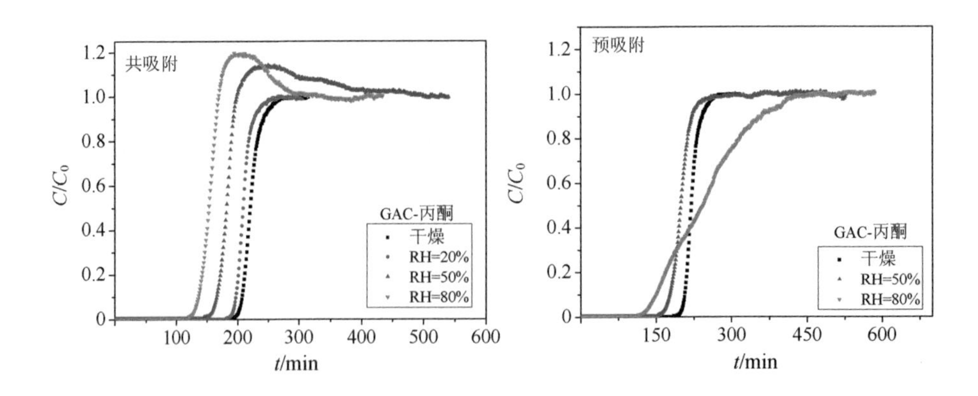

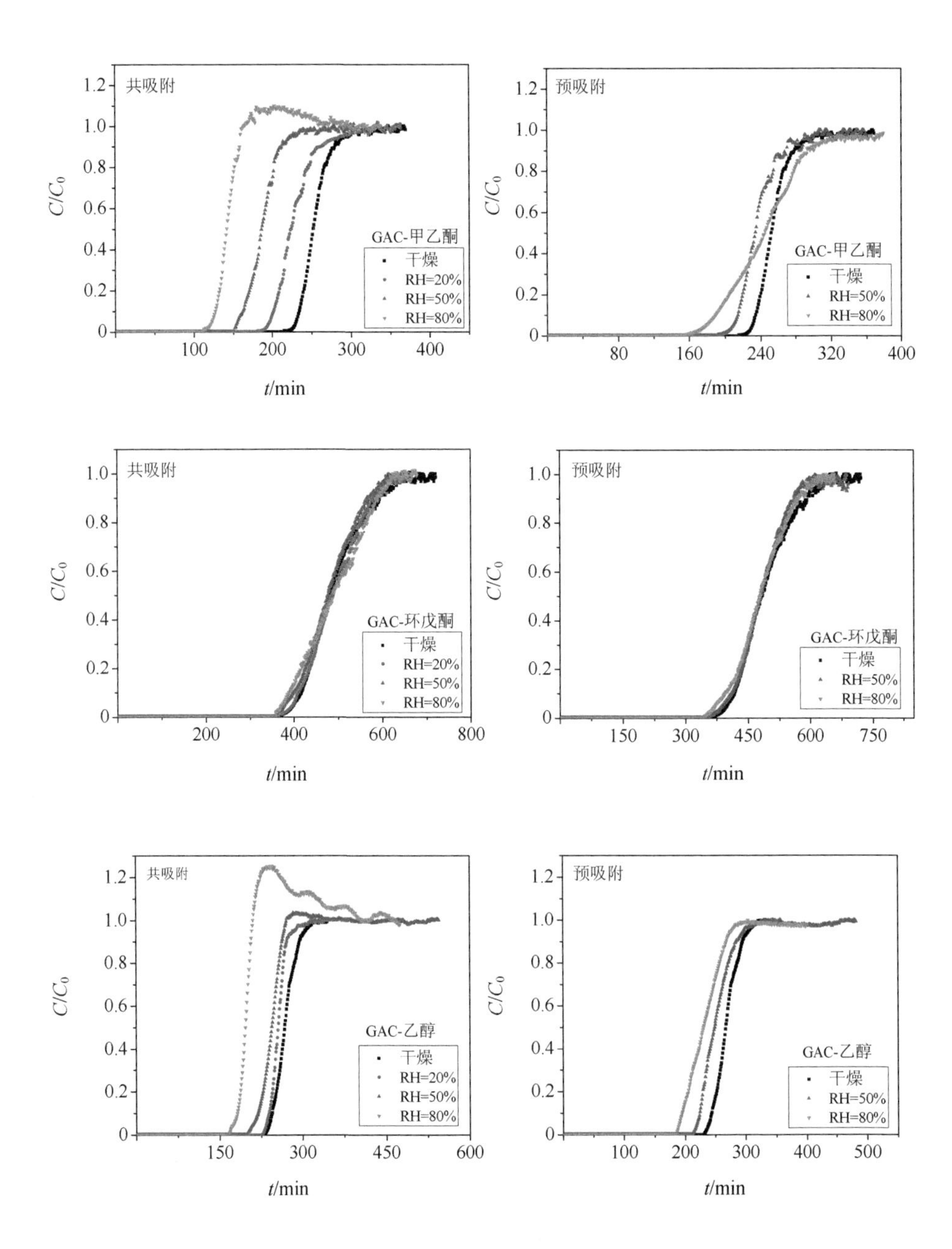
共吸附
GAC-甲乙酮
干燥
RH=20%
RH=50%
RH=80%
预吸附
GAC-甲乙酮
干燥
RH=50%
RH=80%
共吸附
GAC-环戊酮
干燥
RH=20%
RH=50%
RH=80%
预吸附
GAC-环戊酮
干燥
RH=50%
RH=80%
共吸附
GAC-乙醇
干燥
RH=20%
RH=50%
RH=80%
预吸附
GAC-乙醇
干燥
RH=50%
RH=80%
C/C0
t/min

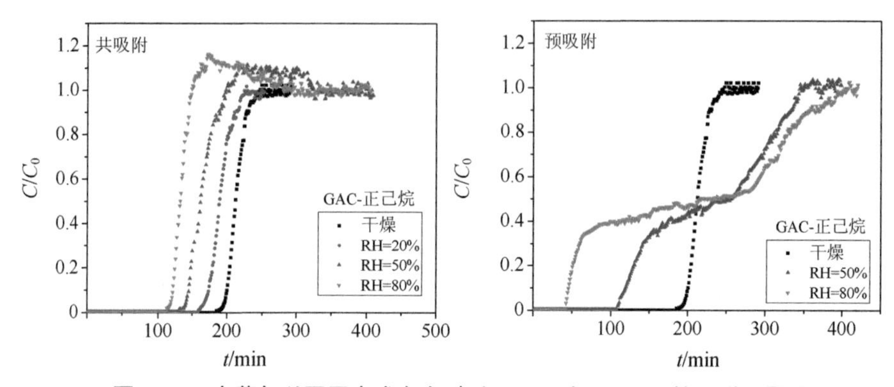


图 5-10 水蒸气以不同方式存在时对 VOCs 在 GAC 上柱吸附的影响

#### 5.3.2.2 VOCs 穿透吸附量的比较

图 5-10 列出了预吸附和共吸附水蒸气对 5 mg/L 的 VOCs 穿透吸附量的影响，可以发现，VOCs 在超高交联树脂上所受水蒸气的负影响都比 GAC 小，这是因为 HPA 表面官能团含量和表面酸碱性低，水蒸气的亲和力及吸附量都远小于 GAC，吸附于 HPA 上的水蒸气对 VOCs 的竞争作用比 GAC 上的水蒸气弱。

比较几种 VOCs 的穿透吸附量降低率可以看出，在两种吸附剂上，对于丙酮、甲乙酮、环戊酮和乙醇，水蒸气共吸附比预吸附对 VOCs 穿透吸附量的负影响大。这可能是因为预吸附水除了被 VOCs 置换，还会被氮气脱附，导致 VOCs 与水蒸气之间的竞争减小，而且，丙酮、甲乙酮、环戊酮、乙醇在预吸附水的 HPA 和 GAC 上吸附时，存在氢键碱度和色散力两种作用，可与水蒸气形成氢键，进而通过水蒸气传质[58]；而水蒸气与 VOCs 共吸附时，二者会竞争官能团吸附位点和孔容。但是对于正己烷，结果则相反，即水蒸气共吸附时 VOCs 穿透吸附量降低率比预吸附水蒸气时的降低率小。在 GAC 上，水蒸气预吸附时正己烷的穿透吸附量降低率大概是水蒸气共吸附时的 2 倍，而在 HPA 上前者只是稍高于后者。这是因为正己烷作为非极性物质，仅有色散力作用，与含氧官能团的亲和力基本为零，预吸附的水蒸气在孔口堵塞，导致正己烷穿透吸附量降低，而且传质减慢，导致正己烷的竞争力弱；但是共吸附时，正己烷可以快速进入孔中传质不受影响，二者对吸附位点的竞争小，主要竞争孔容。对于超高交联树脂，因为其官能团含量少，水蒸气与其亲和力小，容易脱附，大部分预吸附的水蒸气主要被氮气快速脱附，剩余的水蒸气对正己烷的阻碍作用较小，正己烷与水蒸气的竞争作用力与共吸附时竞争力相近，所以预吸附水与共吸附水对正己烷的穿透吸附量负影响率差值比 GAC 小。

表 5-6　在水蒸气以不同方式存在时对 VOCs（5 mg/L）在 HPA 和 GAC 上的穿透吸附量降低率

| VOCs | 水蒸气存在方式 | HPA | | GAC | |
|---|---|---|---|---|---|
| | | 50% | 80% | 50% | 80% |
| 丙酮 | 共吸附 | 16.5 | 26.8 | 20.7 | 35.0 |
| | 预吸附 | 0 | 0 | 16.3 | 32.0 |
| 甲乙酮 | 共吸附 | 17.8 | 27.2 | 32.6 | 46.5 |
| | 预吸附 | 0 | 0 | 9.1 | 22.2 |
| 环戊酮 | 共吸附 | 3.8 | 5.7 | 6.8 | 12.5 |
| | 预吸附 | 0 | 0 | 2.5 | 6.8 |
| 乙醇 | 共吸附 | 8.3 | 16.1 | 12.1 | 26.8 |
| | 预吸附 | 0 | 0 | 8.0 | 20.5 |
| 正己烷 | 共吸附 | 27.9 | 39.0 | 28.4 | 40.1 |
| | 预吸附 | 28.7 | 44.9 | 43.2 | 78.2 |

注：降低率=（干燥条件下 VOCs 穿透吸附量—湿度存在时 VOCs 穿透吸附量）/干燥条件下 VOCs 穿透吸附量。

## 5.4　本章小结

①水蒸气-VOCs 共吸附的穿透过程可分为四个阶段：I. 水蒸气通过氢键吸附在含氧官能团上，柱出口湿度快速下降，VOCs 出口浓度为零；II. 湿度快速上升，水分子之间通过氢键吸附，形成水簇向孔内填充，VOCs 出口浓度为零；III. 湿

度的再次下降，VOCs 穿透；Ⅳ. VOCs 出口浓度与进口浓度相同，出口湿度逐渐达到吸附平衡，形成的水蔟分子向微孔和中孔内扩散、填充，这是个较慢的过程。

②水蒸气-VOCs 共吸附时，水蒸气对 VOCs 穿透的影响与 VOCs 的浓度及其物性皆有关。VOCs 浓度升高，负影响率减小。VOCs 的置换峰随着湿度的减小、VOCs 浓度的增大而减小；酮类穿透吸附量受水蒸气负影响为：甲乙酮＞丙酮＞环戊酮，说明色散力作用和氢键作用更强，穿透吸附量受水蒸气负影响越小，但是当 VOCs 与水蒸气之间的氢键作用力较强，二者可以互溶时，会减小水蒸气的负影响；比较与水互溶的乙醇和丙酮发现，前者受水蒸气的负影响比后者小，说明氢键作用相近时，色散力越小，受预吸附水蒸气的负影响越小。而与水不溶的环戊酮受水蒸气的负影响比正己烷小，说明色散力作用相近时，氢键作用越强，穿透吸附量受水蒸气负影响减小。

③水蒸气-VOCs 共吸附时，水蒸气对 GAC 吸附 VOCs 的影响要大于 HPA，因为 GAC 上较高含量的官能团使水分子可以得到吸附，形成水簇后与 VOCs 竞争孔容，VOCs 阻碍水簇的填充，使其传质区域明显延长。

④无论是 GAC 还是 HPA，水蒸气共吸附比预吸附对丙酮、甲乙酮、环戊酮和乙醇穿透吸附量的负影响大，而对正己烷而言，前者的负影响比后者小。

# 第 6 章

# 结论与展望

## 6.1 结论

在实际 VOCs 吸附工程中，水蒸气存在会影响其回收效率，针对这个科学技术问题，本书研究了水蒸气在 HPA 上的吸附特性，以及水蒸气对 VOCs 在 HPA 上吸附平衡和穿透吸附特性的影响，并与 GAC 作比较，主要结论如下：

①水蒸气在 HPA 和 GAC 上吸附等温线为 typeⅤ，CIMF 模型可以较好地拟合；由于 HPA 的表面含氧官能团和微孔孔容比 GAC 低，酸碱性比 GAC 弱，使得水蒸气在 HPA 上平衡吸附量较低。吸附动力学过程可用 LDF 模型描述，HPA 吸附水蒸气的动力学速率常数比 GAC 大；吸附动力学速率常数随着温度的升高而增大，随着相对压力升高而减小；通过活化能计算发现，随着相对压力升高，活化能增加，即扩散阻力增加，导致吸附速率减小。水蒸气穿透吸附实验发现，水蒸气在 HPA 上的吸附穿透时间比 GAC 短；相对压力对穿透时间基本无影响，但相对压力越大，传质越慢；温度越高，穿透时间越短，传质越快。

②吸附平衡和柱吸附研究皆表明水蒸气对 HPA 的影响要低于 GAC，主要原因是 HPA 表面含氧官能团含量较低，酸碱性较弱，与水蒸气亲和力弱，吸附量低。采用 DR 方程对吸附平衡数据进行拟合，HPA 吸附 VOCs 的极限吸附量（$q_0$）受

预吸附水蒸气的负影响很小，相比于干 HPA 下降 0～35.6%，而对 GAC 有显著影响，$q_0$ 约下降 5.3%～53.7%；对于柱吸附，水蒸气预吸附和与 VOCs 共吸附的水蒸气都会导致在GAC上的穿透吸附时间缩短，穿透吸附量降低率分别为0～78.2%和 0～46.5%，但是对 HPA，丙酮、甲乙酮、环戊酮、乙醇的穿透时间基本不受预吸附水蒸气的负影响，正己烷穿透吸附量降低 0～44.8%，而同时存在的水蒸气使所有的 VOCs 穿透时间都明显降低，穿透吸附量降低率为 0～38.9%。

③无论 HPA 还是 GAC，水蒸气对 VOCs 吸附平衡的影响都要大于柱吸附。在吸附平衡中，预吸附水蒸气不改变 VOCs 的吸附等温线，但是 VOCs 吸附量的降低率会随着预吸附水量的增大而增大。在柱吸附中，预吸附水蒸气降低 VOCs 的穿透吸附量并使 VOCs 传质区延长。比较预吸附水对 VOCs 平衡吸附量和穿透吸附量发现，穿透吸附量随预吸附水量增加而下降的程度低于平衡吸附量，因为在柱吸附中，除了 VOCs 对水蒸气的置换作用，氮气也可通过降压作用使水蒸气脱附。

④水蒸气对 VOCs 吸附平衡和柱吸附的影响程度与相对湿度大小、VOCs 浓度及其物性相关。在吸附平衡和柱吸附中，预吸附水蒸气和与 VOCs 共吸附的水蒸气对 VOCs 吸附的负影响都是相对湿度或水蒸气预吸附量的增加而增大，但是，随着 VOCs 浓度的升高，负影响减小，甚至无明显影响。线性溶剂化能量关系（LSER）回归分析表明，VOCs 吸附主要受色散力和氢键碱度作用的影响，且色散力的贡献率更大；对于不同系列的 VOCs，色散力相同时，氢键作用力越大，受水蒸气的负影响越小；而氢键碱度作用相近，色散力越大，受预吸附水蒸气的负影响越大。

⑤预吸附水与共吸附水对 VOCs 吸附影响不同。对于同系列 VOCs，色散力和氢键碱度作用力越强，受预吸附水蒸气的负影响越小，但是共吸附水蒸气对 VOCs 吸附的影响还和 VOCs-水蒸气之间相互作用相关，VOCs 的水溶性有利于缓解二者之间的竞争作用。另外，共吸附水蒸气对极性 VOCs 穿透吸附量的负影响比预吸附的水蒸气大；而对于非极性的正己烷，预吸附水对其吸附的负影响更大。

综上，HPA 上 VOCs 的吸附受共吸附水和预吸附水的负影响都比 GAC 小。在实际工程中，经过喷淋塔预处理之后，VOCs 气体中水蒸气接近饱和，相对湿度很高，GAC 作为吸附剂时其吸附量会明显下降，影响 VOCs 回收效率；另外，工程中一般采用水蒸气再生吸附饱和的吸附剂，会使吸附柱中残留一定量的水蒸气，而 HPA 上 VOCs 的吸附基本不受预吸附水蒸气的影响，因此，在高湿度情况下，HPA 是回收 VOCs 更有前景的吸附剂。

## 6.2 展望

①水蒸气通过氢键碱度作用吸附在吸附剂表面官能团上，会改变吸附剂的表面性质，进而影响 VOCs 与吸附剂间的作用力。水蒸气对吸附剂表面化学的影响程度及其对 VOCs 吸附的影响机制，需要进一步开展深入研究。

②HPA 具有独特的溶胀特性，吸附 VOCs 和水蒸气时其体积会发生变化，导致具有与干树脂不同的孔结构与孔径分布。因此，针对 VOCs-水蒸气吸附体系，可深入研究干、湿树脂孔径分布差异及树脂溶胀对 VOCs 吸附的影响。

③在实际应用中，预吸附水和共吸附水蒸气可能同时存在，而本书只分别研究了预吸附水和共吸附水对 VOCs 吸附的影响，还需进一步开展预吸附水与共吸附水同时存在时对 VOCs 吸附影响的研究。

# 参考文献

[1] 江梅，邹兰，李晓倩，等. 我国挥发性有机物定义和控制指标的探讨[J]. 环境科学，2015，36（9）：3522-3532.

[2] 杨秀竹. 对挥发性有机废气治理技术的研究[J]. 环境科学与管理，2016，41（9）：96-100.

[3] A.Steinemann. Human exposure， health hazards， and environmental regulations[J]. Environmental Impact Assessment Review，2004，24：695-710.

[4] B.F. Yu，Z.B. Hu，M. Liu，et al. Review of research on air-conditioning systems and indoor air quality control for human health[J]. International Journal of Refrigeration，2009，32：3-20.

[5] S. Liu，L. Ahlm，D.A. Day，et al. Secondary organic aerosol formation from fossil fuel sources contribute majority of summertime organic mass at Bakersfield[J]，Journal of Geophysical Research：Atmospheres，2012，117（D24）：D00V26.

[6] E.U. Emanuelsson，T.F. Mentel，Å.K. Watne，et al. Parameterization of thermal properties of aging secondary organic aerosol produced by photo-oxidation of selected terpene mixtures[J]. Environmental Science & Technology，2014，48（11）：6168-6176.

[7] F.K. Wu，J. Sun，Y. Yu，et al. Variation characteristics and sources analysis of atmospheric volatile organic compounds in changbai mountain station[J]. Huanjing Kexue，2016，37（9）：3308-3314.

[8] B.S. Liu，D.N. Liang，J.M. Yang，et al. Characterization and source apportionment of volatile organic compounds based on 1-year of observational data in Tianjin，China[J]. Environmental Pollution，2016，218：757-769.

[9] M.A. Campesi，N.J. Mariani，M.C. Pramparo，et al. Combustion of volatile organic compounds

on a MnCu catalyst：A kinetic study[J]. Catalysis Today，2011，176：225-228.

[10] L.D. Asnin and V.A. Davankov. Adsorption of hexane，cyclohexane，and benzene on microporous carbon obtained by pyrolysis of hypercrosslinked polystyrene[J]. Russian Journal of Physical Chemistry A，2011，85（9）：1749-1785.

[11] K.L. Pan，D.L. Chen，G.T. Pan，et al. Removal of phenol from gas streams via combined plasma catalysis[J]. Journal of Industrial and Engineering Chemistry，2017，52：108-120.

[12] E. Dumont，A. Couvert，A. Amrane，et al. Equivalent absorption capacity（EAC）concept applied to the absorption of hydrophobic VOCs in a water/PDMS mixture[J]. Chemical Engineering Journal，2016，287：205-216.

[13] A. Kumar，J. Dewulf，H. Van Langenhove. Membrane-based biological waste gas treatment[J]. Chemical Engineering Journal，2008，136：82-91.

[14] I. Dhada，P.K. Nagar，M. Sharma. Photo-catalytic oxidation of individual and mixture of benzene，toluene and p-xylene[J]. International Journal of Environmental Science and Technology，2015，13：39-46.

[15] T. Hyodo，T. Hashimoto，T. Ueda，et al. Adsorption/combustion-type VOC sensors employing mesoporous γ-alumina co-loaded with noble-metal and oxide[J]. Sensors and Actuators B：Chemical，2015，220：1091-1104.

[16] F.J. Maldonado-Hodar. Removing aromatic and oxygenated VOCs from polluted air stream using Pt-carbon aerogels：assessment of their performance as adsorbents and combustion catalysts[J]. Journal of Hazardous Materials，2011，194：216-222.

[17] C. Guan，C. Yang，K. Wang. Adsorption kinetics of methane on a template-synthesized carbon powder and its pellet[J]. Asia-Pacific Journal of Chemical Engineering，2011，6（2）：294-300.

[18] K. D. Kim，E.J. Park，H.O. Seo，et al. Effect of thin hydrophobic films for toluene adsorption and desorption behavior on activated carbon fiber under dry and humid conditions[J]. Chemical Engineering Journal，2012，200-202：133-139.

[19] B. Zhang，Y. Chen，L. Wei，et al. Preparation of molecular sieve X from coal fly ash for the adsorption of volatile organic compounds[J]. Microporous and Mesoporous Materials，2012，

156：36-39.

[20] C. Long，Q. Li，Y. Li，et al. Adsorption characteristics of benzene-chlorobenzene vapor on hypercrosslinked polystyrene adsorbent and a pilot-scale application study[J]. Chemical Engineering Journal，2010，160：723-728.

[21] Y. Liu，X. Fan，X. Jia，et al. Hypercrosslinked polymers：controlled preparation and effective adsorption of aniline[J]. Journal of Materials Science，2016，51：8579-8592.

[22] P. Liu，C. Long，Q.F. Li，et al. Adsorption of trichloroethylene and benzene vapors onto hypercrosslinked polymeric resin[J]. Journal of Hazardous Materials，2009，166：46-51.

[23] 顾霖，贾李娟，吴柳彦，等. 超高交联树脂吸附乙酸乙酯蒸汽的动态穿透特性[J]. 离子交换与吸附，2016，32（3）：193- 201.

[24] L. Zhang，X.F. Song，J. Wu，et al. Preparation and characterization of micro-mesoporous hypercrosslinked polymeric adsorbent and its application for the removal of VOCs[J]. Chemical Engineering Journal，2012，192：8-12.

[25] J. Wu，L. Zhang，C. Long，et al. Adsorption characteristics of pentane，Hexane，and heptane：comparison of hydrophobic hypercrosslinked polymeric adsorbent with activated carbon[J]. Journal of Chemical & Engineering Data，2012，57（12）：3426-3433.

[26] D.D. Do. A model for surface diffusion of ethane and propane in activated carbon[J]. Chemical Engineering Science，1996，51（17）：4145-4158.

[27] C. Long，Y. Li，W. Yu，et al. Adsorption characteristics of water vapor on the hypercrosslinked polymeric adsorbent[J]. Chemical Engineering Journal，2012，180：106-112.

[28] C. Long，Y. Li，W. Yu，et al. Removal of benzene and methyl ethyl ketone vapor：Comparison of hypercrosslinked polymeric adsorbent with activated carbon[J]. Journal of Hazardous Materials，2012，203-204：251-256.

[29] C. Long，P. Liu，Y. Li，et al. Characterization of hydrophobic hypercrosslinked polymer as an adsorbent for removal of chlorinated volatile organic compounds[J]. Environmental Science & Technology，2011，45（10）：4506-4512.

[30] E.M. Carter，L.E. Katz，G.E. Speitel，et al. Gas-phase formaldehyde adsorption isotherm studies

on activated carbon：correlations of adsorption capacity to surface functional group density[J]. Environmental Science & Technology，2011，45（15）：6498-6503.

[31] P.J.R. W.H. Lee. Vapor adsorption on coal- and wood-based chemically activated carbons（I）Surface oxidation states and adsorption of $H_2O$[J]. Carbon，1999，37：7-14.

[32] M.P. Cal，M.J. Rood，S.M. Larson. Removal of VOCs from humidified gas streams using activated carbon cloth[J]. Gas Separation & Purification，1996，10（2）：117-121.

[33] J. Wang, R. Liu, X. Yin. Adsorptive Removal of Tetracycline on Graphene Oxide Loaded with Titanium Dioxide Composites and Photocatalytic Regeneration of the Adsorbents[J]. Journal of Chemical & Engineering Data, 2018，63（2）：409-416.

[34] J.J. Mahle，D.K. Friday. Water adsorption equilibria on microporous carbons correlated using a modification to the Sircar isotherm[J]. Carbon，1989，27（6）：835-843.

[35] J.J.H. Edgar N. Rudisill，and M. Douglas Levan. Coadsorption of hydrocarbons and water on BPL activated carbon[J]. Industrial & Engineering Chemistry Research，1992，31（4）：1122-1130.

[36] A.C. F. Cosnier，G. Furdin，D. Bégin，et al. Marêché. Influence of water on the dynamic adsorption of chlorinated VOCs on active carbon[J]. Adsorption Science & Technology，2006，24（3）：215-228.

[37] K.L. Foster，R.G. Fuerman，J. Economy，et al. Adsorption characteristics of trace volatile organic compounds in gas streams onto activated carbon fibers[J]. Chemistry of Materials，1992，4（5）：1068-1073.

[38] A.M. Ribeiro，T.P. Sauer，C.A. Grande，et al. Adsorption equilibrium and kinetics of water vapor on different adsorbents[J]. Industrial & Engineering Chemistry Research，2008，47（18）：7019-7026.

[39] K. Okada，M. Nakanome，Y. Kameshima，T. Isobe，A. Nakajima，Water vapor adsorption of $CaCl_2$-impregnated activated carbon，Materials Research Bulletin，2010（45）：1549-1553.

[40] P. Kim，S. Agnihotri. Application of water-activated carbon isotherm models to water adsorption isotherms of single-walled carbon nanotubes[J]. Journal of Colloid and Interface

Science，2008，325（1）：64-73.

[41] B. Szczesniak，J. Choma，M. Jaroniec，Gas adsorption properties of graphene-based materials，Advances in colloid and interface science，2017（243）：46-59.

[42] S. Yu，X. Wang，Y. Ai，X. Tan，T. Hayat，W. Hu，X. Wang，Experimental and theoretical studies on competitive adsorption of aromatic compounds on reduced graphene oxides，Journal of Materials Chemistry A，2016（4）：5654-5662.

[43] M.C. Campo，S. Lagorsse，F.D. Magalhães，A. Mendes，Comparative study between a CMS membrane and a CMS adsorbent: Part II. Water vapor adsorption and surface chemistry，Journal of Membrane Science，2010（346）：26-36.

[44] R.P.P.L. Ribeiro，C.A. Grande，A.r.E. Rodrigues，Adsorption of Water Vapor on Carbon Molecular Sieve: Thermal and Electrothermal Regeneration Study，Industrial & Engineering Chemistry Research，2011（50）：2144-2156.

[45] P. Küsgens，M. Rose，I. Senkovska，H. Fröde，A. Henschel，S. Siegle，S. Kaskel，Characterization of metal-organic frameworks by water adsorption，Microporous and Mesoporous Materials，2009（120）：325-330.

[46] O.Talu，F. Meunier. Adsorption of associating molecules in micropores and application to water on carbon[J]. AIChE Journal，1996，42（3）：809-819.

[47] D.D. Do，H.D. Do. A model for water adsorption in activated carbon[J]. Carbon，2000，38：767-773.

[48] S. Tazibet，Y. Boucheffa，P. Lodewyckx，et al. Evidence for the effect of the cooling down step on activated carbon adsorption properties[J]. Microporous and Mesoporous Materials，2016，221：67-75.

[49] T. Ohba，H. Kanoh，K. Kaneko. Water cluster growth in hydrophobic solid nanospaces[J]. Chemistry，2005，11（17）：4890-4894.

[50] D. Cortés-Arriagada. Adsorption of polycyclic aromatic hydrocarbons onto graphyne: Comparisons with graphene[J]. International Journal of Quantum Chemistry，2017，117（7）：e25346.

[51] M. Silva，N.M. Alves，M.C. Paiva，Graphene-polymer nanocomposites for biomedical applications[J]. Polymers for Advanced Technologies，2018，29：687-700.

[52] 张新民，薛志刚，孙新章，等. 中国大气挥发性有机物控制现状及对策研究[J]. 环境科学与管理，2014，39（1）：16-19.

[53] J. Alcaniz-Monge，A.Linares-Solano，B. Rand. Water adsorption on activated carbons：study of water adsorption in micro and mesopores[J]. The Journal of Physical Chemistry B，2001，105（33）：7998-8006.

[54] J.C. González，M. Molina-Sabio，F. Rodríguez-Reinoso. Sepiolite-based adsorbents as humidity controller[J]. Applied Clay Science，2001，20（3）：111-118.

[55] S. Lagorsse，M.C. Campo，F.D. Magalhães，et al. Water adsorption on carbon molecular sieve membranes：Experimental data and isotherm model[J]. Carbon，2005，43（13）：2769-2779.

[56] S. Furmaniak，P.A. Gauden，A.P. Terzyk，et al. Heterogeneous Do-Do model of water adsorption on carbons[J]. Journal of Colloid and Interface Science，2005，290（1）：1-13.

[57] T. Horikawa，T. Sekida，J.i. Hayashi，et al. A new adsorption–desorption model for water adsorption in porous carbons[J]. Carbon，2011，49（2）：416-424.

[58] G. Marbán，A.B. Fuertes. Co-adsorption of n-butane/water vapour mixtures on activated carbon fibre-based monoliths[J]. Carbon，2004，42（1）：71-81.

[59] L.F. Velasco，R. Guillet-Nicolas，G. Dobos，et al. Towards a better understanding of water adsorption hysteresis in activated carbons by scanning isotherms[J]. Carbon，2016，96：753-758.

[60] T. Ohba，K. Kaneko. Kinetically forbidden transformations of water molecular assemblies in hydrophobic micropores[J]. Langmuir，2011，27（12）：7609-7613.

[61] J.W. McBain，J.L. Porter，R.F. Sessions. The nature of the sorption of water by charcoal[J]. Journal of the American Chemical Society，1933，55（6）：2294-2304.

[62] M.M. Dubinin，E.D. Zaverina，V.V. Serpinsky. The sorption of water vapour by active carbon[J]. Journal of the Chemical Society，1955，1760-1766.

[63] T. Ohba，K. Kaneko. Cluster-associated filling of water molecules in slit-shaped graphitic

nanopores[J]. Molecular Physics，2007，105（2-3）：139-145.

[64] T. Kimura，H. Kanoh，T. Kanda，et al. Cluster-associated filling of water in hydrophobic carbon micropores[J]. The Journal of Physical Chemistry B，2004，108（37）：14043-14048.

[65] S.W. Rutherford. Application of cooperative multimolecular sorption theory for characterization of water adsorption equilibrium in carbon[J]. Carbon，2003，41（3）：622-625.

[66] A.Tu，H.R. Kwag，A.L. Barnette，et al. Water adsorption isotherms on CH3-，OH-，and COOH-terminated organic surfaces at ambient conditions measured with PM-RAIRS[J]. Langmuir：the ACS Journal of Surfaces and Colloids，2012，28（43）：15263-15269.

[67] A.Wongkoblap，D.D. Do. Adsorption of water in finite length carbon slit pore： Comparison between computer simulation and experiment[J]. The Journal of Physical Chemistry B，2007，111（50）：13949-13956.

[68] F.Cosnier，A. Celzard，G. Furdin，et al. Hydrophobisation of active carbon surface and effect on the adsorption of water[J]. Carbon，2005，43（12）：2554-2563.

[69] A.J. Fletcher，Y. Uygur，K. M. Thomas. Role of surface functional groups in the adsorption kinetics of water vapor on microporous activated carbons[J]. The Journal of Physical Chemistry C，2007，111（23）：8349-8359.

[70] J.K. Brennan，T.J. Bandosz，K.T. Thomson，K.E. Gubbins. Water in porous carbons[J]. Colloids and Surfaces A：Physicochemical and Engineering Aspects，2001，187：539-568.

[71] V.T. Nguyen，T. Horikawa，D.D. Do，et al. Water as a potential molecular probe for functional groups on carbon surfaces[J]. Carbon，2014，67：72-78.

[72] J. Nishino. Adsorption of water vapor and carbon dioxide at carboxylic functional groups on the surface of coal[J]. Fuel，2001，80（5）：757-764.

[73] J. Xiao，Z. Liu，K. Kim，et al. S/O-Functionalities on modified carbon materials governing adsorption of water vapor[J]. The Journal of Physical Chemistry C，2013，117（44）：23057-23065.

[74] 陈良杰，王京刚. 挥发性有机物的物化性质与 GAC 饱和吸附量的相关性研究[J]. 化工环保，2007，27（5）：409-412.

[75] M. Jorge，C. Schumacher，N.A. Seaton. Simulation study of the effect of the chemical heterogeneity of activated carbon on water adsorption[J]. Langmuir，2002，18（24）：9296-9306.

[76] S.S. Barton，M.J.B. Evans，J.A.F. MacDonald. Adsorption of water vapor on nonporous carbon[J]. Langmuir，1994，10（11）：4250-4252.

[77] E.A.R. Muller，L. F. Rull，L. F. Vega，et al. Adsorption of water on activated carbons：A molecular simulation study[J]. The Journal of Physical Chemistry B，1996，100（4）：1189-1196.

[78] T. Ohba，H.Kanoh，K. Kaneko. Cluster-growth-induced water adsorption in hydrophobic carbon nanopores[J]. The Journal of Physical Chemistry B，2004，108（39）：14964-14969.

[79] T.X. Nguyen，S.K. Bhatia. How water adsorbs in hydrophobic nanospaces[J]. The Journal of Physical Chemistry C，2011，115（33）：16606-16612.

[80] J.C. Rasaiah，S. Garde，G. Hummer. Water in nonpolar confinement：from nanotubes to proteins and beyond[J]. Annual Review of Physical Chemistry，2008，59（1）：713-740.

[81] M.S.P. Sansom，P.C. Biggin. Biophysics - Water at the nanoscale[J]. Nature，2001，414（6860）：156-159.

[82] A.Striolo，A.A. Chialvo，P.T. Cummings，et al. Water adsorption in carbon-slit nanopores[J]. Langmuir，2003，19（20）：8583-8591.

[83] J.C. Liu，P.A. Monson. Does water condense in carbon pores？[J]. Langmuir，2005，21（22）：10219-10225.

[84] T. Ohba，H. Kanoh，K. Kaneko. Affinity transformation from hydrophilicity to hydrophobicity of water molecules on the basis of adsorption of water in graphitic nanopores[J]. Journal of the American Chemical Society，2004，126（5）：1560-1562.

[85] E.A. Müller，K.E. Gubbins. Molecular simulation study of hydrophilic and hydrophobic behavior of activated carbon surfaces[J]. Carbon，1998，36（10）：1433-1438.

[86] C.L. McCallum，T.J. Bandosz，S.C. McGrother，et al. A molecular model for adsorption of water on activated carbon： Comparison of simulation and experiment[J]. Langmuir，1999，15（2）：533-544.

[87] A.M. Slasli，M. Jorge，F. Stoeckli，et al. Water adsorption by activated carbons in relation to

their microporous structure[J]. Carbon，2003，41（3）：479-486.

[88] J.S. Oh，W.G. Shim，J.W. Lee，et al. Adsorption equilibrium of water vapor on mesoporous materials[J]. Journal of Chemical & Engineering Data，2003，48（6）：1458-1462.

[89] M.T. Izquierdo，A.M. de Yuso，R. Valenciano，et al. Influence of activated carbon characteristics on toluene and hexane adsorption：Application of surface response methodology[J]. Applied Surface Science，2013，264：335-343.

[90] J. Rodríguez－Mirasol，J. Bedia，T. Cordero，et al. Influence of water vapor on the adsorption of VOCs on lignin－based activated carbons[J]. Separation Science and Technology，2005，40（15）：3113-3135.

[91] P. Lodewyckx. The effect of water uptake in ultramicropores on the adsorption of water vapour in activated carbon[J]. Carbon，2010，48（9）：2549-2553.

[92] Q. Qian，S. Sunohara，Y. Kato，et al. Water vapor adsorption onto activated carbons prepared from cattle manure compost（CMC）[J]. Applied Surface Science，2008，254（15）：4868-4874.

[93] K. Kaneko，Y. Hanzawa，T. Iiyama，et al. Cluster-mediated water adsorption on carbon nanopores[J]. Adsorption，1999，5（1）：7-13.

[94] Y. Hanzawa，K.Kaneko. Lack of a predominant adsorption of water vapor on carbon mesopores[J]. Langmuir，1997，13（22）：5802-5804.

[95] T. Horikawa，N. Sakao，D.D. Do. Effects of temperature on water adsorption on controlled microporous and mesoporous carbonaceous solids[J]. Carbon，2013，56：183-192.

[96] S. Narayan，B. Harrison，S. Liang，et al. Sorption kinetic studies of water vapour on activated carbon beds[J]. Carbon，2008，46（3）：397-404.

[97] K. Kaneko，Y.S. Tao，H. Tanaka，et al. Fundamental understanding of nanoporous carbons for energy application potentials[J]. Korean Journal Publishing Service，2009，10（3）：177-180.

[98] T. Horikawa，T. Muguruma，D.D. Do，et al. Scanning curves of water adsorption on graphitized thermal carbon black and ordered mesoporous carbon[J]. Carbon，2015，95：137-143.

[99] T. Iiyama，K. Nishikawa，T. Otowa，et al. An ordered water molecular assembly structure in a slit-shaped carbon nanospace[J]. The Journal of Physical Chemistry，1995，99（25）：

10075-10076.

[100] C. Pierce, R.N.Sminth. Adsorption-desorption hysteresis in relation to capillarity of adsorbents[J]. Journal of Physical and Colloid Chemistry, 1950, 54（6）: 784-794.

[101] T. Zimny, G. Finqueneisel, L. Cossarutto, et al. Water vapor adsorption on activated carbon preadsorbed with naphtalene[J]. Journal of Colloid and Interface Science, 2005, 285: 56-60.

[102] T. Ohba, S. Yamamoto, T. Kodaira, et al. Changing water affinity from hydrophobic to hydrophilic in hydrophobic channels[J]. Langmuir, 2015, 31（3）: 1058-1063.

[103] J.J. Freeman, J.B. Tomlinson, K.S.W. Sing, et al. Adsorption of nitrogen and water vapour by activated Nomex® chars[J]. Carbon, 1995, 33（6）: 795-799.

[104] T. Horikawa, D.D. Do, D. Nicholson. Capillary condensation of adsorbates in porous materials[J]. Advances in Colloid and Interface Science, 2011, 169（1）40-58.

[105] T. Horikawa, M. Takenouchi, D.D. Do, et al. Adsorption of water and methanol on highly graphitized thermal carbon black and activated carbon fibre[J]. Australian Journal of Chemistry, 2015, 68（9）: 1336-1341.

[106] T. Horikawa, T. Muguruma, D.D. Do, et al. Scanning curves of water adsorption on graphitized thermal carbon black and ordered mesoporous carbon[J]. Carbon, 2015, 95: 137-143.

[107] K. Morishige, T. Kawai, S. Kittaka. Capillary condensation of water in mesoporous carbon[J]. The Journal of Physical Chemistry C, 2014, 118（9）: 4664-4669.

[108] H.L. Chiang, P.C. Chiang, Y.C. Chiang, et al. Diffusivity of microporous carbon for benzene and methyl-ethyl ketone adsorption[J]. Chemosphere, 1999, 38（12）: 2733-2746.

[109] H. Qiu, L. Lv, B. Pan, et al. Critical review in adsorption kinetic models[J]. Journal of Zhejiang University-Science A, 2009, 10（5）: 716-724.

[110] R. Chauveau, G. Grevillot, S. Marsteau, et al. Values of the mass transfer coefficient of the linear driving force model for VOC adsorption on activated carbons[J]. Chemical Engineering Research & Design, 2013, 91（5）: 955-962.

[111] M. Sultan, El-Sharkawy, II, et al. Water vapor sorption kinetics of polymer based sorbents: Theory and experiments[J]. Applied Thermal Engineering, 2016, 106: 192-202.

[112] R. Lin，J. Liu，Y. Nan，et al. Tavlarides. Kinetics of water vapor adsorption on single-layer molecular sieve 3A：Experiments and modeling[J]. Industrial & Engineering Chemistry Research，2014，53（41）：16015-16024.

[113] E.M. Davis，M. Minelli，M. Giacinti Baschetti，et al. Non-fickian diffusion of water in polylactide[J]. Industrial & Engineering Chemistry Research，2013，52（26）：8664-8673.

[114] X. Zhang，H.M. Künzel，W. Zillig，et al. A Fickian model for temperature-dependent sorption hysteresis in hygrothermal modeling of wood materials[J]. International Journal of Heat and Mass Transfer，2016，100：58-64.

[115] C.R. Reid，K.M. Thomas. Adsorption of gases on a carbon molecular sieve used for air separation：Linear adsorptives as probes for kinetic selectivity[J]. Langmuir：the ACS Journal of Surfaces and Colloids，1999，15（9）：3206-3218.

[116] S. Sircar，J.R.Hufton. Why does the linear driving force model for adsorption kinetics work[J]. Adsorption，2000，6（2）：137-147.

[117] W.Q. Wang，J.H. Wang，J.G. Chen，et al. Synthesis of novel hyper-cross-linked polymers as adsorbent for removing organic pollutants from humid streams[J]. Chemical Engineering Journal，2015，281：34-41.

[118] N. J. Foley，K.M.Thomas，P. L. Forshaw，et al. Norman. Kinetics of water vapor adsorption on activated carbon[J]. Langmuir，1997，13（7）：2083-2089.

[119] L. Cossarutto，T. Zimny，J. Kaczmarczyk，et al. Transport and sorption of water vapour in activated carbons[J]. Carbon，2001，39（15）：2339-2346.

[120] P. Kim，Y. Zheng，S. Agnihotri. Adsorption equilibrium and kinetics of water vapor in carbon nanotubes and its comparison with activated carbon[J]. Industrial & Engineering Chemistry Research，2008，47（9）：3170-3178.

[121] A.W. Harding，N.J.Foley，P. R. Norman，et al. Thomas. Diffusion barriers in the kinetics of water vapor adsorption desorption on activated carbons[J]. Langmuir，1998，14（14）：3858-3864.

[122] I.P. OKoye，M. Benham，K.M. Thomas. Adsorption of gases and vapors on carbon molecular

sieves[J]. Langmuir，1997，13（15）：4054-4059.

[123] N.J. Foley，K.M. Thomas，P.L. Forshaw，et al. Kinetics of water vapor adsorption on activated carbon[J]. Langmuir，1997，13（7）：2083-2089.

[124] A.J. Fletcher，Y. Yuzak，K.M. Thomas. Adsorption and desorption kinetics for hydrophilic and hydrophobic vapors on activated carbon[J]. Carbon，2006，44（5）：989-1004.

[125] V.I. Águeda，B.D. Crittenden，J.A. Delgado，et al. Effect of channel geometry，degree of activation，relative humidity and temperature on the performance of binderless activated carbon monoliths in the removal of dichloromethane from air[J]. Separation and Purification Technology，2011，78（2）：154-163.

[126] M. Švábová，Z. Weishauptová，O. Přibyl. Water vapour adsorption on coal[J]. Fuel，2011，90（5）：1892-1899.

[127] K.R. Kim，M.S. Lee，S. Paek，et al. Adsorption tests of water vapor on synthetic zeolites for an atmospheric detritiation dryer[J]. Radiation Physics and Chemistry，2007，76（8）：1493-1496.

[128] W.G. Shim，H. Moon，J.W. Lee. Performance evaluation of wash-coated MCM-48 monolith for adsorption of volatile organic compounds and water vapors[J]. Microporous and Mesoporous Materials，2006，94（1）：15-28.

[129] A.M. Ribeiro，J.M. Loureiro. Breakthrough behavior of water vapor on activated carbon filters[J]. Nato Science for Peace and Security Series C- Environmental Security，2006，357-360.

[130] L. Zhou，M. Li，Y. Sun，et al. Effect of moisture in microporous activated carbon on the adsorption of methane[J]. Carbon，2001，39（5）：773-776.

[131] U. Sager，F. Schmidt. Binary adsorption of n-butane or toluene and water vapor[J]. Chemical Engineering & Technology，2010，33（7）：1203-1207.

[132] F. Dreisbach，H.W. Losch，K. Nakai. Adsorption measurement of water /ethanol mixtures on activated carbon fiber[J]. Chemial Engineering Technology，2001，24（10）：1001-1005.

[133] J.C. Moise，J.P. Bellat. Effect of preadsorbed water on the adsorption of p-xylene and m-xylene mixtures on BaX and BaY zeolites[J]. The Journal of Physical Chemistry B，2005，109（36）：

17239-17244.

[134] M. Linders，L. Van den Broeke，F. Kapteijn，et al. Binary adsorption equilibrium of organics and water on activated carbon[J]. AIChE Journal，2001，47（8）：1885-1892.

[135] Y.H. Peng，S.M. Chou，Y.H. Shih. Sorption interactions of volatile organic compounds with organoclays under different humidities by using linear solvation energy relationships[J]. Adsorption，2012，18：329-336.

[136] Y.H. Shih，S.M. Chou，Y.H. Peng，et al. Linear solvation energy relationships used to evaluate sorption mechanisms of volatile organic compounds with one organomontmorillonite under different humidities[J]. Journal of Chemical and Engineering Data，2011，56（12）：4950-4955.

[137] M.S. Li，S.C. Wu，Y.H. Shih. Characterization of volatile organic compound adsorption on multiwall carbon nanotubes under different levels of relative humidity using linear solvation energy relationship[J]. Journal of Hazardous Materials，2016，315：35-41.

[138] S. Shan，Y. Zhao，H. Tang，F. Cui，Linear solvation energy relationship to predict the adsorption of aromatic contaminants on graphene oxide[J]. Chemosphere，2017，185：826-832.

[139] H. Wang，M. Jahandar Lashaki，M. Fayaz，et al. Adsorption and desorption of mixtures of organic vapors on beaded activated carbon[J]. Environmental Science & Technology，2012，46（15）：8341-8350.

[140] N. Qi，W.S. Appel，M.D. LeVan，et al. Adsorption dynamics of organic compounds and water vapor in activated carbon beds[J]. Industrial & Engineering Chemistry Research，2006，45（7）：2303-2314.

[141] K. Yang，Q. Sun，F. Xue，et al. Adsorption of volatile organic compounds by metal-organic frameworks MIL-101：influence of molecular size and shape[J]. Journal of Hazardous Materials，2011，195：124-131.

[142] 高华生，汪大翚，叶芸春，等. 空气湿度对低浓度有机蒸气在 GAC 上吸附平衡的影响[J]. 环境科学学报，2002，22（2）：194-198.

[143] J. Li，Z. Li，B. Liu，et al. Effect of relative humidity on adsorption of formaldehyde on modified activated carbons[J]. Chinese Journal of Chemical Engineering，2008，16（6）：871-875.

[144] A.W. Heinen, J.A. Peters, H. van Bekkum. Competitive adsorption of water and toluene on modified activated carbon supports[J]. Applied Catalysis A-General, 2000, 194-195: 193-202.

[145] M.M. Nabatilan, W.M. Moe. Effects of water vapor on activated carbon load equalization of gas phase toluene[J]. Water Research, 2010, 44: 3924-3934.

[146] K. László, O. Czakkel, B. Demé, et al. Simultaneous adsorption of toluene and water vapor on a high surface area carbon[J]. Carbon, 2012, 50 (11): 4155-4162.

[147] J. Ruiz, R. Bilbao, M.B. Murillo. Adsorption of different VOC onto soil minerals from gas phase: Influence of mineral, type of VOC, and air humidity[J]. Environmental Science & Technology, 1998, 32 (8): 1079-1084.

[148] X. Han, X. Ma, J. Liu, et al. Adsorption characterisation of water and ethanol on wheat starch and wheat gluten using inverse gas chromatography[J]. Carbohydrate Polymers, 2009, 78: 533-537.

[149] N.Qi, M.D. LeVan. Coadsorption of organic compounds and water vapor on BPL activated carbon. 5. Methyl ethyl ketone, methyl isobutyl ketone, toluene, and modeling[J]. Industrial & Engineering Chemistry Research, 2005, 44 (10): 3733-3741.

[150] R.N. Eissmann, M.D. Le Van. Coadsorption of organic compounds and water vapor on BPL activated carbon. 2. 1, 1,2-Trichloro-1, 2, 2-trifluoroethane and dichloromethane[J]. Industrial & Engineering Chemistry Research, 1993, 32 (11): 2752-2757.

[151] S.M. Taqvi, W.S. Appel, M.D. LeVan. Coadsorption of organic compounds and water vapor on BPL activated carbon. 4. methanol, ethanol, propanol, butanol, and modeling[J]. Industrial & Engineering Chemistry Research, 1999, 38 (1): 240-250.

[152] O. Busmundrud. Vapour breakthrough in activated carbon beds[J]. Carbon, 1993, 31 (2): 279-286.

[153] Z.H. Huang, F. Kang, K.M. Liang, et al. Breakthrough of methyethylketone and benzene vapors in activated carbon fiber beds[J]. Journal of Hazardous Materials, 2003, 98 (1-3): 107-115.

[154] E.Biron, M.J.B. Evans. Dynamic adsorption of water-soluble and insoluble vapours on activated carbon[J]. Carbon, 1998, 36 (7-8): 1191-1197.

[155] S. Agnihotri，P.Kim，Y.J. Zheng，et al. Regioselective competitive adsorption of water and organic vapor mixtures on pristine single-walled carbon nanotube bundles[J]. Langmuir，2008，24（11）：5746-5754.

[156] C.Thibaud，C. Erkey，A. Akgerman. Investigation of the effect of moisture on the sorption and desorption of chlorobenzene and toluene from soil[J]. Environmental Science & Technology，1993，27（12）：2373-2380.

[157] Z. Zhao，S. Wang，Y. Yang，et al. Competitive adsorption and selectivity of benzene and water vapor on the microporous metal organic frameworks（HKUST-1）[J]. Chemical Engineering Journal，2015，259：79-89.

[158] H.Abiko，M. Furuse，T. Takano. Quantitative evaluation of the effect of moisture contents of coconut shell activated carbon used for respirators on adsorption capacity for organic vapors[J]. Industrial Health，2010，48（1）：52-60.

[159] H.Abiko，M.Furuse，T.Takano. Reduction of adsorption capacity of coconut Shell activated carbon for organic vapors due to moisture contents[J]. Indusrial Health，2010，48（4）：427-437.

[160] S. Xian，Y. Yu，J. Xiao，et al. Competitive adsorption of water vapor with VOCs dichloroethane，ethyl acetate and benzene on MIL-101（Cr）in humid atmosphere[J]. RSC Advances，2015，5（3）：1827-1834.

[161] J.Wang，G. Wang，W. Wang，et al. Hydrophobic conjugated microporous polymer as a novel adsorbent for removal of volatile organic compounds[J]. Journal of Materials Chemistry A，2014，2（34）：14028-14037.

[162] W.H. Tao，T.C.K. Yang，Y.N. Chang，et al. Effect of moisture on the adsorption of volatile organic compounds by zeolite 13×[J]. Journal of Environmental Engineering，2004，130（10）：1210-1216.

[163] Y. C. Chiang，P.C. Chiang，C. P. Huang. Effects of pore structure and temperature on VOC adsorption on activated carbon[J]. Carbon，2001，39（4）：523-534.

[164] D.Das，V. Gaur，N. Verma，Removal of volatile organic compound by activated carbon fiber[J]. Carbon，2004，42（14）：2949-2962.

[165] M. Thommes，C. Morlay，R. Ahmad，et al. Assessing surface chemistry and pore structure of active carbons by a combination of physisorption（$H_2O$，Ar，$N_2$，$CO_2$），XPS and TPD-MS[J]. Adsorption，2011，17（3）：653-661.

[166] A.J. Fletcher，M.J. Benham，K.M. Thomas. Multicomponent vapor sorption on active carbon by combined microgravimetry and dynamic sampling mass spectrometry[J]. The Journal of Physical Chemistry B，2002，106（30）：7474-7482

[167] N.A. Seaton，J.P.R.B. Walton，N. Quirke. A new analysis method for the determination of the pore size distribution of porous carbons from nitrogen adsorption measurements[J]. Carbon，1989，27（6）：853-861.

[168] D.M. Smith，D.W. Hua，W.L. Earl. Characterization of porous solids[J]. Mrs Bulletin. 1994，19（4）：44-48.

[169] H.P. Boehm. Some aspects of the susrface-chemistry of carbon-blacks and other carbons[J]. Carbon，1994，32：759-769.

[170] J.M. Braun，J.E. Guillet. Inverse gas chromatography in the vivinity of Tg effects of the probe molecule[J]. Macromolecules，1976，9（2）：340-344.

[171] G.Buckton，A. Ambarkhane，K. Pincott. The use of inverse phase gas chromatography to study the glass transition temperature of a powder surface[J]. Pharmaceutical Research，2004，21（9）：1554-1557.

[172] G.M. Dorris，D.G. Gray. Adsorption of n-alkanes at zero surface coverage on cellulose paper and wood fibers[J]. Journal of Colloid and Interface Science，1980，77（2）：353-362.

[173] P. Uhlmann，S. Schneider，Acid-base and surface energy characterization of grafted polyethylene using inverse gas chromatography[J]. Journal of chromatography. A，2002，969（1-2）：73-80.

[174] E. Diaz，S. Ordonez，A. Vega，et al. Adsorption characterisation of different volatile organic compounds over alumina，zeolites and activated carbon using inverse gas chromatography[J]. Journal of chromatography. A，2004，1049：139-146.

[175] R. Wang，Y. Amano，M. Machida. Surface properties and water vapor adsorption–desorption

characteristics of bamboo-based activated carbon[J]. Journal of Analytical and Applied Pyrolysis，2013，104：667-674.

[176] L. Jia，B. Niu，X. Jing，et al. Equilibrium and hysteresis formation of water vapor adsorption on microporous adsorbents: Effect of adsorbent properties and temperature[J]. Journal of the Air & Waste Management Association. 2022，72（2）：176-186.

[177] S.P. Rigby. Predicting surface diffusivities of molecules from equilibrium adsorption isotherms[J]. Colloids and Surfaces A：Physicochemical and Engineering Aspects，2005，262：139-149.

[178] D.D. Do. Adsorption analysis：equilibria and kinetics[M]，World Scientific，1998，59-65.

[179] L.Jia，X. Yao，J. Ma，et al. Adsorption kinetics of water vapor on hypercrosslinked polymeric adsorbent and its comparison with carbonaceous adsorbents[J]. Microporous and Mesoporous Materials，2017，241：178-184.

[180] B. Dawoud. Water vapor adsorption kinetics on small and full scale zeolite coated adsorbers：A comparison[J]. Applied Thermal Engineering，2013，50：1645-1651.

[181] S. Brosillon，M.H. Manero，J.N. Foussard. Mass transfer in VOC adsorption on zeolite：experimental and theoretical breakthrough curves[J]. Environmental Science & Technology，2001，35（17）：3571-3575.

[182] P. Monneyron，M.H. Manero，J.N. Foussard. Measurement and modeling of single- and multi-component adsorption equilibria of VOC on high-silica zeolites[J]. Environmental Science & Technology，2003，37（11）：2410-2414.

[183] M.J.G. Linders，L.J.P. van den Broeke，F. Kapteijn，et al. Binary adsorption equilibrium of organics and water on activated carbon[J]. AIChE Journal，2001，47（8）：1885-1892.

[184] S. Himeno，K. Urano. Determination and correlation of binary gas adsorption equilibria of VOCs[J]. Journal of Envirnmental Engineering，2006，132（3）：301-308.

[185] G. Morozov，V. Breus，S. Nekludov，et al. Sorption of volatile organic compounds and their mixtures on montmorillonite at different humidity[J]. Colloids and Surfaces A：Physicochemical and Engineering Aspects，2014，454：159-171.

[186] M.H. Abraham. Scales of solute hydrogen-bonding：their construction and application to physicochemical and biochemical processes[J]. Chemical Society Reviews，1993，22（2）：73-83.

[187] Y.H. Shih，S.M. Chou，Y.H. Peng，et al. Linear solvation energy relationships used to evaluate sorption mechanisms of volatile organic compounds with one organomontmorillonite under different humidities[J]. Journal of Chemical & Engineering Data，2011，56（12）：4950-4955.

[188] M.H. Abraham，A. Ibrahim，A.M. Zissimos. Determination of sets of solute descriptors from chromatographic measurements[J]. Journal of Chromatography. A，2004，1037（1-2）：29-47.

[189] Y.H. Shih，P.M. Gschwend. Evaluating activated carbon−water sorption coefficients of organic compounds using a linear solvation energy relationship approach and sorbate chemical activities[J]. Environmental Science & Technology，2009，43（3）：851-857.

[190] B.K. Callihan，J.D.S. Ballantine. Characterization of olefinic gas chromatographic stationary phases by linear solvation energy relationships[J]. Journal of Chromatography A，1999，836（2）：261-270.

[191] M. Jang，R.M. Kamens. A predictive model for adsorptive gas partitioning of SOCs on fine atmospheric inorganic dust particles[J]. Environmental Science & Technology，1999，33（11）：1825-1831.

[192] P. Burg，P. Fydrych，M.H. Abraham，et al. The characterization of an active carbon in terms of selectivity towards volatile organic compounds using an LSER approach[J]. Fuel，2000，79（9）：1041-1045.

[193] P. Burg，P. Fydrych，J. Bimer，et al. Comparison of three active carbons using LSER modeling：prediction of their selectivity towards pairs of volatile organic compounds（VOCs）[J]. Carbon，2002，40（1）：73-80.

[194] C. Nguyen，D.D. Do. The Dubinin–Radushkevich equation and the underlying microscopic adsorption description[J]. Carbon，2001，39（9）：1327-1336.

[195] A.V. Tvardovski，A.A. Fomkin，Theory of Adsorption in Microporous Adsorbents[J]. Journal of Colloid and Interface Science，1998，198（2）：296-299.

[196] M.M. Dubinin. The Potential Theory of Adsorption of Gases and Vapors for Adsorbents with Energetically Nonuniform Surfaces[J]. Chemical Reviews，1960，60（2）：235-241.

[197] G.O. Wood. Affinity coefficients of the Polanyi/Dubinin adsorption isotherm equations：A review with compilations and correlations[J]. Carbon，2001，39（3）：343-356.

[198] D.G. Steffan，A. Akgerman. Thermodynamic modeling of binary and ternary adsorption on silica gel[J]. AIChE Journal，2001，47（5）：1234-1246.

[199] A.W. Adamson. Physical adsorption of vapors- three personae[J]. Colloids and Surfaces A：Physicochemical and Engineering Aspects，1996，118（3）：193-201.

[200] L. Jia，J. Shi，C. Long，et al. VOCs adsorption on activated carbon with initial water vapor contents：Adsorption mechanism and modified characteristic curves[J]. The Science of the Total Environment，2020，731：139184.

[201] L. Jia，Q. Shi，S. Xie，et al. Effect of pre-adsorbed water in hydrophobic polymeric resin on adsorption equilibrium and breakthrough of 1,2-dichloroethane[J]. Adsorption，2018，24（1）：73-80.

[202] Y.H. Yoon，J.H. Nelson. Application of gas adsorption kinetics I. A theoretical model for respirator cartridge service life[J]. American Industrial Hygiene Association Journal，1984，45（8）：509-516.

[203] P. Le Cloirec，P. Pré，F. Delage，et al. Visualization of the exothermal VOC adsorption in a fixed-bed activated carbon adsorber[J]. Environmental Technology，2012，33（1-3）：285-290.

[204] Y. Marcus. The Properties of Solvents[M]. Wiley，Solution Chemistry，1998，4.

# 附　录

## 附录 A　预吸附水对 VOCs 柱吸附的影响

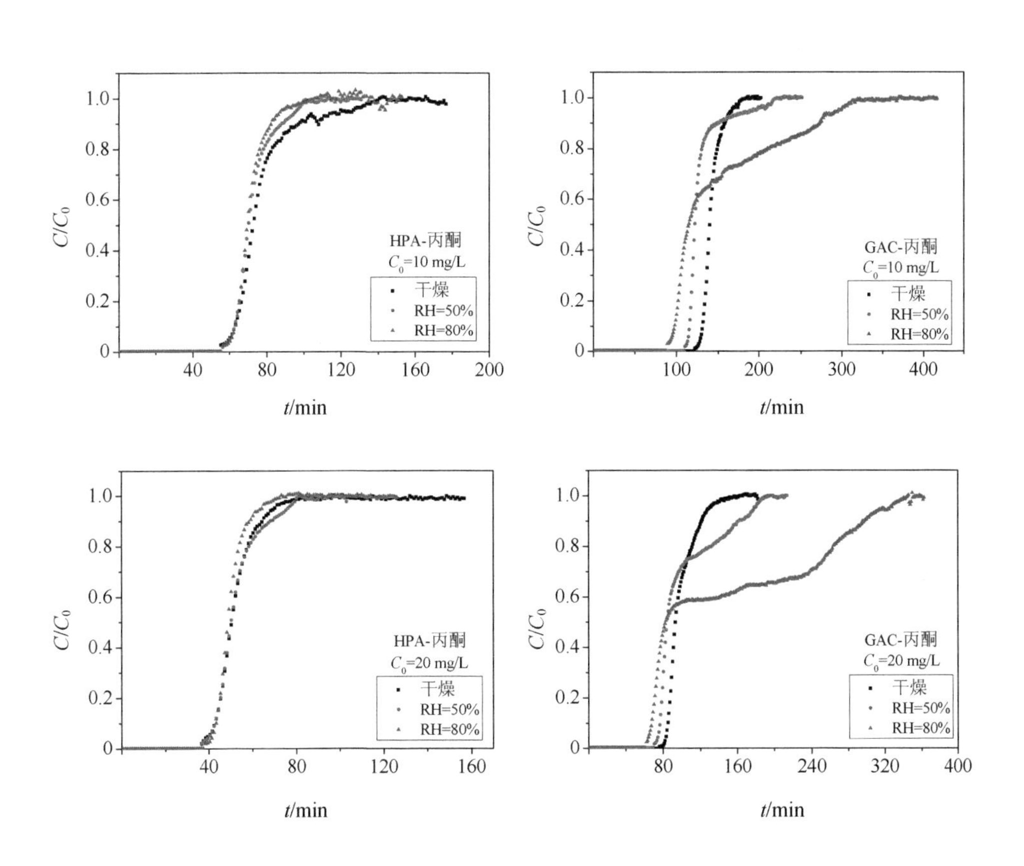

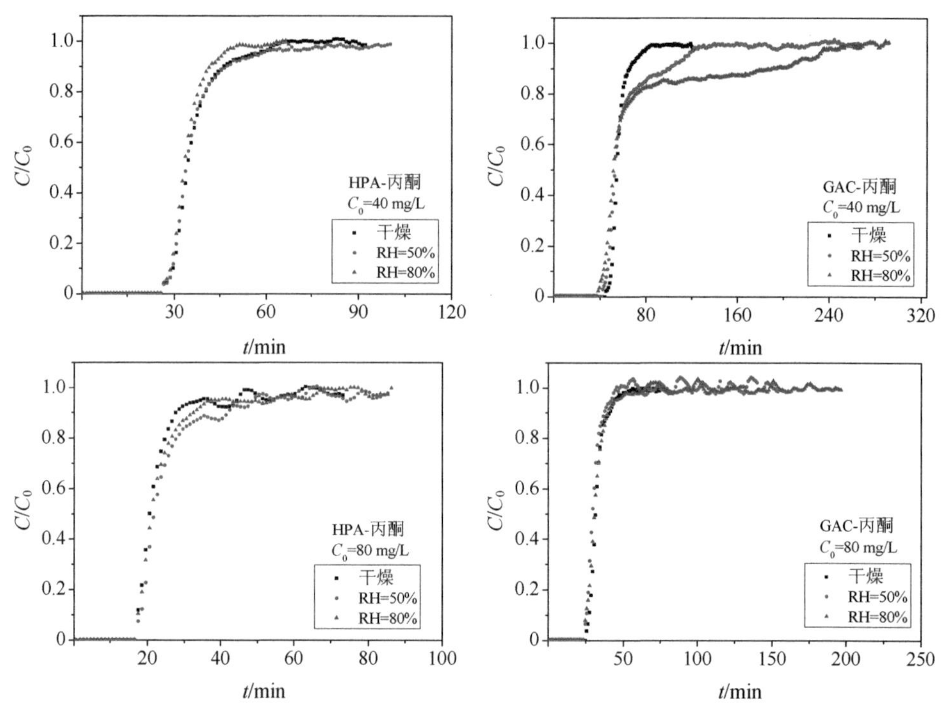


图 A.1　丙酮在不同相对湿度（RH）下预吸附水蒸气的 HPA 和 GAC 上的穿透曲线

（丙酮初始浓度为 10 mg/L、20 mg/L、40 mg/L 和 80 mg/L）

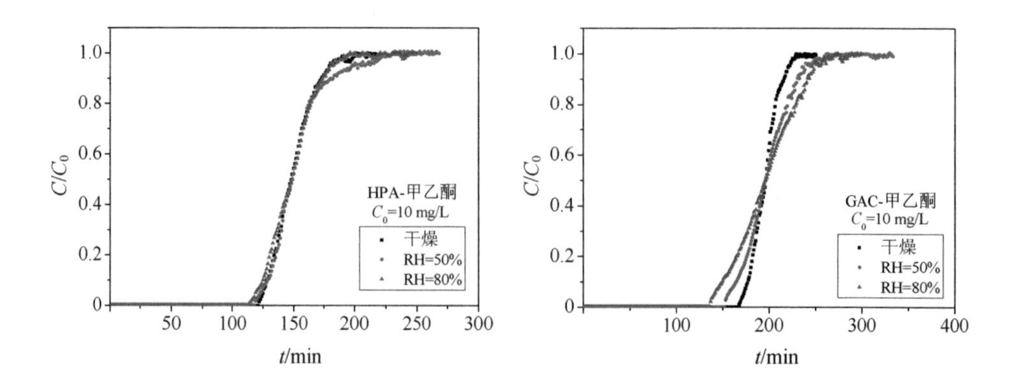

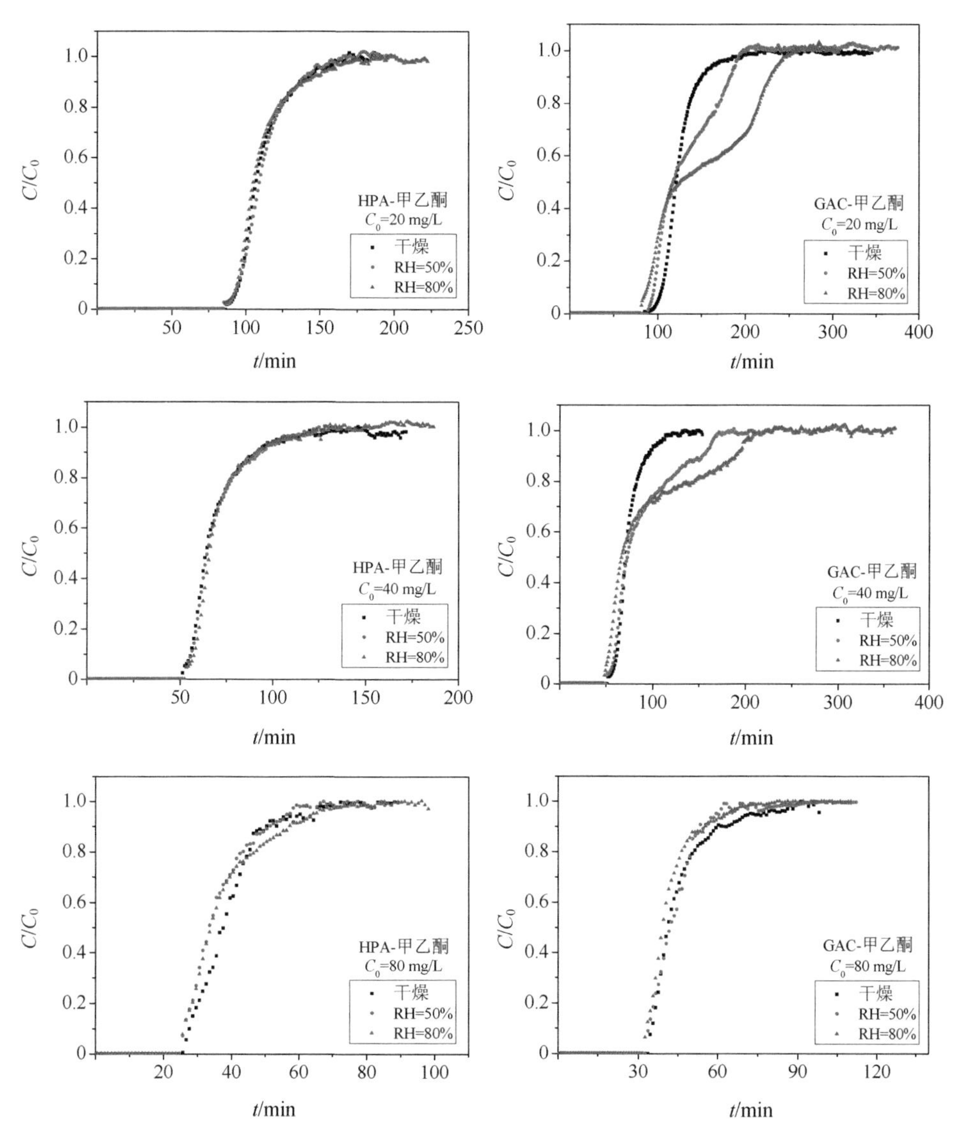


图 A.2 甲乙酮在不同相对湿度（RH）时预吸附水蒸气的 HPA 和 GAC 上的穿透曲线

（甲乙酮初始浓度为 10 mg/L、20 mg/L、40 mg/L 和 80 mg/L）

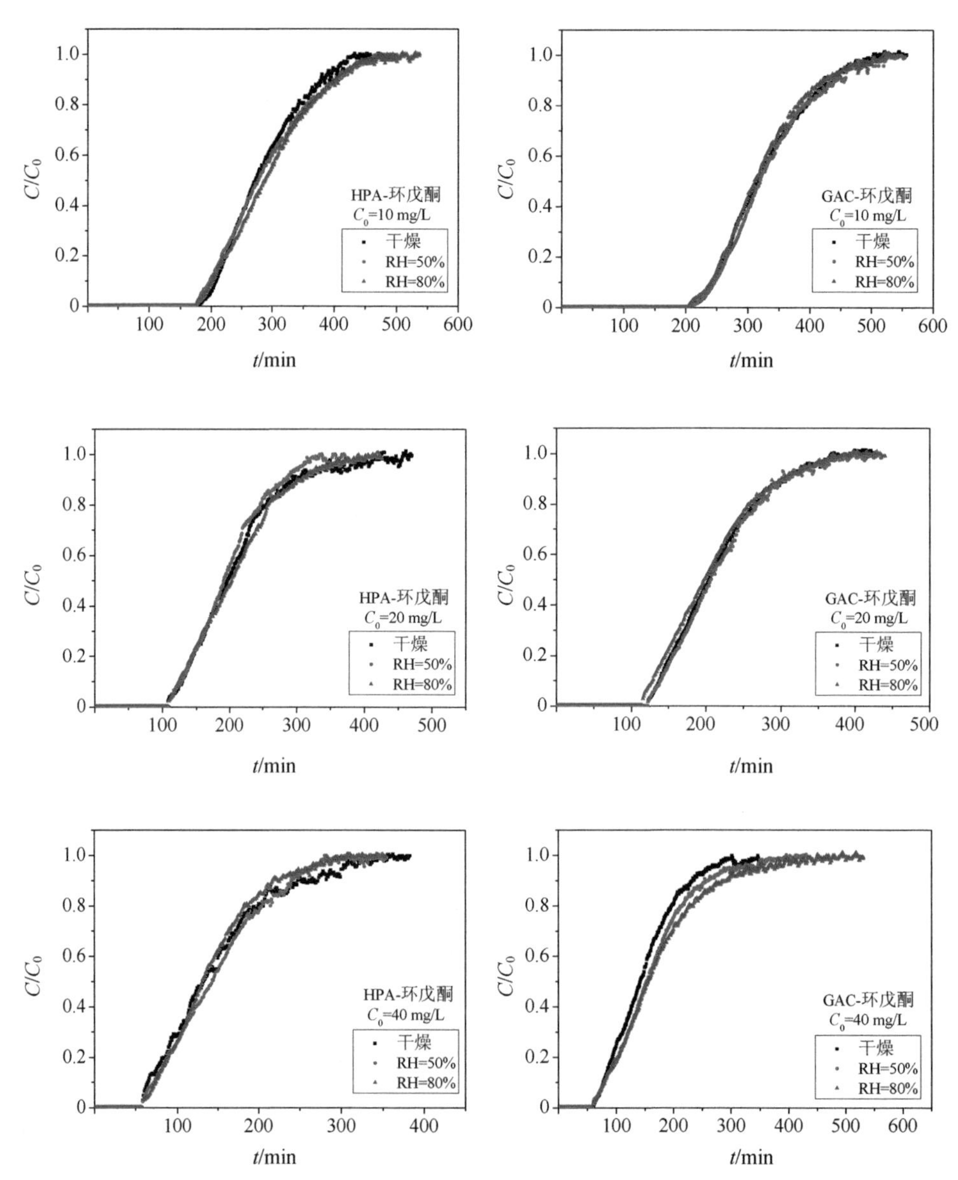


图 A.3 环戊酮在不同相对湿度（RH）下预吸附水蒸气的 HPA 和 GAC 上的穿透曲线

（环戊酮初始浓度为 10 mg/L、20 mg/L 和 40 mg/L）

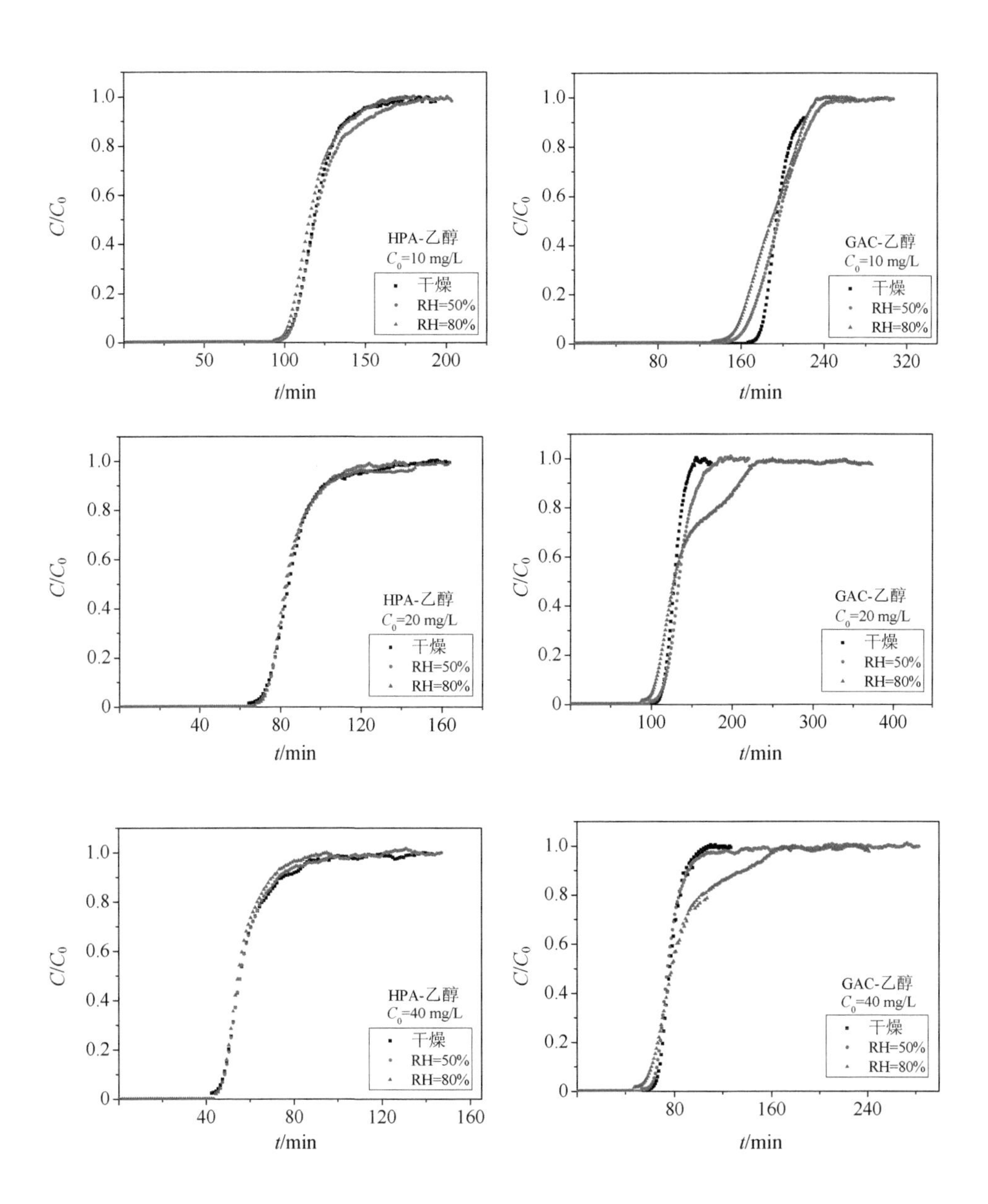
HPA-乙醇
$C_0$=10 mg/L
干燥
RH=50%
RH=80%
GAC-乙醇
$C_0$=10 mg/L
干燥
RH=50%
RH=80%
HPA-乙醇
$C_0$=20 mg/L
干燥
RH=50%
RH=80%
GAC-乙醇
$C_0$=20 mg/L
干燥
RH=50%
RH=80%
HPA-乙醇
$C_0$=40 mg/L
干燥
RH=50%
RH=80%
GAC-乙醇
$C_0$=40 mg/L
干燥
RH=50%
RH=80%
$C/C_0$
$t$/min

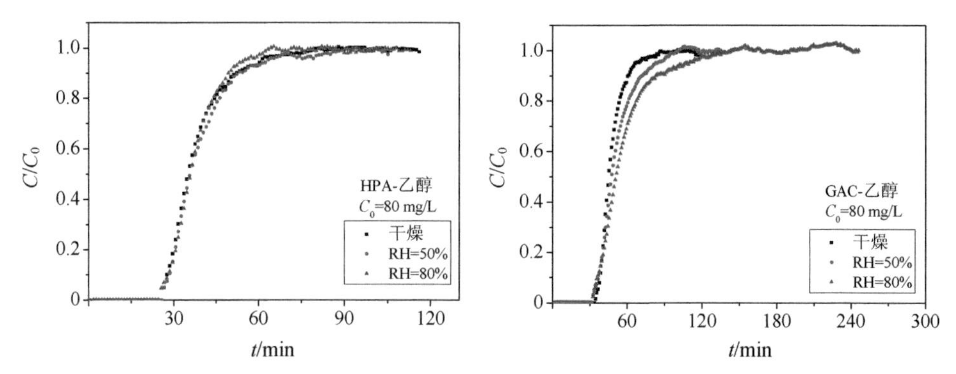


图 A.4 乙醇在不同相对湿度（RH）下预吸附水蒸气的 HPA 和 GAC 上的穿透曲线

（乙醇初始浓度为 10 mg/L、20 mg/L、40 mg/L 和 80 mg/L）

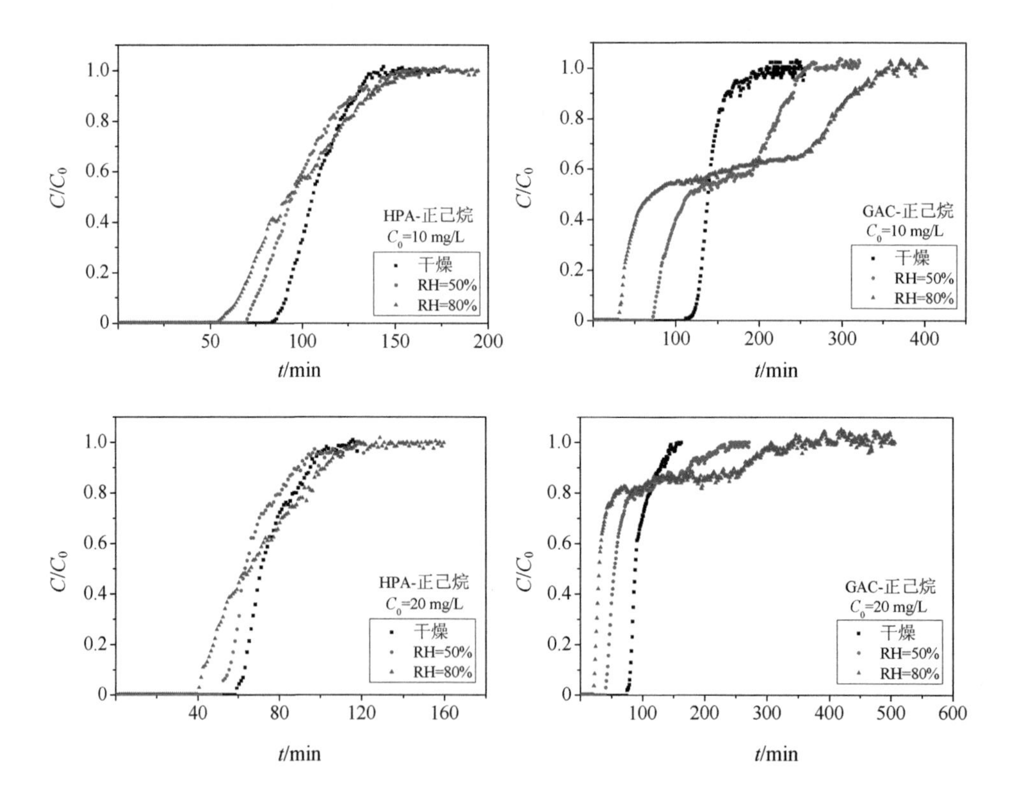

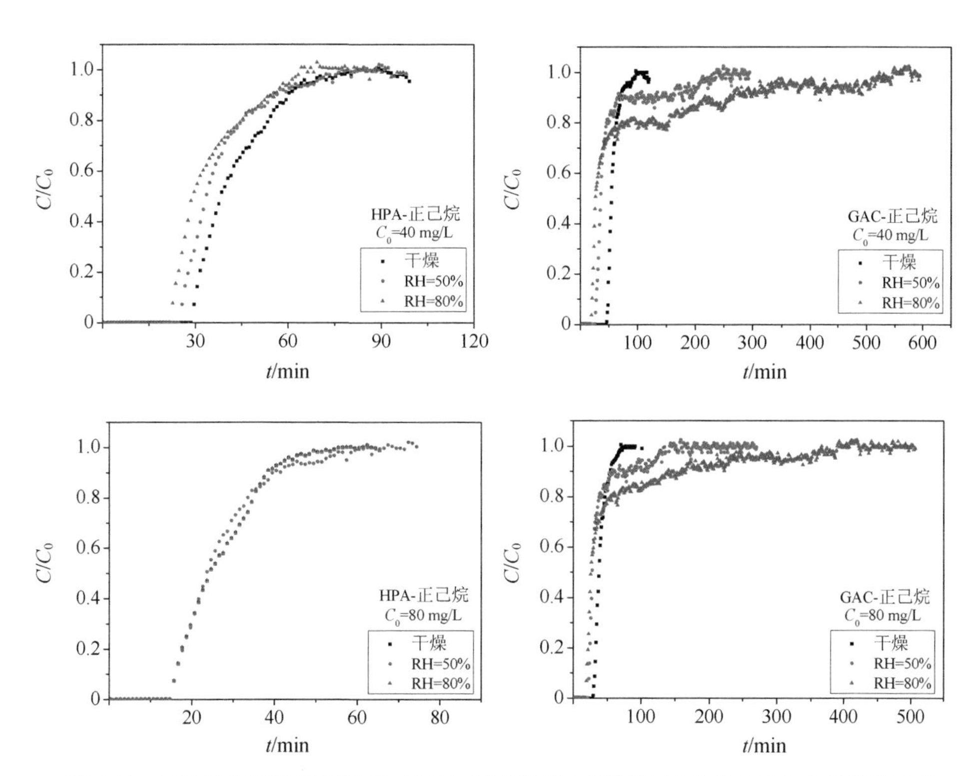


图 A.5 正己烷在不同相对湿度（RH）时预吸附水蒸气的 HPA 和 GAC 上的穿透曲线

（正己烷初始浓度为 10 mg/L、20 mg/L、40 mg/L 和 80 mg/L）

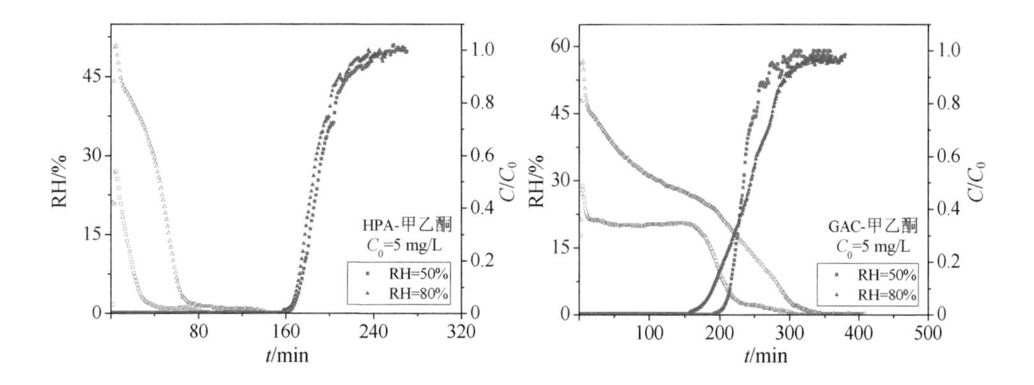

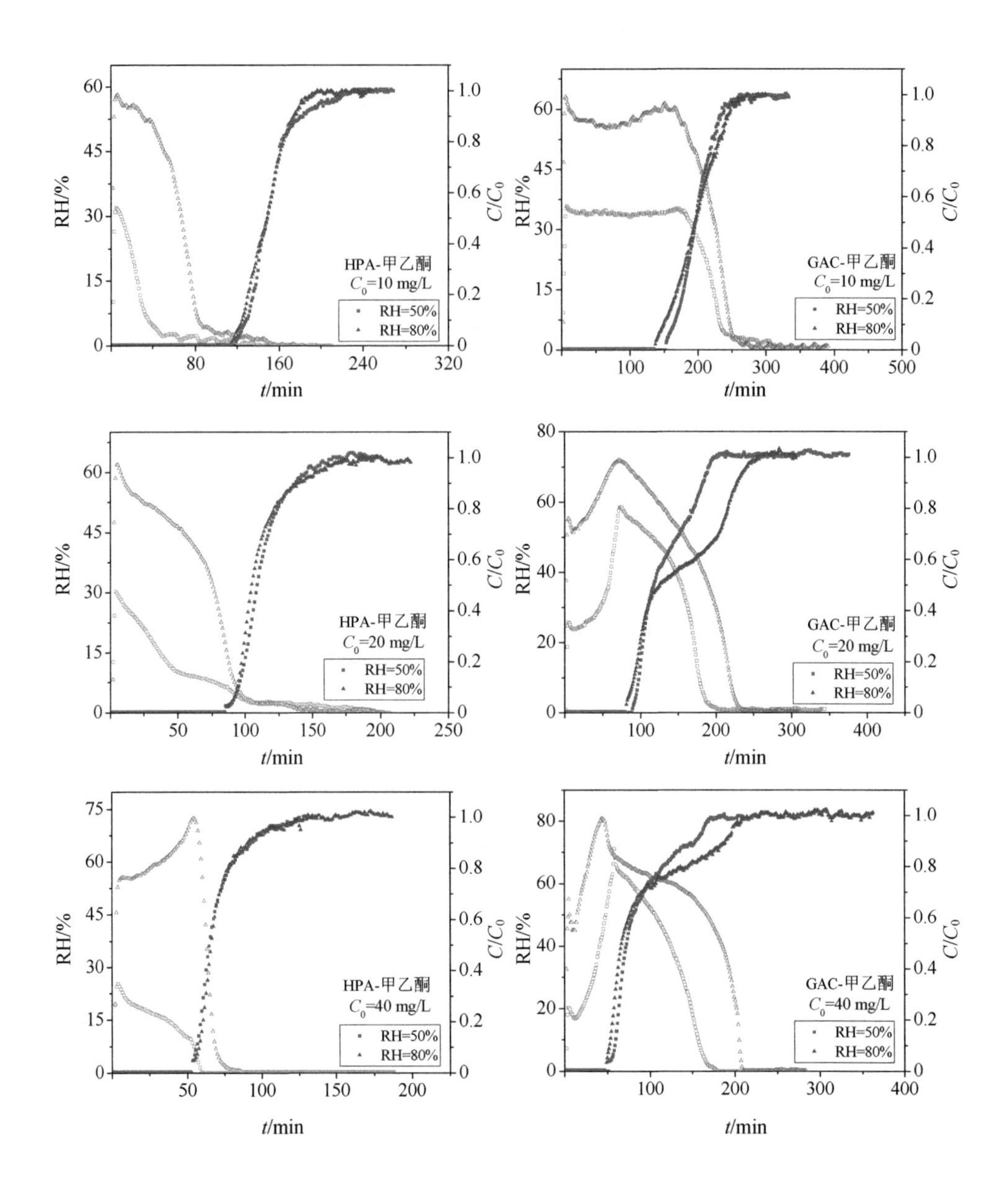

HPA-甲乙酮
$C_0$=10 mg/L
RH=50%
RH=80%
GAC-甲乙酮
$C_0$=10 mg/L
RH=50%
RH=80%
HPA-甲乙酮
$C_0$=20 mg/L
RH=50%
RH=80%
GAC-甲乙酮
$C_0$=20 mg/L
RH=50%
RH=80%
HPA-甲乙酮
$C_0$=40 mg/L
RH=50%
RH=80%
GAC-甲乙酮
$C_0$=40 mg/L
RH=50%
RH=80%
RH/%
$C/C_0$
$t$/min

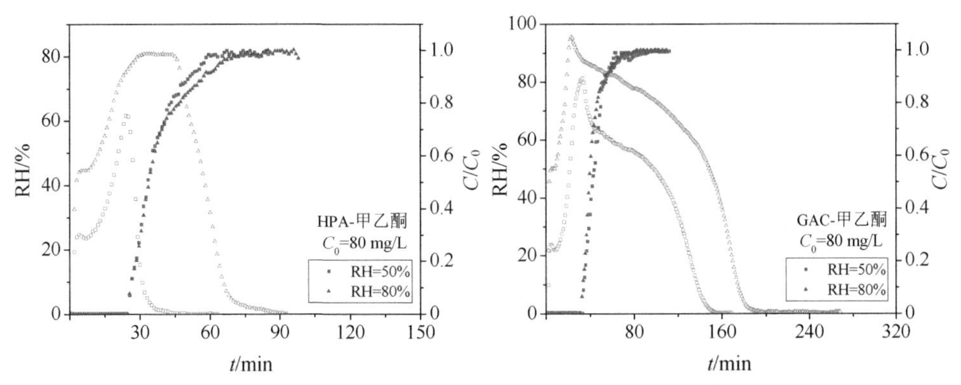


图 A.6 甲乙酮在不同预吸附水量的 HPA 和 GAC 上的穿透曲线（■▲）与水蒸气的脱附曲线（□△）

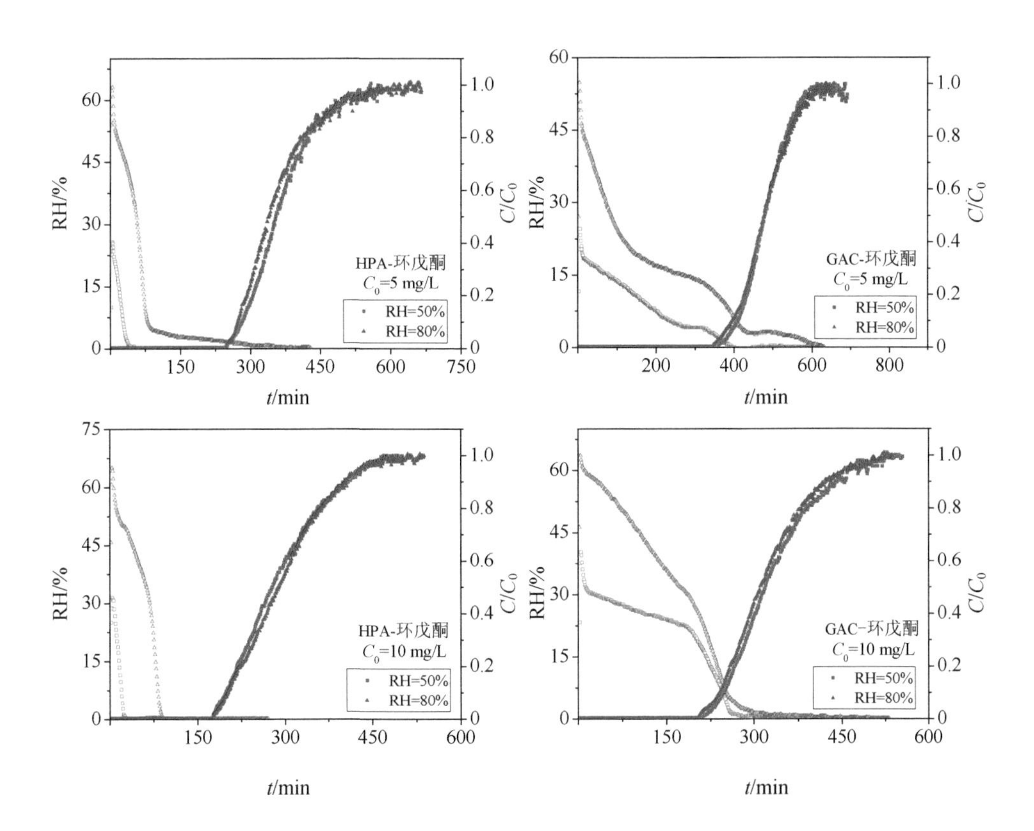

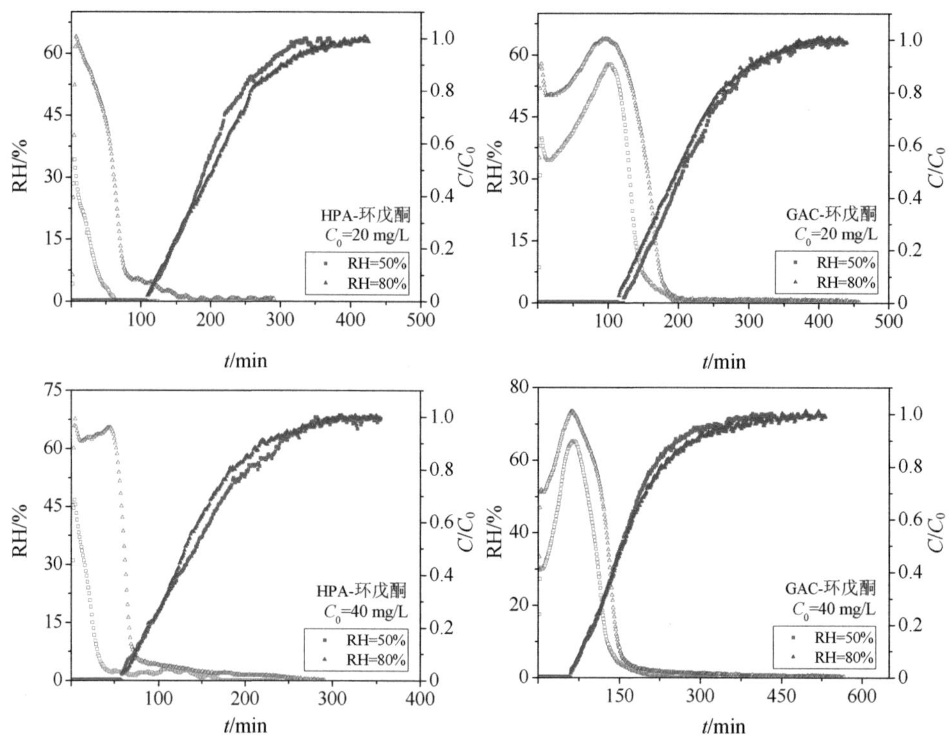


图 A.7 环戊酮在不同预吸附水量的 HPA 和 GAC 上的穿透曲线（■▲）与水蒸气的脱附曲线（□△）

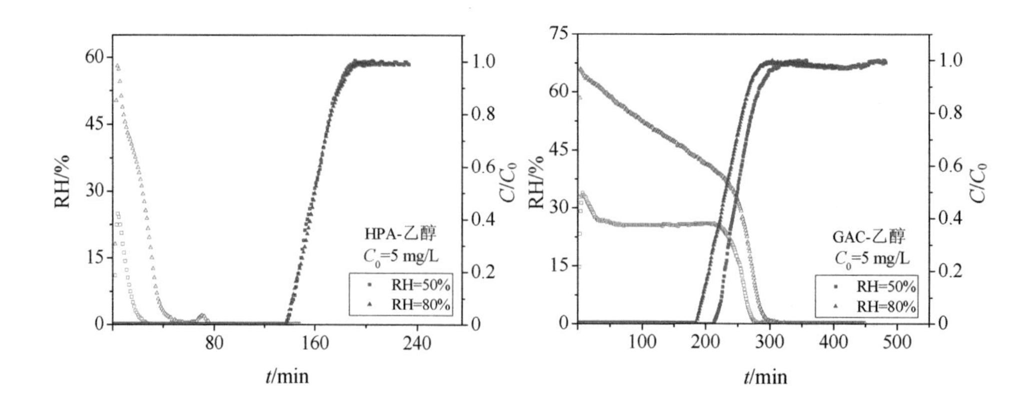

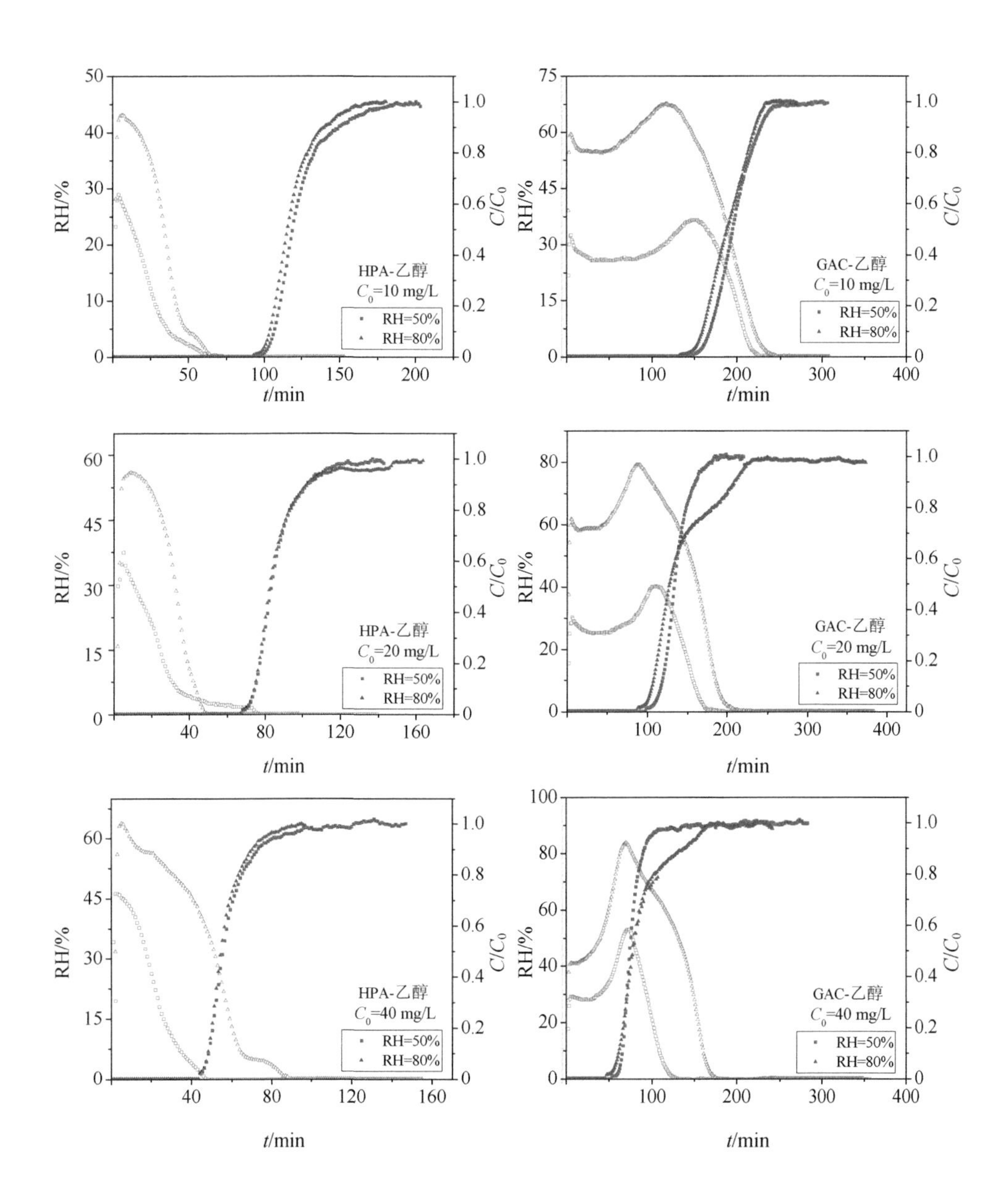
HPA-乙醇
$C_0$=10 mg/L
RH=50%
RH=80%
GAC-乙醇
$C_0$=10 mg/L
RH=50%
RH=80%
HPA-乙醇
$C_0$=20 mg/L
RH=50%
RH=80%
GAC-乙醇
$C_0$=20 mg/L
RH=50%
RH=80%
HPA-乙醇
$C_0$=40 mg/L
RH=50%
RH=80%
GAC-乙醇
$C_0$=40 mg/L
RH=50%
RH=80%
RH/%
$C/C_0$
$t$/min

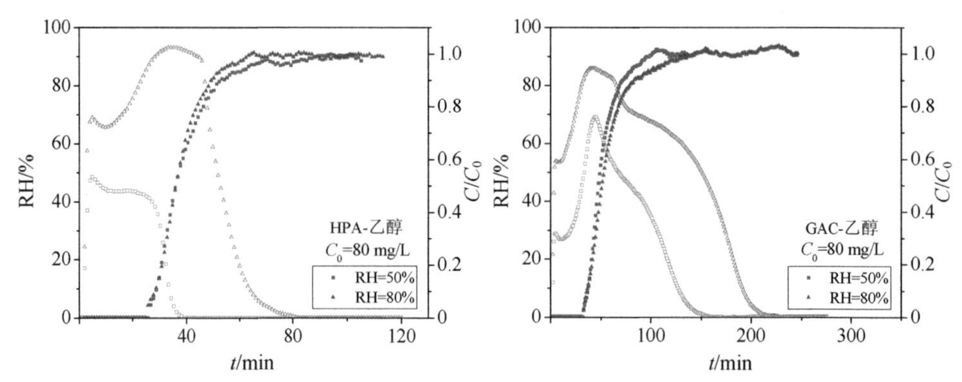


图 A.8 乙醇在不同预吸附水量的 HPA 和 GAC 上的穿透曲线（■▲）与水蒸气的脱附曲线（□△）

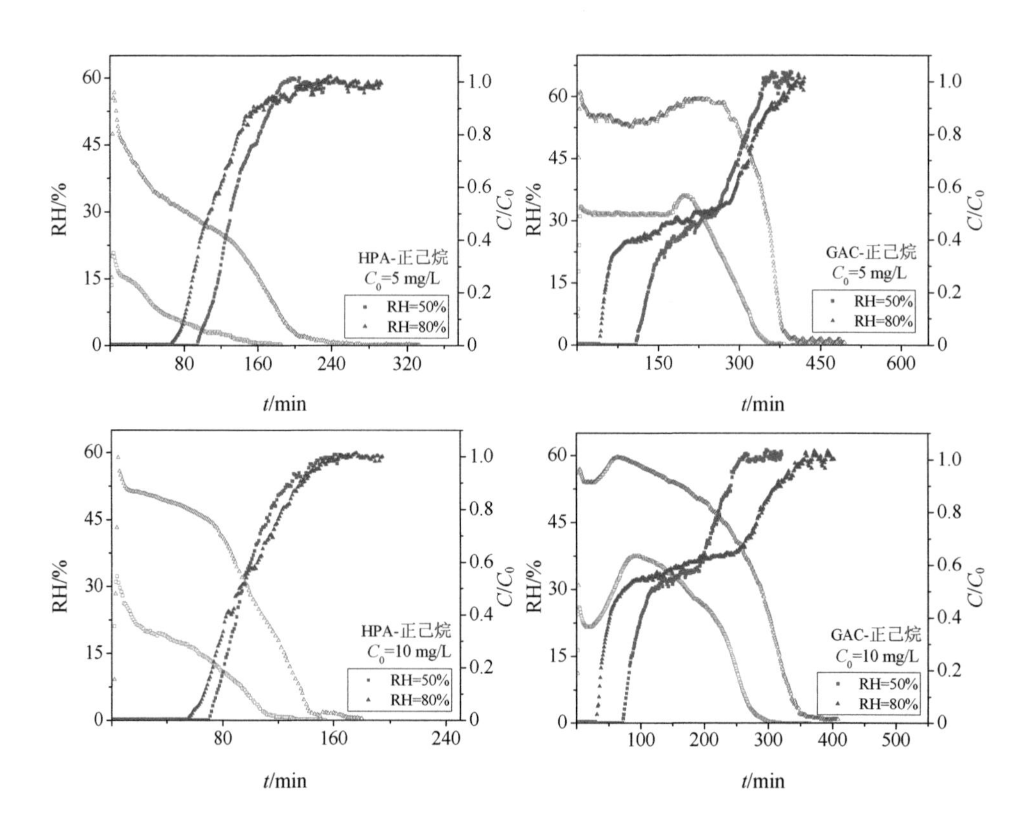

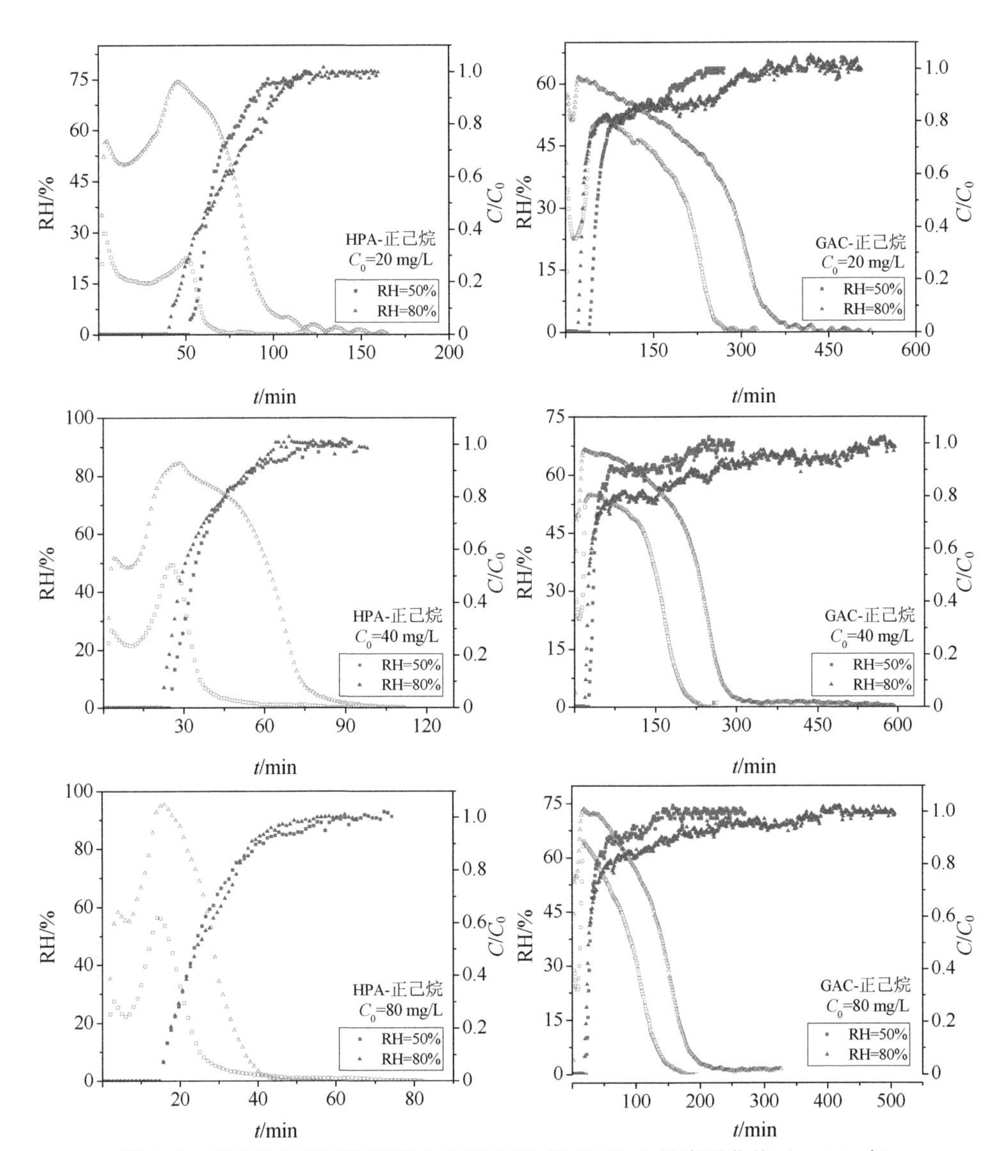


图 A.9 正己烷在不同预吸附水量的 HPA 和 GAC 上的穿透曲线（■▲）与水蒸气的脱附曲线（□△）

表 A.1 298 K 时 VOCs 在不同相对湿度时预吸附水的 HPA 上的 Y-N 方程拟合的吸附速率常数

| VOCs | RH/% | VOCs 浓度/（mg/L） | | | | |
|---|---|---|---|---|---|---|
| | | 5 | 10 | 20 | 40 | 80 |
| 丙酮 | 0 | 0.179 | 0.227 | 0.278 | 0.447 | 0.761 |
| | 50 | 0.173 | 0.232 | 0.304 | 0.457 | 0.690 |
| | 80 | 0.187 | 0.234 | 0.306 | 0.456 | 0.692 |
| 甲乙酮 | 0 | 0.113 | 0.152 | 0.193 | 0.265 | 0.342 |
| | 50 | 0.112 | 0.153 | 0.188 | 0.266 | 0.326 |
| | 80 | 0.116 | 0.149 | 0.189 | 0.269 | 0.327 |
| 环戊酮 | 0 | 0.031 | 0.034 | 0.036 | 0.036 | — |
| | 50 | 0.032 | 0.030 | 0.036 | 0.034 | — |
| | 80 | 0.035 | 0.030 | 0.031 | 0.037 | — |
| 乙醇 | 0 | 0.145 | 0.184 | 0.249 | 0.281 | 0.322 |
| | 50 | 0.151 | 0.175 | 0.246 | 0.297 | 0.314 |
| | 80 | 0.136 | 0.181 | 0.264 | 0.296 | 0.311 |
| 正己烷 | 0 | 0.142 | 0.152 | 0.271 | 0.313 | 0.316 |
| | 50 | 0.087 | 0.122 | 0.286 | 0.243 | 0.315 |
| | 80 | 0.085 | 0.092 | 0.177 | 0.211 | 0.314 |

表 A.2 298 K 时 VOCs 在不同相对湿度预吸附水的 GAC 上的 Y-N 方程拟合的吸附速率常数

| VOCs | RH/% | VOCs 浓度/（mg/L） | | | | |
|---|---|---|---|---|---|---|
| | | 5 | 10 | 20 | 40 | 80 |
| 丙酮 | 0 | 0.171 | 0.257 | 0.283 | 0.428 | 0.537 |
| | 50 | 0.102 | 0.246 | 0.283 | 0.332 | 0.515 |
| | 80 | 0.021 | 0.131 | 0.146 | 0.258 | 0.424 |
| 甲乙酮 | 0 | 0.128 | 0.122 | 0.138 | 0.221 | 0.400 |
| | 50 | 0.113 | 0.072 | 0.111 | 0.153 | 0.399 |
| | 80 | 0.042 | 0.052 | 0.063 | 0.137 | 0.389 |

| VOCs | RH/% | VOCs 浓度/（mg/L） | | | | |
|---|---|---|---|---|---|---|
| | | 5 | 10 | 20 | 40 | 80 |
| 环戊酮 | 0 | 0.031 | 0.034 | 0.036 | 0.037 | — |
| | 50 | 0.032 | 0.032 | 0.036 | 0.032 | — |
| | 80 | 0.030 | 0.033 | 0.035 | 0.030 | — |
| 乙醇 | 0 | 0.097 | 0.186 | 0.182 | 0.263 | 0.324 |
| | 50 | 0.092 | 0.082 | 0.132 | 0.268 | 0.221 |
| | 80 | 0.067 | 0.076 | 0.102 | 0.133 | 0.157 |
| 正己烷 | 0 | 0.192 | 0.188 | 0.326 | 0.422 | 0.447 |
| | 50 | 0.076 | 0.144 | 0.323 | 0.408 | 0.443 |
| | 80 | 0.076 | 0.153 | 0.329 | 0.432 | 0.437 |

表 A.3　298 K 时 VOCs 在不同相对湿度下预吸附水的 HPA 上穿透曲线用 Y-N 方程拟合的参数 $\tau$

| VOCs | RH/% | VOCs 浓度/（mg/L） | | | | |
|---|---|---|---|---|---|---|
| | | 5 | 10 | 20 | 40 | 80 |
| 丙酮 | 0 | 112.5 | 72.8 | 50.5 | 34.1 | 20.6 |
| | 50 | 112.5 | 70.2 | 50.4 | 32.8 | 21.8 |
| | 80 | 112.9 | 69.6 | 48.9 | 32.1 | 21.1 |
| 甲乙酮 | 0 | 187.5 | 147.8 | 107.0 | 63.8 | 37.5 |
| | 50 | 189.4 | 148.0 | 109.0 | 64.4 | 33.5 |
| | 80 | 185.5 | 148.8 | 105.0 | 65.9 | 33.9 |
| 环戊酮 | 0 | 354.1 | 273.0 | 197.0 | 134.0 | — |
| | 50 | 354.4 | 277.2 | 190.9 | 143.4 | — |
| | 80 | 338.8 | 288.9 | 203.6 | 140.5 | — |
| 乙醇 | 0 | 159.5 | 118.5 | 84.1 | 55.8 | 36.9 |
| | 50 | 158.8 | 119.0 | 83.3 | 55.8 | 35.9 |
| | 80 | 159.8 | 115.8 | 82.6 | 53.9 | 35.9 |
| 正己烷 | 0 | 156.5 | 105.8 | 70.3 | 38.2 | 24.3 |
| | 50 | 130.4 | 94.5 | 63.3 | 44.5 | 23.6 |
| | 80 | 108.0 | 93.1 | 66.3 | 39.5 | 19.3 |

表 A.4 298 K 时 VOCs 在不同相对湿度时预吸附水的 GAC 上穿透曲线的 Y-N 方程拟合的参数 $\tau$

| VOCs | RH/% | VOCs 浓度/（mg/L） | | | | |
|---|---|---|---|---|---|---|
| | | 5 | 10 | 20 | 40 | 80 |
| 丙酮 | 0 | 220.3 | 139.9 | 93.1 | 54.8 | 31.5 |
| | 50 | 198.8 | 121.9 | 83.9 | 52.7 | 29.2 |
| | 80 | 244.1 | 114.9 | 83.1 | 51.8 | 30.6 |
| 甲乙酮 | 0 | 252.0 | 196.4 | 121.0 | 70.9 | 42.0 |
| | 50 | 234.2 | 196.4 | 111.0 | 72.3 | 41.9 |
| | 80 | 245.1 | 196.4 | 125.4 | 66.4 | 39.1 |
| 环戊酮 | 0 | 481.5 | 314.6 | 204.1 | 140.8 | — |
| | 50 | 479.2 | 319.7 | 206.5 | 151.1 | — |
| | 80 | 478.7 | 310.3 | 197.6 | 152.3 | — |
| 乙醇 | 0 | 267.4 | 193.4 | 128.2 | 76.2 | 45.0 |
| | 50 | 249.1 | 195.4 | 133.5 | 74.1 | 47.3 |
| | 80 | 231.1 | 189.4 | 127.8 | 77.7 | 50.9 |
| 正己烷 | 0 | 212.3 | 138.7 | 88.3 | 54.9 | 37.9 |
| | 50 | 167.2 | 116.0 | 54.4 | 35.4 | 27.5 |
| | 80 | 86.5 | 72.3 | 30.1 | 26.6 | 25.8 |

# 附录 B 水蒸气与 VOCs 共吸附时对 VOCs 柱吸附的影响

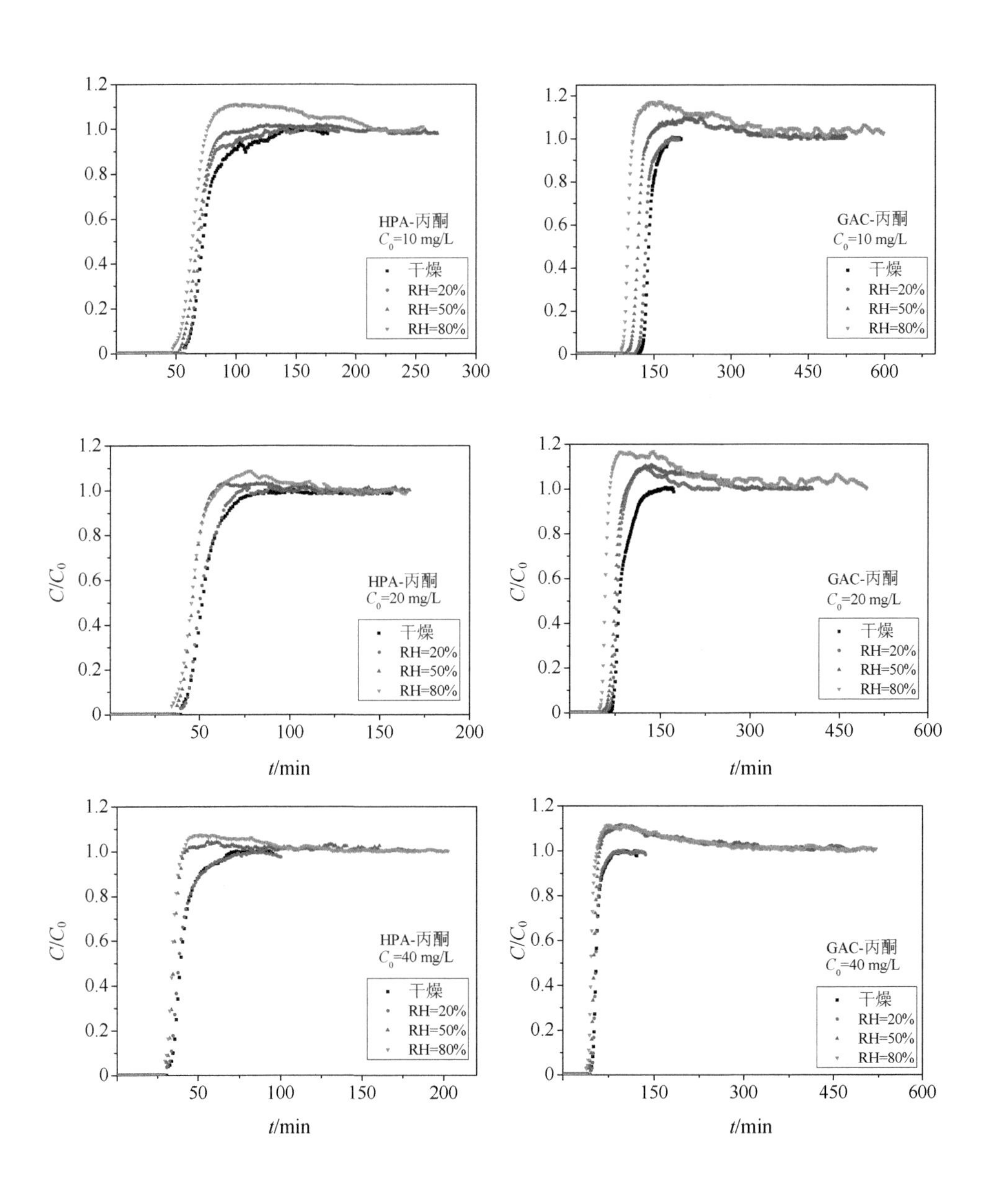

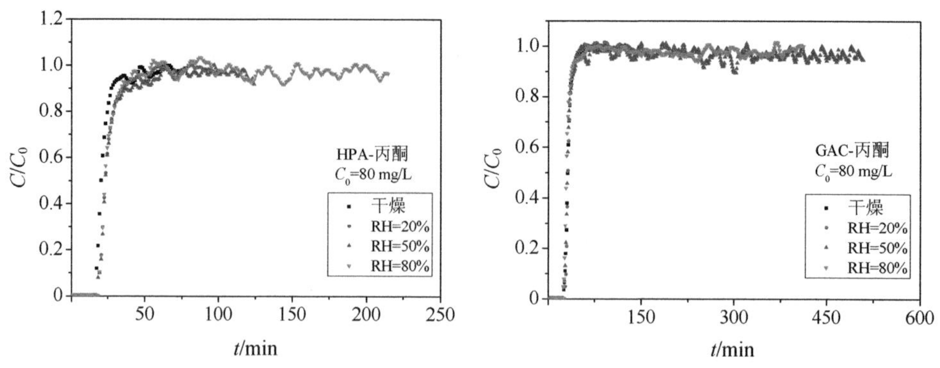


图 B.1 丙酮与水蒸气在 HPA 和 GAC 上共吸附时的穿透曲线

（丙酮初始浓度为 10 mg/L、20 mg/L、40 mg/L 和 80 mg/L）

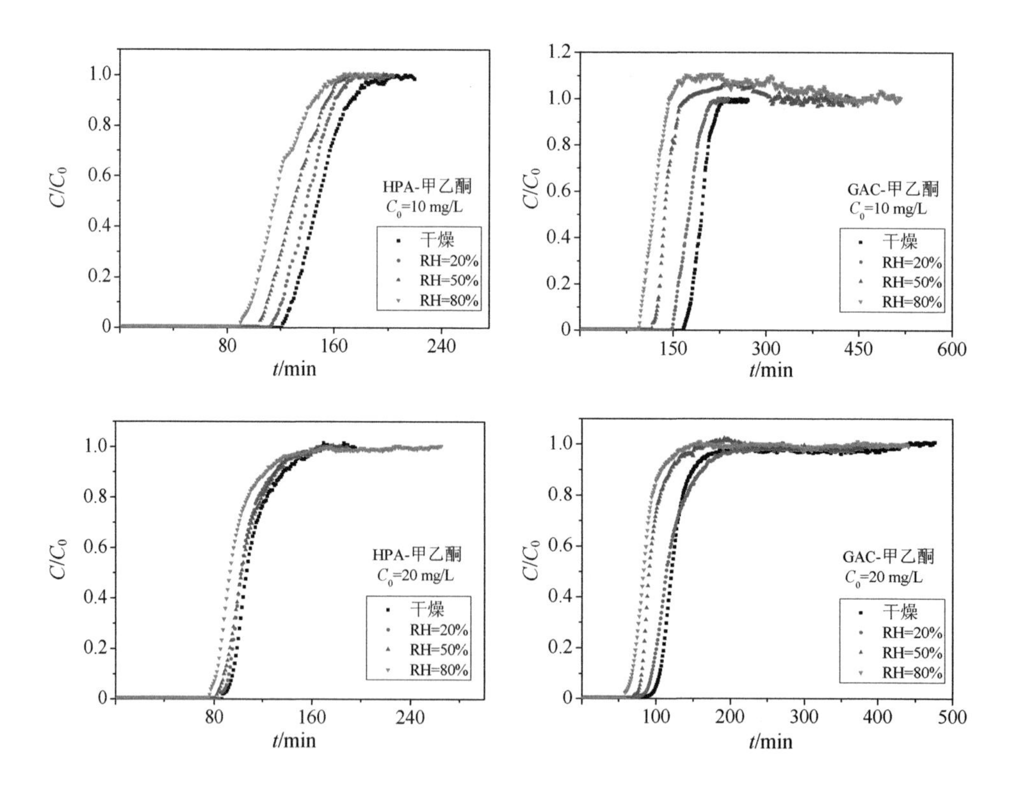

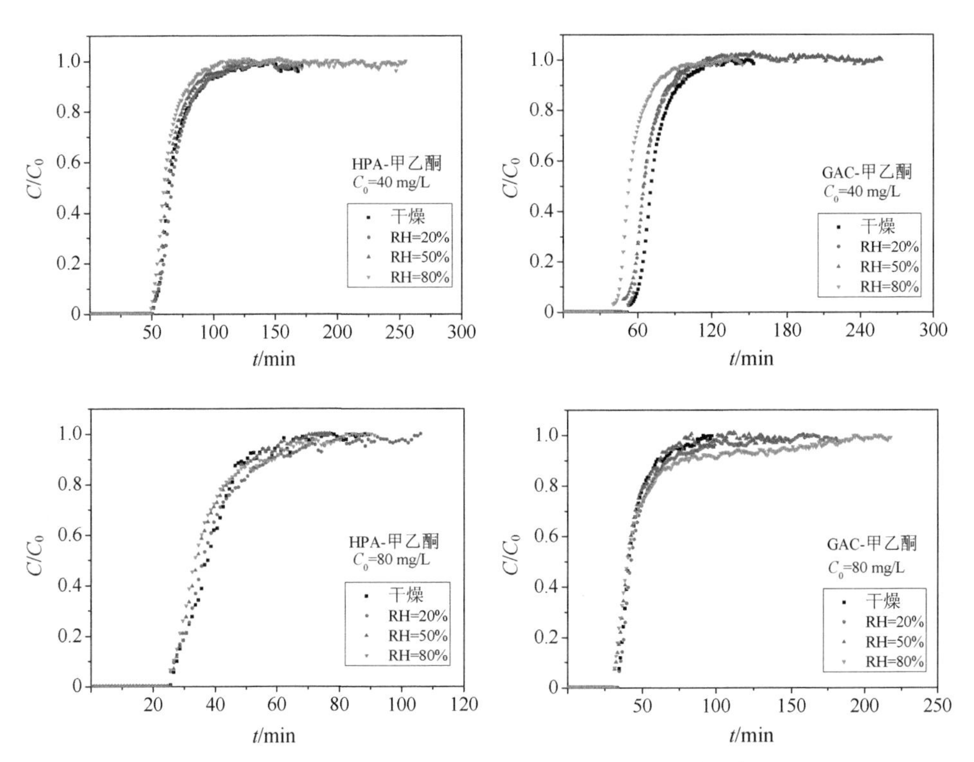


图 B.2 甲乙酮与水蒸气在 HPA 和 GAC 上共吸附时的穿透曲线

（甲乙酮初始浓度为 10 mg/L、20 mg/L、40 mg/L 和 80 mg/L）

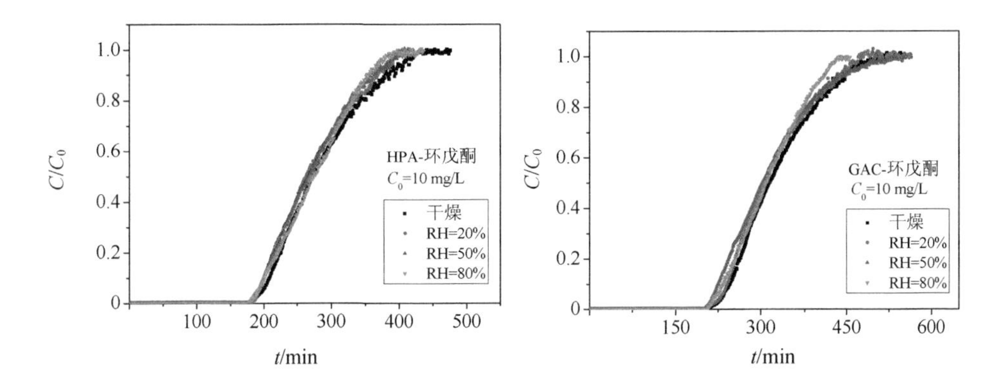

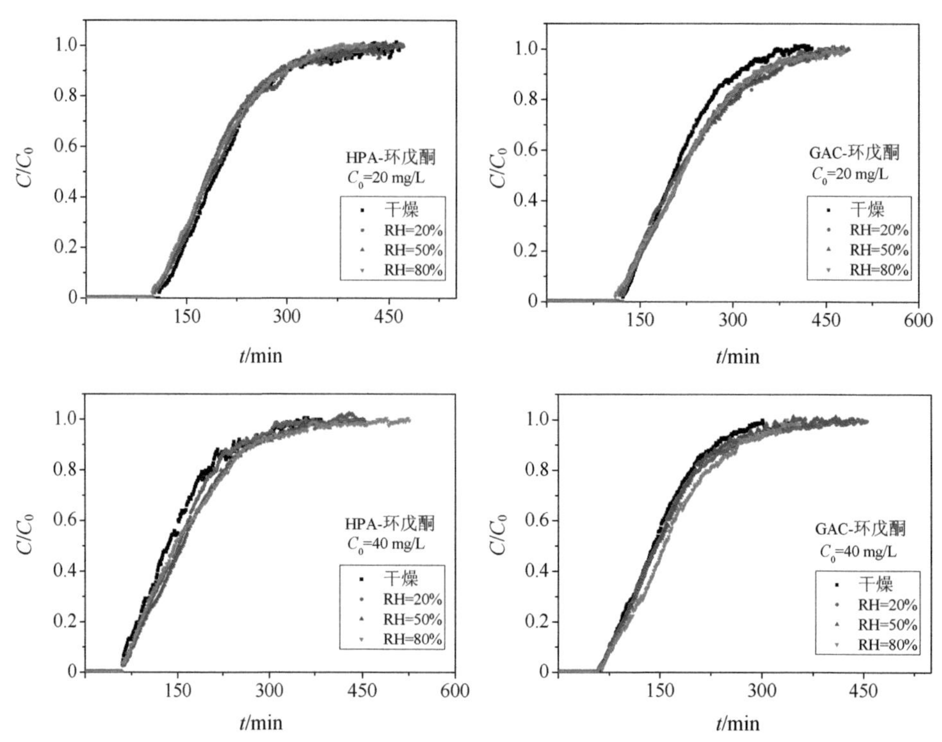


图 B.3 环戊酮与水蒸气在 HPA 和 GAC 上共吸附时的穿透曲线

（环戊酮初始浓度为 10 mg/L、20 mg/L 和 40 mg/L）

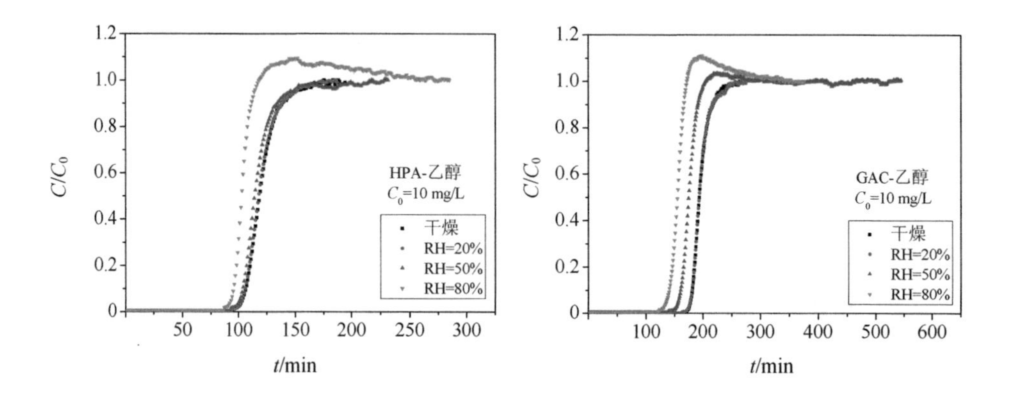

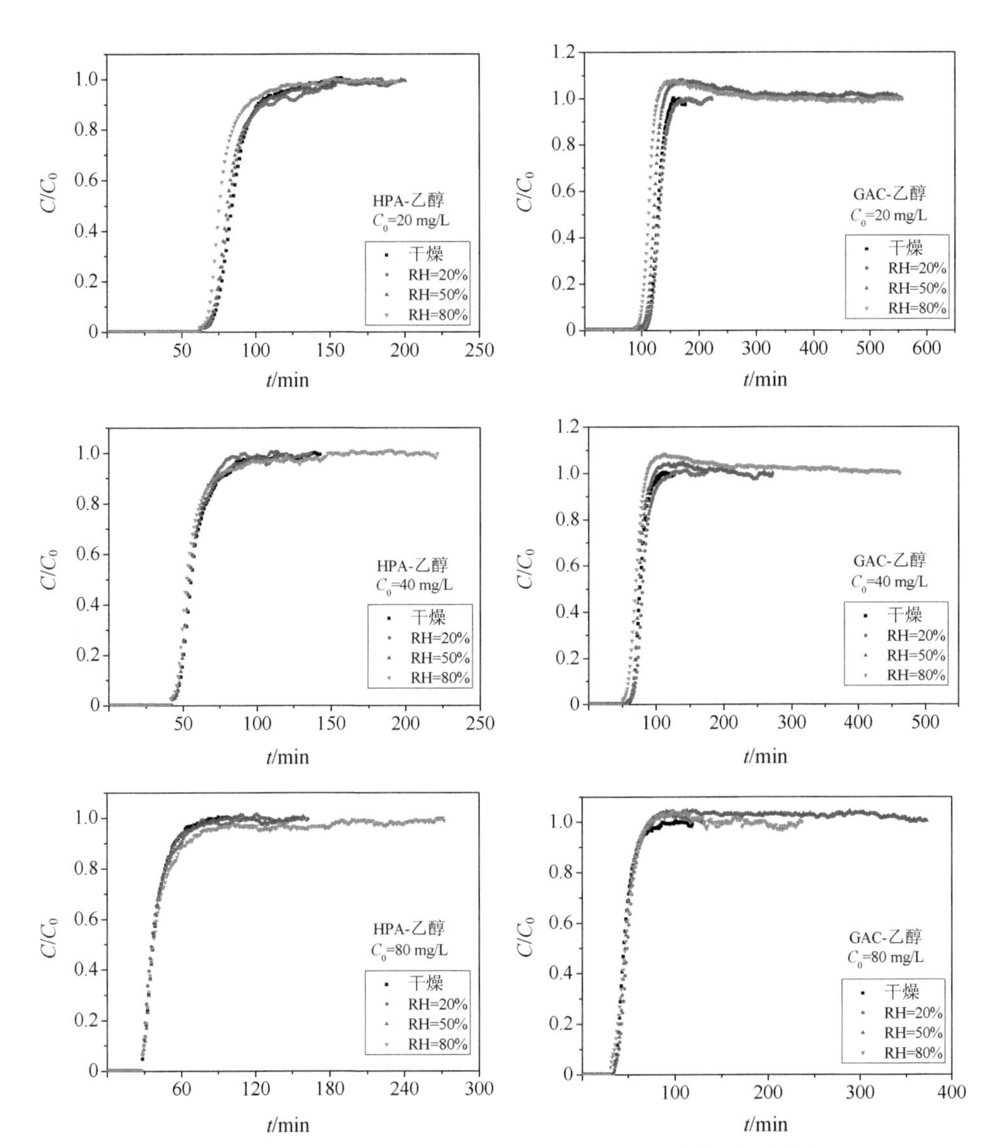


图 B.4 乙醇与水蒸气在 HPA 和 GAC 上共吸附时的穿透曲线

（乙醇初始浓度为 10 mg/L、20 mg/L、40 mg/L 和 80 mg/L）

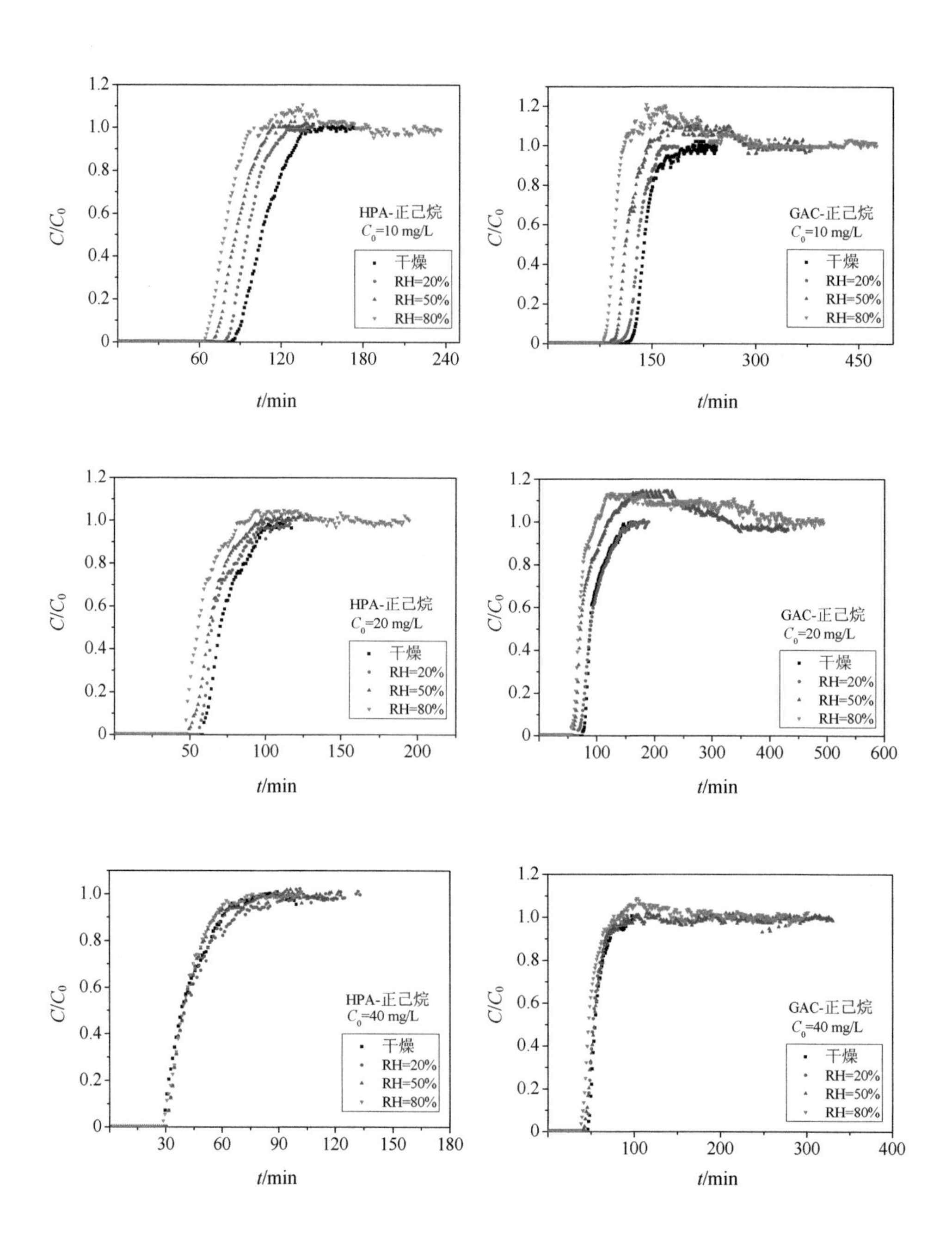
HPA-正己烷
$C_0$=10 mg/L
干燥
RH=20%
RH=50%
RH=80%
C/C0
t/min
GAC-正己烷
$C_0$=10 mg/L
HPA-正己烷
$C_0$=20 mg/L
GAC-正己烷
$C_0$=20 mg/L
HPA-正己烷
$C_0$=40 mg/L
GAC-正己烷
$C_0$=40 mg/L

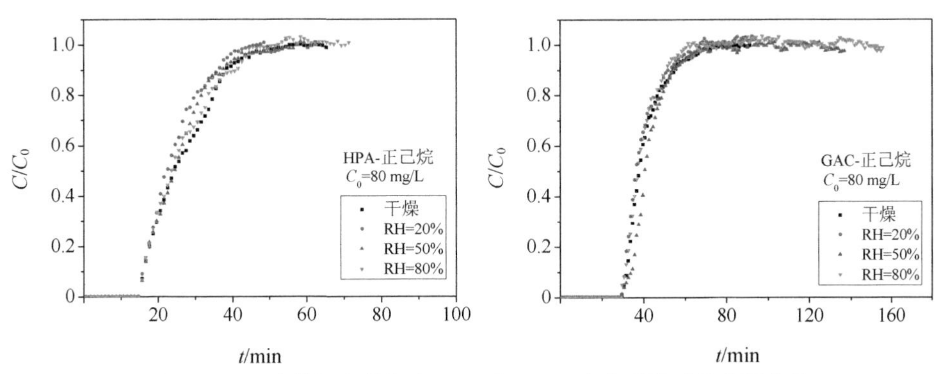


图 B.5 正己烷与水蒸气在 HPA 和 GAC 上共吸附时的穿透曲线

（正己烷初始浓度为 10 mg/L、20 mg/L、40 mg/L 和 80 mg/L）

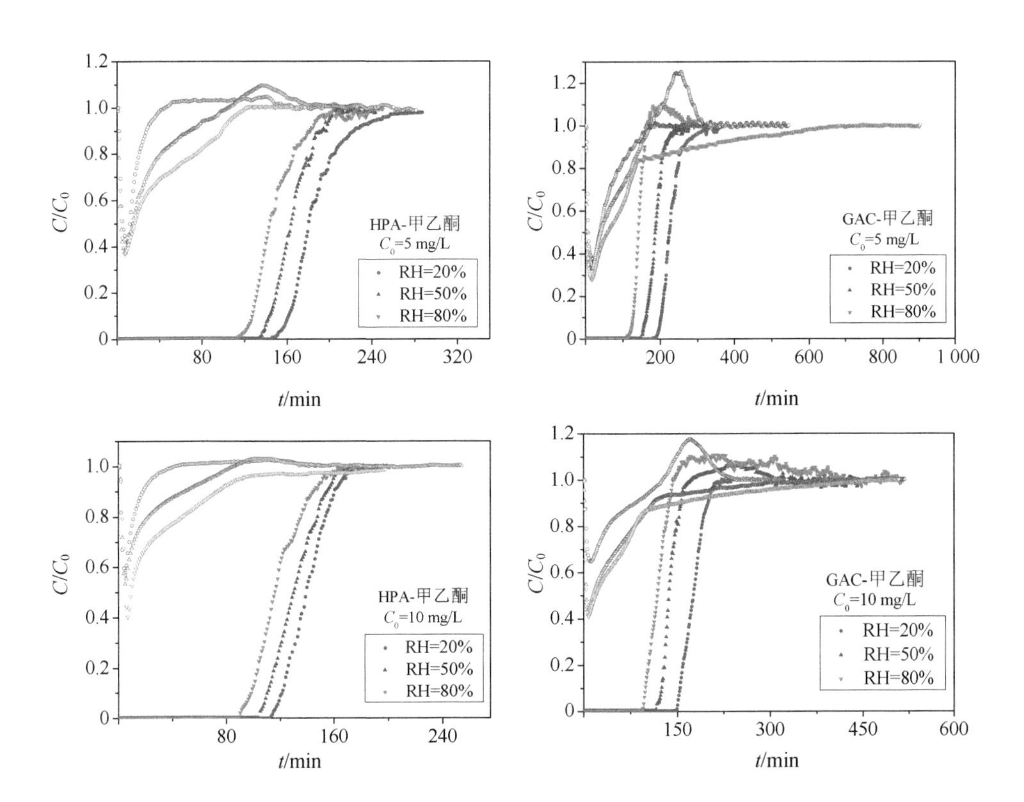

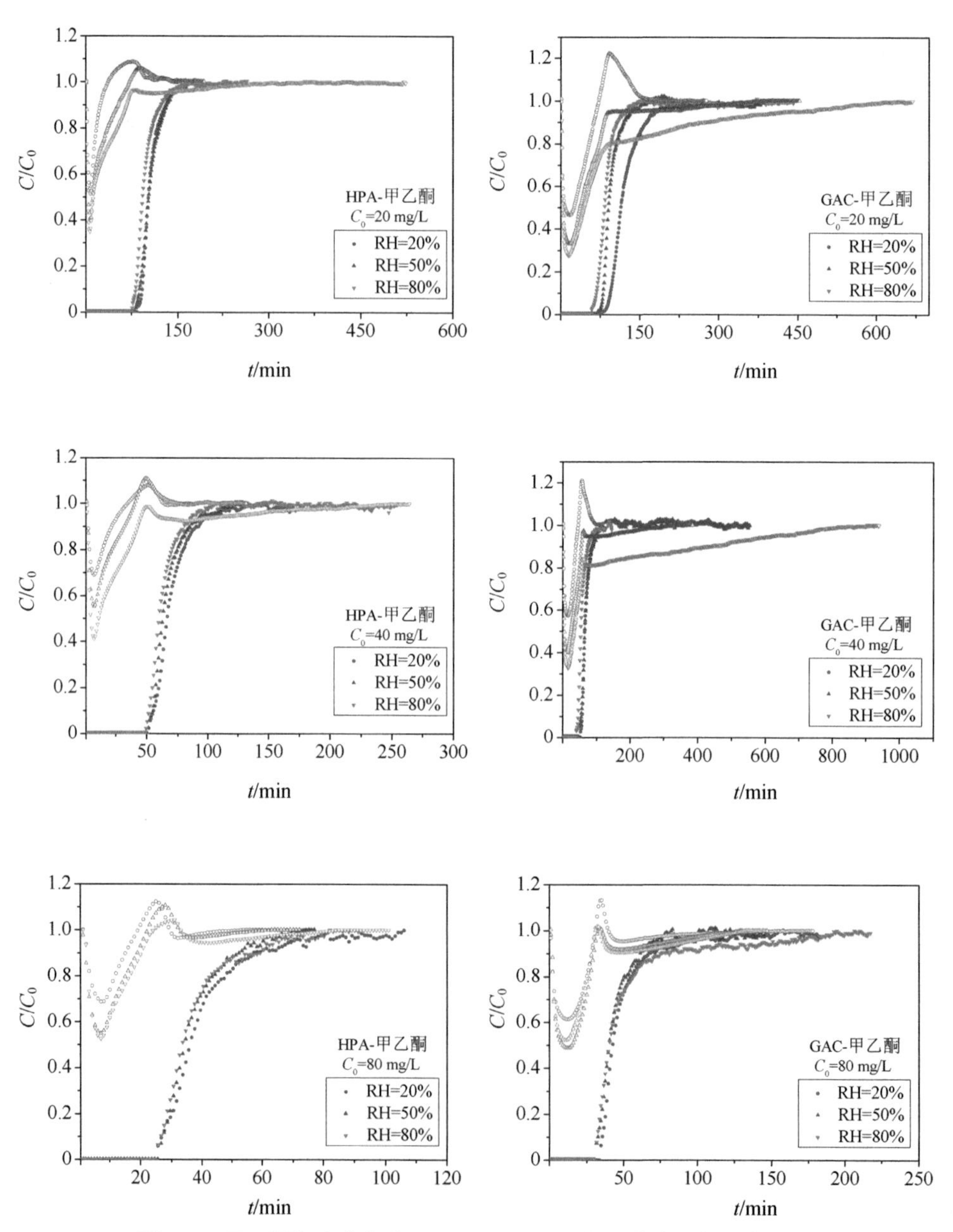


图 B.6　甲乙酮与水蒸气在 HPA 和 GAC 上共吸附时二者的穿透曲线

（● ▲ ▼ VOCs；○ △ ▽ $H_2O$）

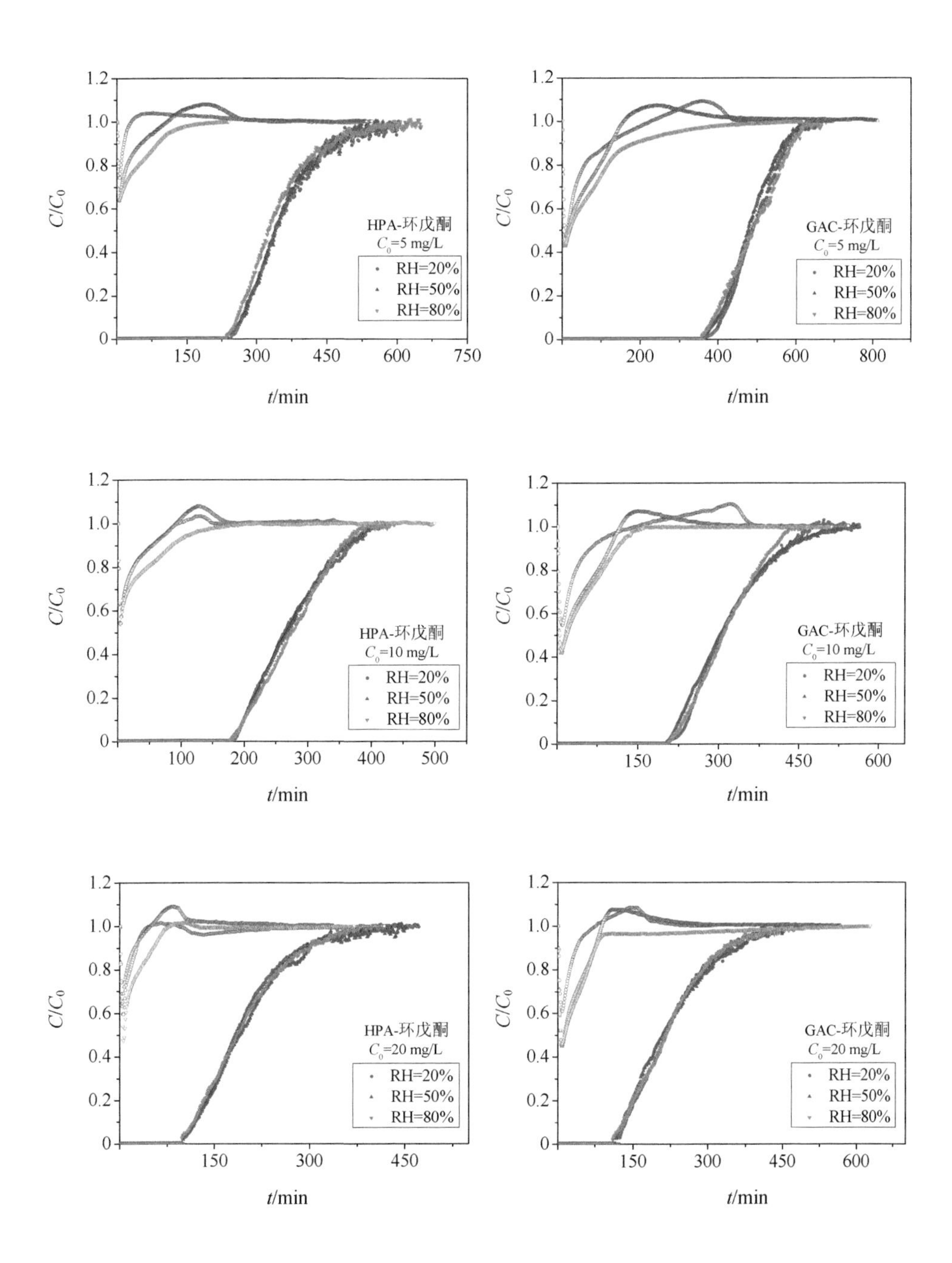
HPA-环戊酮
$C_0$=5 mg/L
RH=20%
RH=50%
RH=80%
GAC-环戊酮
$C_0$=5 mg/L
RH=20%
RH=50%
RH=80%
HPA-环戊酮
$C_0$=10 mg/L
RH=20%
RH=50%
RH=80%
GAC-环戊酮
$C_0$=10 mg/L
RH=20%
RH=50%
RH=80%
HPA-环戊酮
$C_0$=20 mg/L
RH=20%
RH=50%
RH=80%
GAC-环戊酮
$C_0$=20 mg/L
RH=20%
RH=50%
RH=80%
$C/C_0$
$t$/min

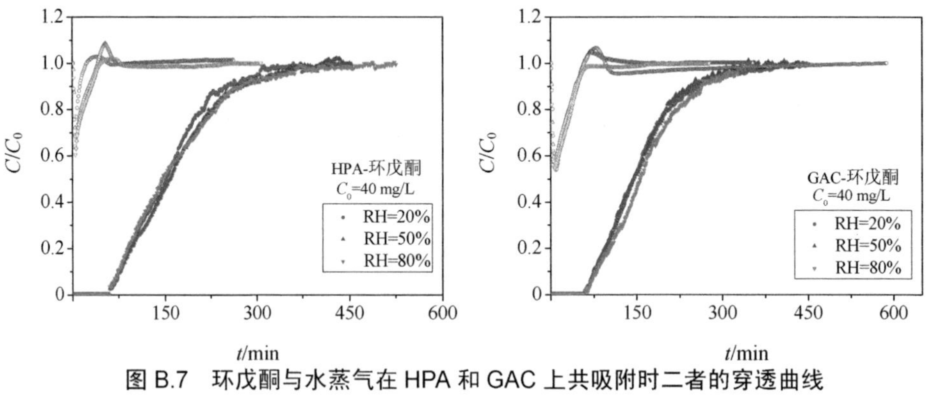


图 B.7 环戊酮与水蒸气在 HPA 和 GAC 上共吸附时二者的穿透曲线

（● ▲ ▼ VOCs；○ △ ▽ $H_2O$）

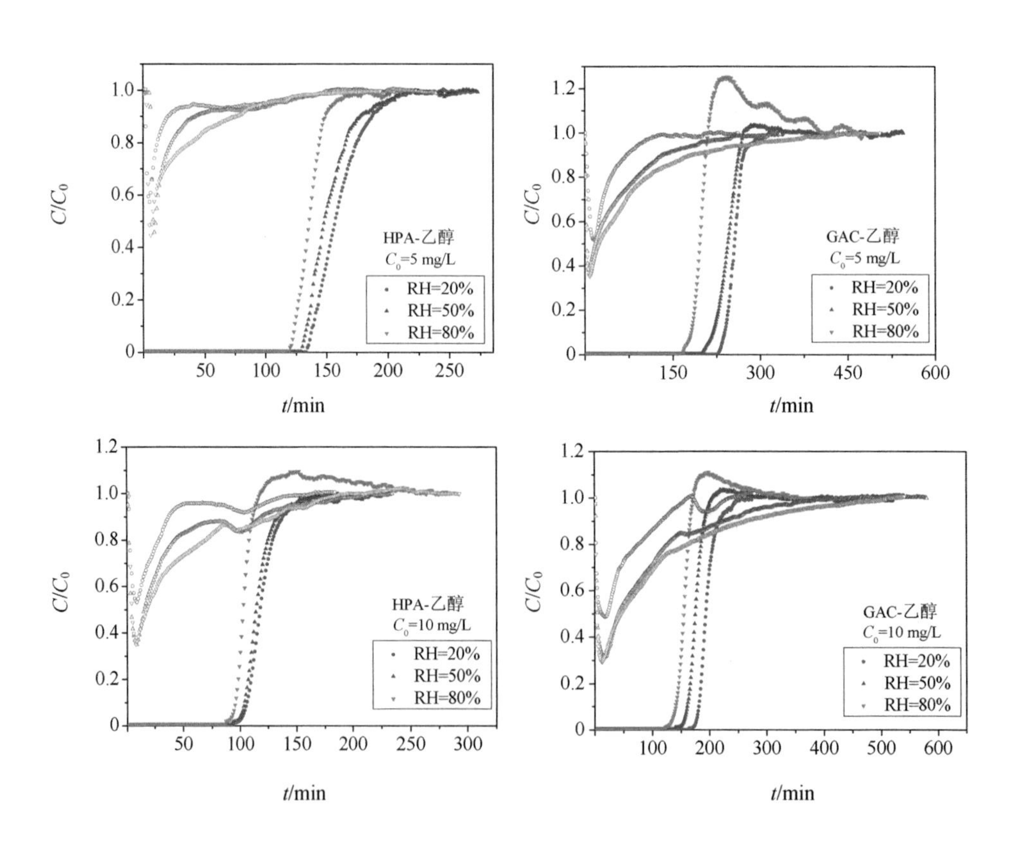

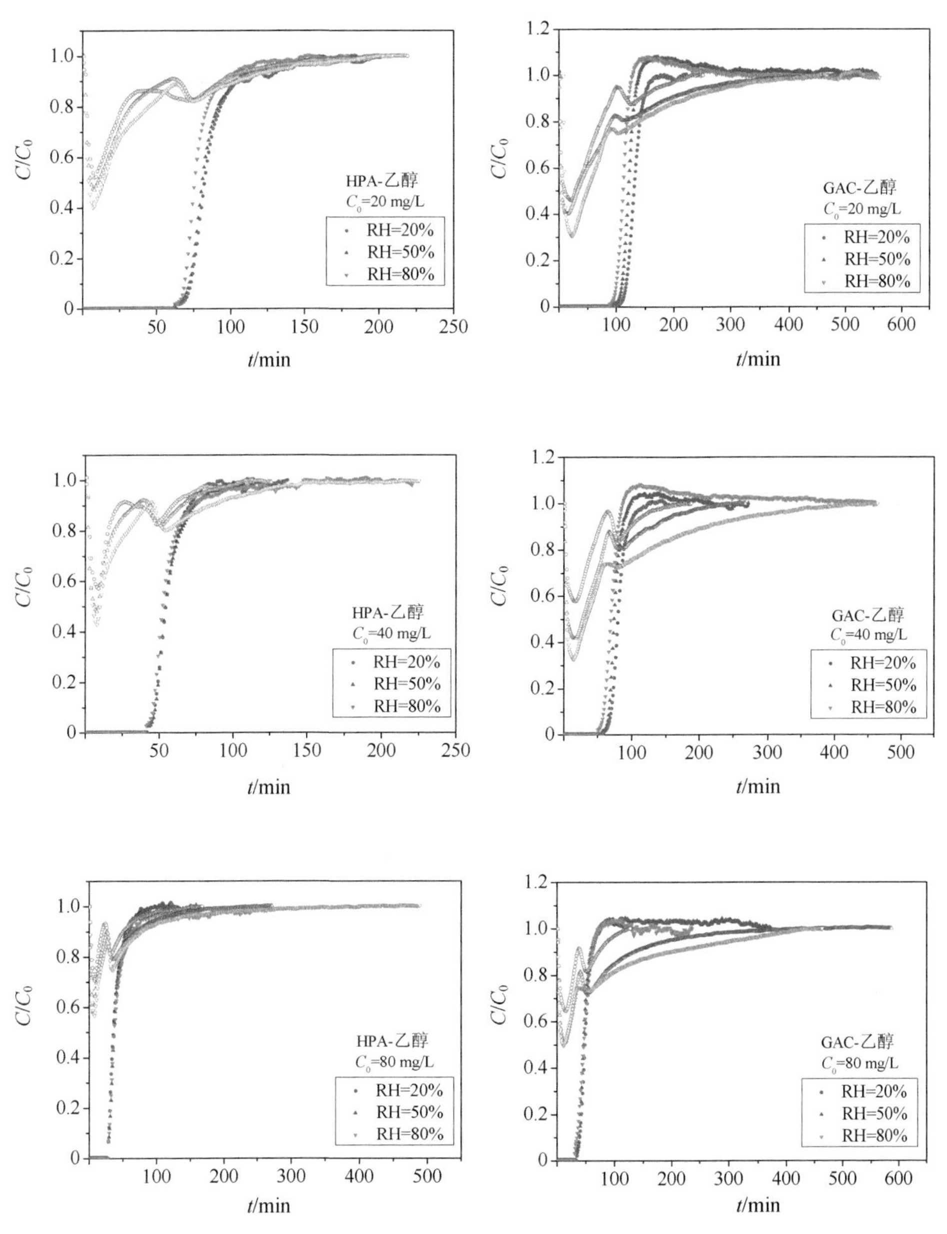


图 B.8 乙醇与水蒸气在 HPA 和 GAC 上共吸附时二者的穿透曲线

（● ▲ ▼ VOCs；○ △ ▽ $H_2O$）

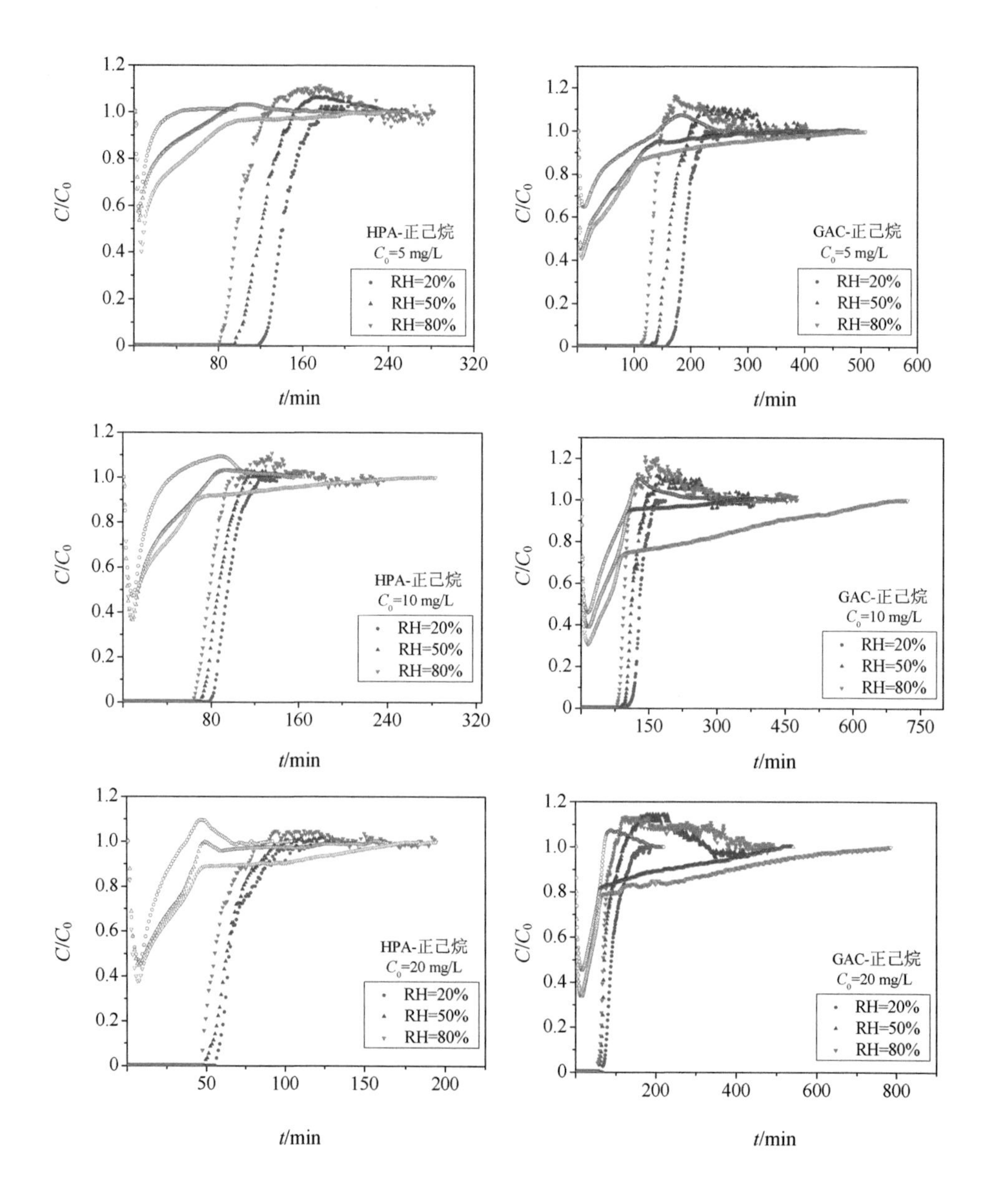

HPA-正己烷
$C_0$=5 mg/L
RH=20%
RH=50%
RH=80%
GAC-正己烷
$C_0$=5 mg/L
RH=20%
RH=50%
RH=80%
HPA-正己烷
$C_0$=10 mg/L
RH=20%
RH=50%
RH=80%
GAC-正己烷
$C_0$=10 mg/L
RH=20%
RH=50%
RH=80%
HPA-正己烷
$C_0$=20 mg/L
RH=20%
RH=50%
RH=80%
GAC-正己烷
$C_0$=20 mg/L
RH=20%
RH=50%
RH=80%
$C/C_0$
$t$/min

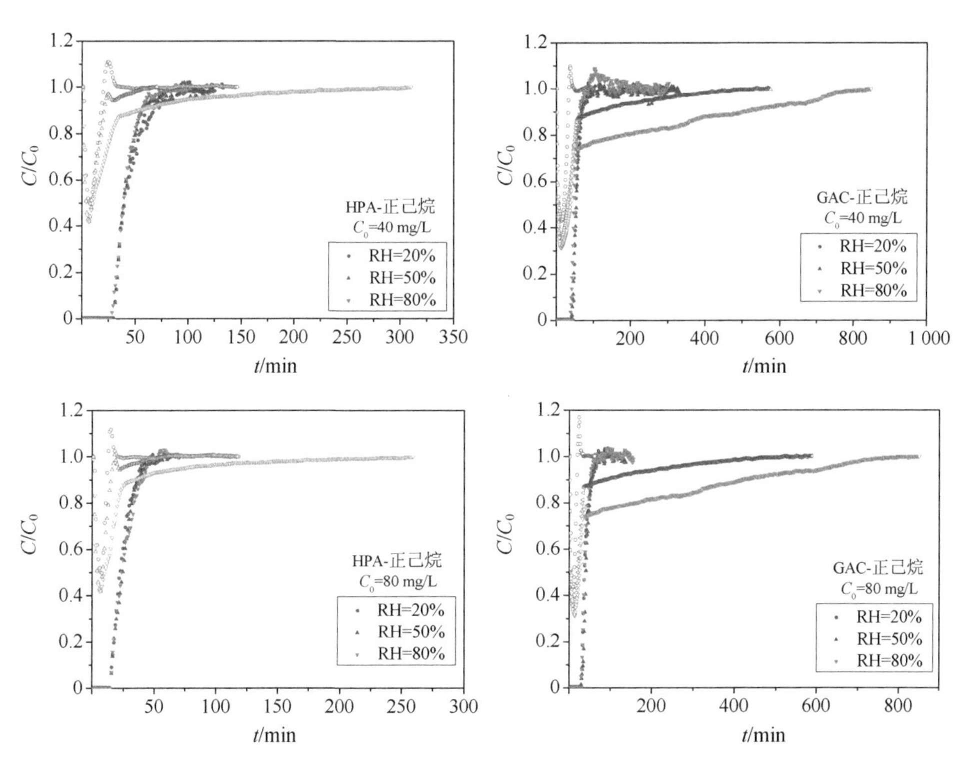


图 B.9 正己烷与水蒸气在 HPA 和 GAC 上共吸附时二者的穿透曲线

（● ▲ ▼ VOCs；○ △ ▽ $H_2O$）

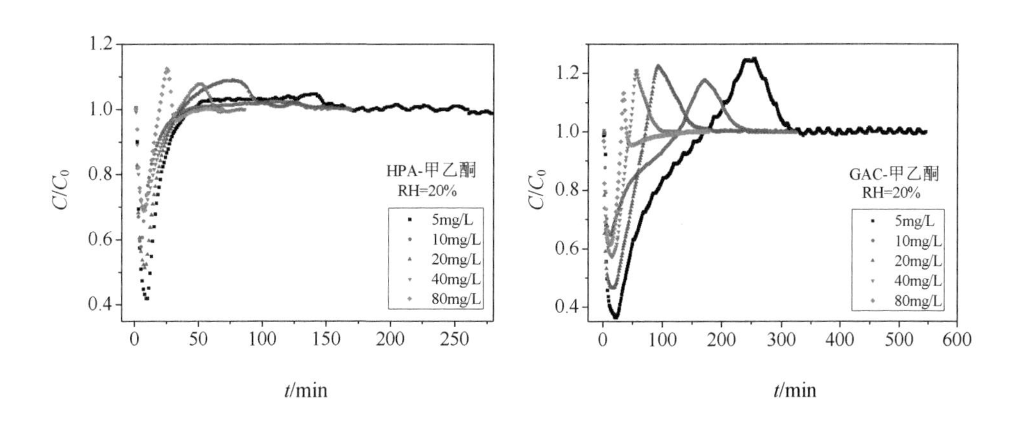

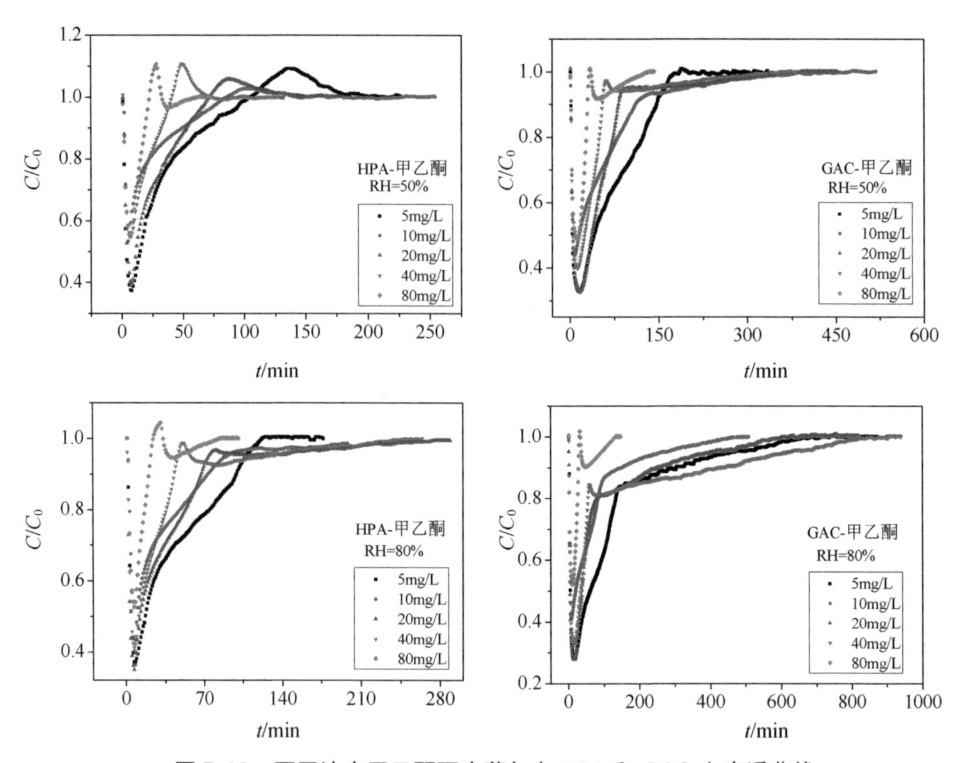


图 B.10　不同浓度甲乙酮下水蒸气在 HPA 和 GAC 上穿透曲线

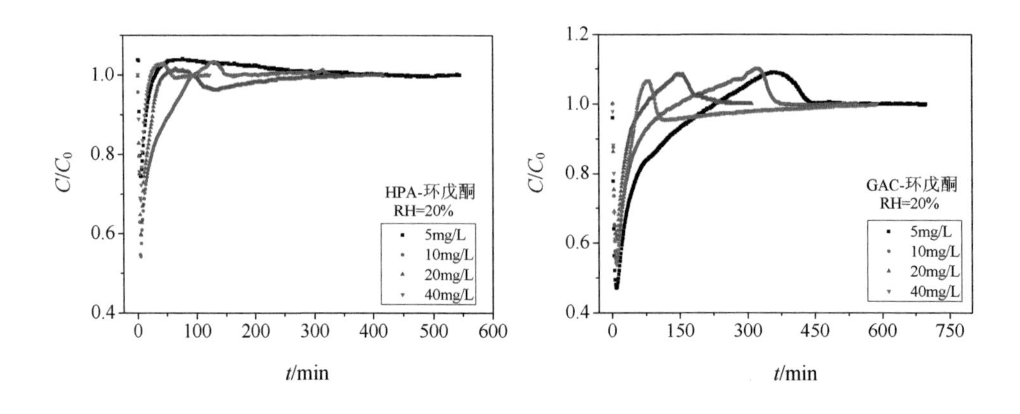

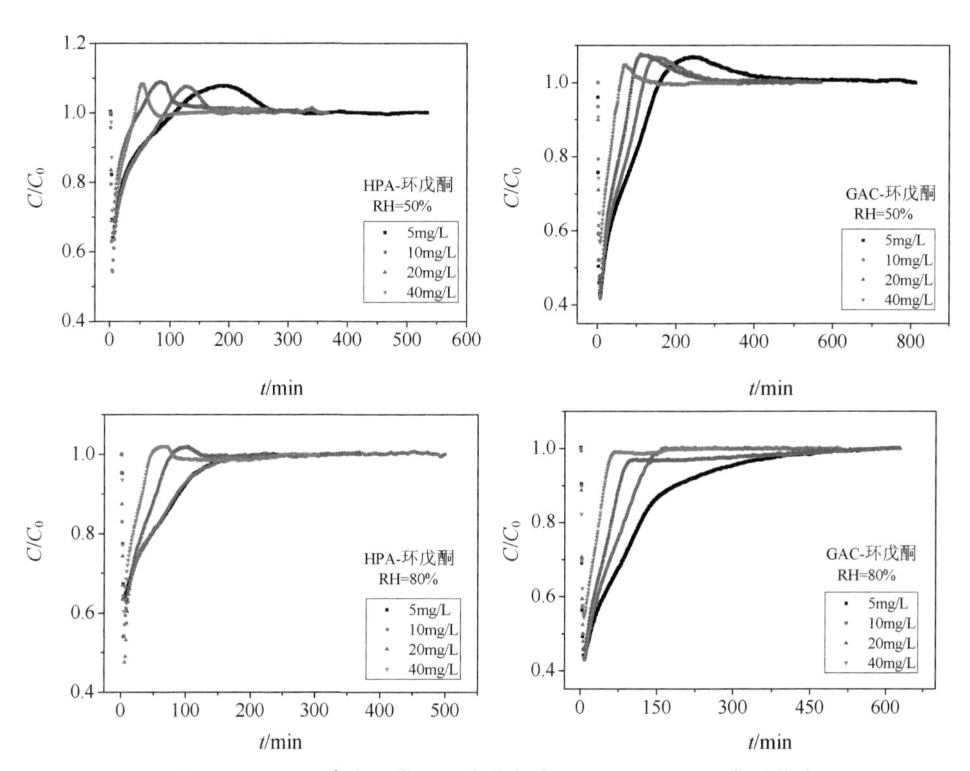


图 B.11 不同浓度环戊酮下水蒸气在 HPA 和 GAC 上穿透曲线

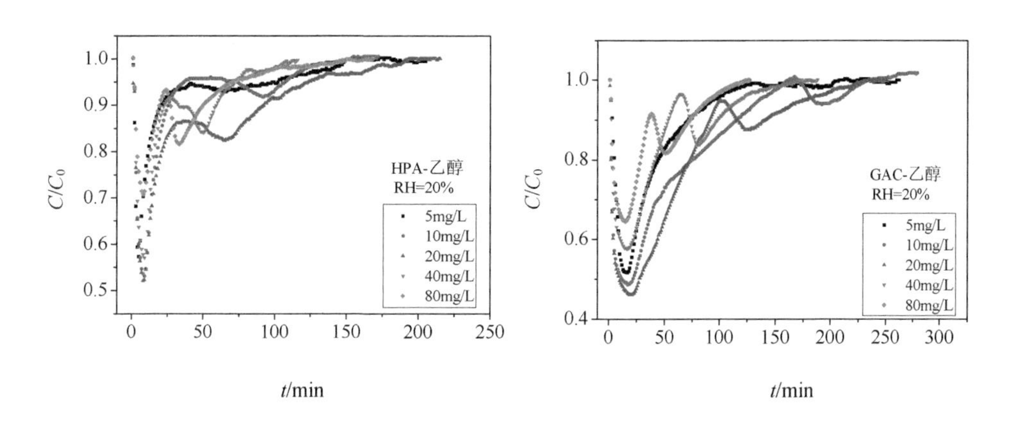

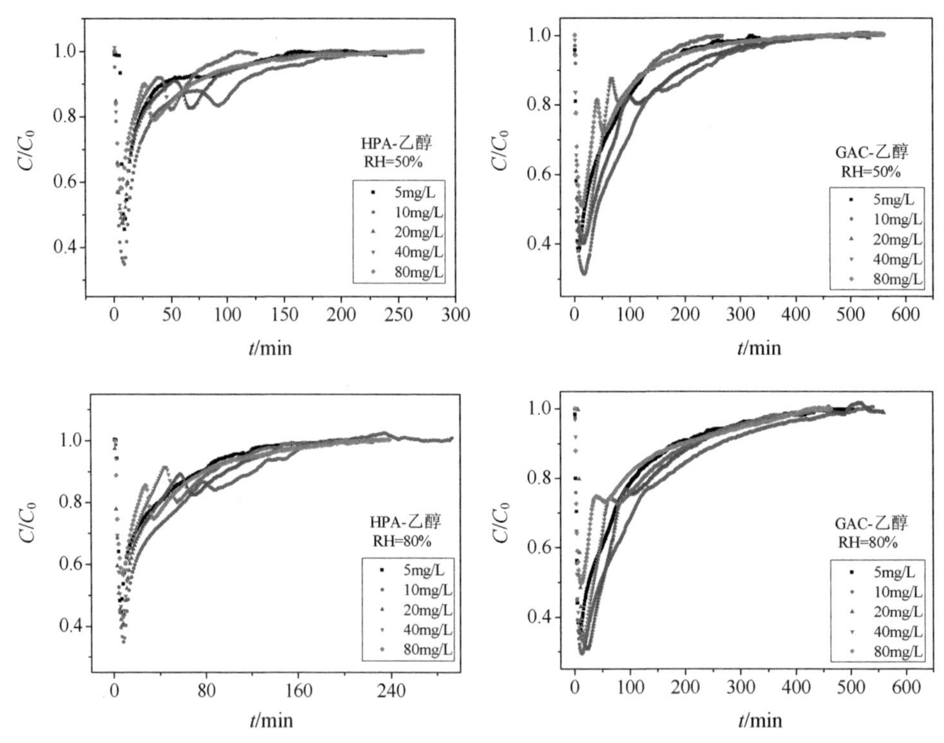


图 B.12 不同浓度乙醇下水蒸气在 HPA 和 GAC 上穿透曲线

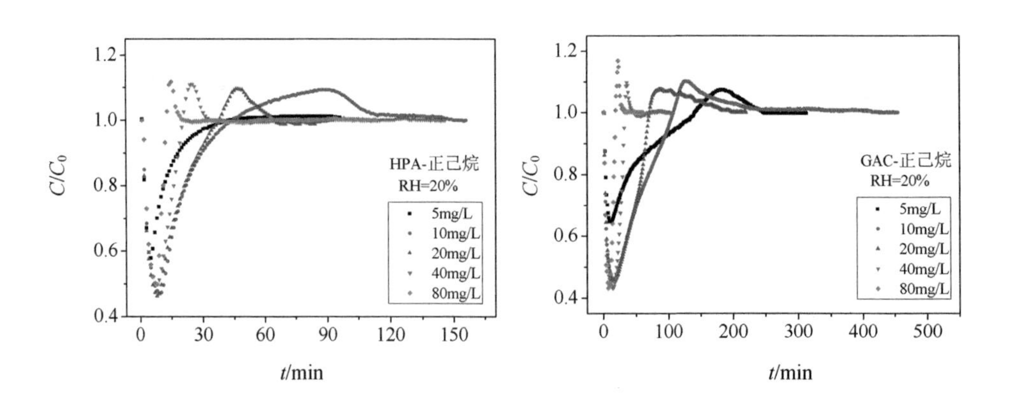

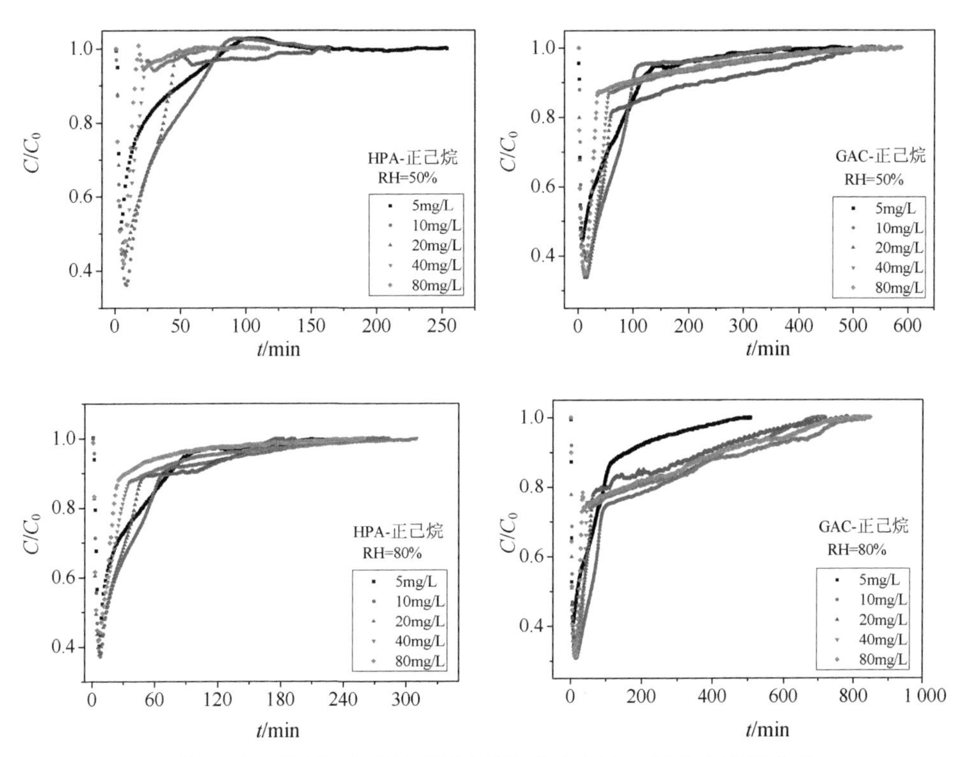


图 B.13 不同浓度正己烷下水蒸气在 HPA 和 GAC 上穿透曲线

表 B.1 298 K 时在 HPA 上不同相对湿度 $H_2O$-VOCs 共吸附时 VOCs 的 Y-N 方程拟合的吸附速率常数

| VOCs | RH/% | VOCs 浓度/（mg/L） | | | | |
|---|---|---|---|---|---|---|
| | | 5 | 10 | 20 | 40 | 80 |
| 丙酮 | 0 | 0.179 | 0.227 | 0.278 | 0.447 | 0.761 |
| | 20 | 0.174 | 0.267 | 0.356 | 0.482 | 0.764 |
| | 50 | 0.191 | 0.274 | 0.366 | 0.663 | 0.782 |
| | 80 | 0.223 | 0.321 | 0.388 | 0.697 | 0.796 |
| 甲乙酮 | 0 | 0.113 | 0.152 | 0.193 | 0.265 | 0.342 |
| | 20 | 0.118 | 0.151 | 0.209 | 0.267 | 0.364 |
| | 50 | 0.126 | 0.156 | 0.214 | 0.286 | 0.361 |
| | 80 | 0.138 | 0.166 | 0.222 | 0.287 | 0.364 |

| VOCs | RH/% | VOCs 浓度/（mg/L） | | | | |
| --- | --- | --- | --- | --- | --- | --- |
| | | 5 | 10 | 20 | 40 | 80 |
| 环戊酮 | 0 | 0.031 | 0.034 | 0.036 | 0.036 | — |
| | 20 | 0.034 | 0.034 | 0.036 | 0.036 | — |
| | 50 | 0.034 | 0.035 | 0.033 | 0.035 | — |
| | 80 | 0.035 | 0.033 | 0.034 | 0.036 | — |
| 乙醇 | 0 | 0.145 | 0.184 | 0.249 | 0.281 | 0.322 |
| | 20 | 0.147 | 0.186 | 0.222 | 0.298 | 0.354 |
| | 50 | 0.159 | 0.209 | 0.246 | 0.291 | 0.333 |
| | 80 | 0.192 | 0.263 | 0.302 | 0.324 | 0.336 |
| 正己烷 | 0 | 0.142 | 0.152 | 0.271 | 0.313 | 0.316 |
| | 20 | 0.155 | 0.170 | 0.279 | 0.317 | 0.311 |
| | 50 | 0.183 | 0.192 | 0.286 | 0.311 | 0.319 |
| | 80 | 0.216 | 0.256 | 0.301 | 0.318 | 0.322 |

表 B.2　298 K 时在 GAC 上不同相对湿度 $H_2O$-VOCs 共吸附时 VOCs 的 Y-N 方程拟合的吸附速率常数

| VOCs | RH/% | VOCs 浓度/（mg/L） | | | | |
| --- | --- | --- | --- | --- | --- | --- |
| | | 5 | 10 | 20 | 40 | 80 |
| 丙酮 | 0 | 0.171 | 0.257 | 0.283 | 0.428 | 0.537 |
| | 20 | 0.191 | 0.255 | 0.284 | 0.484 | 0.584 |
| | 50 | 0.240 | 0.258 | 0.284 | 0.487 | 0.580 |
| | 80 | 0.272 | 0.343 | 0.491 | 0.533 | 0.583 |
| 甲乙酮 | 0 | 0.128 | 0.122 | 0.138 | 0.221 | 0.400 |
| | 20 | 0.122 | 0.128 | 0.133 | 0.219 | 0.391 |
| | 50 | 0.127 | 0.127 | 0.144 | 0.234 | 0.399 |
| | 80 | 0.149 | 0.198 | 0.218 | 0.298 | 0.407 |
| 环戊酮 | 0 | 0.031 | 0.034 | 0.036 | 0.037 | — |
| | 20 | 0.031 | 0.036 | 0.030 | 0.036 | — |
| | 50 | 0.030 | 0.031 | 0.031 | 0.035 | — |
| | 80 | 0.030 | 0.031 | 0.033 | 0.034 | — |

| VOCs | RH/% | VOCs 浓度/（mg/L） | | | | |
|---|---|---|---|---|---|---|
| | | 5 | 10 | 20 | 40 | 80 |
| 乙醇 | 0 | 0.097 | 0.186 | 0.182 | 0.263 | 0.324 |
| | 20 | 0.102 | 0.180 | 0.189 | 0.215 | 0.323 |
| | 50 | 0.118 | 0.191 | 0.198 | 0.298 | 0.329 |
| | 80 | 0.146 | 0.209 | 0.247 | 0.302 | 0.333 |
| 正己烷 | 0 | 0.192 | 0.188 | 0.326 | 0.422 | 0.447 |
| | 20 | 0.194 | 0.181 | 0.354 | 0.430 | 0.453 |
| | 50 | 0.209 | 0.232 | 0.387 | 0.437 | 0.439 |
| | 80 | 0.223 | 0.240 | 0.394 | 0.449 | 0.460 |

表 B.3　298 K 时在 HPA 上不同相对湿度 $H_2O$-VOCs 共吸附时 VOCs 的 YN 方程拟合的 $\tau$

| VOCs | RH/% | VOCs 浓度（mg/L） | | | | |
|---|---|---|---|---|---|---|
| | | 5 | 10 | 20 | 40 | 80 |
| 丙酮 | 0 | 112.5 | 72.8 | 50.5 | 34.1 | 20.6 |
| | 20 | 108.8 | 71.4 | 52.2 | 37.9 | 23.2 |
| | 50 | 89.2 | 70.2 | 49.1 | 34.7 | 23.3 |
| | 80 | 70.5 | 63.8 | 45.5 | 32.9 | 23.1 |
| 甲乙酮 | 0 | 187.5 | 147.8 | 107.0 | 63.8 | 37.5 |
| | 20 | 180.5 | 139.5 | 102.3 | 68.2 | 36.1 |
| | 50 | 163.8 | 130.7 | 103.0 | 63.8 | 34.2 |
| | 80 | 143.2 | 116.0 | 92.1 | 53.8 | 33.3 |
| 环戊酮 | 0 | 354.1 | 273.0 | 197.0 | 134.0 | — |
| | 20 | 340.5 | 263.2 | 182.1 | 151.8 | — |
| | 50 | 339.8 | 267.1 | 190.6 | 162.1 | — |
| | 80 | 325.6 | 274.0 | 185.5 | 145.0 | — |
| 乙醇 | 0 | 159.5 | 118.5 | 84.1 | 55.8 | 36.9 |
| | 20 | 157.4 | 117.7 | 82.2 | 53.4 | 35.7 |
| | 50 | 147.9 | 114.3 | 80.9 | 54.4 | 36.6 |

| VOCs | RH/% | VOCs 浓度（mg/L） | | | | |
|---|---|---|---|---|---|---|
| | | 5 | 10 | 20 | 40 | 80 |
| | 80 | 135.6 | 102.8 | 75.7 | 52.3 | 37.1 |
| 正己烷 | 0 | 156.5 | 105.8 | 70.3 | 38.2 | 24.3 |
| | 20 | 120.1 | 95.3 | 64.5 | 39.8 | 22.6 |
| | 50 | 120.9 | 86.8 | 63.2 | 39.8 | 24.6 |
| | 80 | 97.1 | 78.8 | 55.4 | 39.0 | 23.6 |

表 B.4　298 K 时在 GAC 上不同相对湿度 $H_2O$-VOCs 共吸附时 VOCs 的 Y-N 方程拟合的 $\tau$

| VOCs | RH/% | VOCs 浓度/（mg/L） | | | | |
|---|---|---|---|---|---|---|
| | | 5 | 10 | 20 | 40 | 80 |
| 丙酮 | 0 | 220.3 | 139.9 | 93.1 | 54.8 | 31.5 |
| | 20 | 208.3 | 133.7 | 77.8 | 53.9 | 31.5 |
| | 50 | 182.1 | 119.2 | 74.5 | 50.9 | 30.9 |
| | 80 | 153.7 | 100.1 | 59.2 | 46.2 | 29.0 |
| 甲乙酮 | 0 | 252.0 | 196.4 | 121.0 | 70.9 | 42.0 |
| | 20 | 224.2 | 190.5 | 114.9 | 64.4 | 42.4 |
| | 50 | 186.8 | 136.3 | 90.5 | 65.2 | 40.1 |
| | 80 | 141.8 | 117.9 | 83.2 | 52.9 | 39.9 |
| 环戊酮 | 0 | 481.5 | 314.6 | 204.1 | 140.8 | — |
| | 20 | 488.7 | 305.6 | 216.4 | 144.9 | — |
| | 50 | 470.8 | 302.8 | 209.4 | 143.9 | — |
| | 80 | 488.1 | 308.8 | 215.5 | 155.7 | — |
| 乙醇 | 0 | 267.4 | 193.4 | 128.2 | 76.2 | 45.0 |
| | 20 | 255.5 | 193.4 | 130.0 | 79.6 | 48.4 |
| | 50 | 244.1 | 174.4 | 121.4 | 74.2 | 46.5 |
| | 80 | 196.4 | 154.7 | 111.8 | 69.4 | 46.9 |
| 正己烷 | 0 | 212.3 | 138.7 | 88.3 | 54.9 | 37.9 |
| | 20 | 189.0 | 128.4 | 88.6 | 57.9 | 36.2 |
| | 50 | 161.8 | 111.6 | 71.4 | 53.8 | 40.5 |
| | 80 | 131.9 | 94.6 | 68.2 | 46.9 | 37.0 |

表 B.5 不同相对湿度和 VOCs 浓度下酮类在 HPA 上的穿透吸附量降低率 单位：%

| VOCs | RH/% | 浓度/（mg/L） | | | | |
| --- | --- | --- | --- | --- | --- | --- |
| | | 5 | 10 | 20 | 40 | 80 |
| 丙酮 | 20 | 5.2 | 3.3 | 2.6 | 0 | 0 |
| | 50 | 16.5 | 15.0 | 7.7 | 6.3 | 0 |
| | 80 | 26.8 | 23.3 | 12.8 | 9.4 | 0 |
| 甲乙酮 | 20 | 7.7 | 4.9 | 2.2 | 0 | 0 |
| | 50 | 17.8 | 12.2 | 7.6 | 0 | 0 |
| | 80 | 27.2 | 24.4 | 15.2 | 7.7 | 3.8 |
| 环戊酮 | 20 | 2.3 | 1.4 | 0.7 | 0 | — |
| | 50 | 3.8 | 3.3 | 2.2 | 0 | — |
| | 80 | 5.7 | 3.6 | 2.3 | 0 | — |
| 乙醇 | 20 | 3.6 | 2.5 | 2.1 | 0 | 0 |
| | 50 | 7.1 | 6.0 | 4.2 | 0 | 0 |
| | 80 | 13.5 | 10.6 | 6.9 | 2.2 | 0 |
| 正己烷 | 20 | 23.5 | 8.9 | 1.7 | 0 | 0 |
| | 50 | 27.9 | 16.7 | 13.6 | 3.5 | 0 |
| | 80 | 39.0 | 26.7 | 22.0 | 6.9 | 3.8 |

表 B.6 不同相对湿度和 VOCs 浓度下酮类在 GAC 上的穿透吸附量降低率 单位：%

| VOCs | RH/% | 浓度/（mg/L） | | | | |
| --- | --- | --- | --- | --- | --- | --- |
| | | 5 | 10 | 20 | 40 | 80 |
| 丙酮 | 20 | 6.2 | 5.1 | 4.9 | 0 | 0 |
| | 50 | 20.7 | 15.5 | 13.8 | 6.3 | 0 |
| | 80 | 35.0 | 29.5 | 27.7 | 14.6 | 3.9 |
| 甲乙酮 | 20 | 14.4 | 12.2 | 10.9 | 3.5 | 0 |
| | 50 | 32.6 | 29.1 | 22.8 | 14.0 | 8.8 |
| | 80 | 46.5 | 43.1 | 37.6 | 24.6 | 17.5 |

| VOCs | RH/% | 浓度/（mg/L） | | | | |
|---|---|---|---|---|---|---|
| | | 5 | 10 | 20 | 40 | 80 |
| 环戊酮 | 20 | 3.0 | 2.0 | 1.6 | 0 | — |
| | 50 | 6.8 | 5.2 | 3.7 | 0 | — |
| | 80 | 12.5 | 8.8 | 6.8 | 0 | — |
| 乙醇 | 20 | 6.1 | 0 | 0 | 0 | 0 |
| | 50 | 12.1 | 11.9 | 5.3 | 1.5 | 0 |
| | 80 | 26.8 | 23.7 | 15.2 | 14.2 | 11.1 |
| 正己烷 | 20 | 14.4 | 8.1 | 7.9 | 7.4 | 0 |
| | 50 | 28.4 | 20.6 | 18.2 | 9.5 | 0 |
| | 80 | 40.1 | 31.7 | 27.4 | 17.9 | 7.5 |